CPEC

国家级实验教学示范中心联席会
计算机学科组规划教材

U0659350

计算思维
与人工智能基础

陈晓丹 主编

王希斌 王伟 佘长江 副主编

清华大学出版社

北京

内 容 简 介

本书以计算思维为主线,以人工智能相关问题为引导,秉承"基础性、系统性、实践性、先进性"的基本思想,引导学生深度探索,为求解本学科问题奠定基础。全书分为 9 章,分别讲述计算机与计算思维、计算机系统、计算机操作系统、数据处理、数据库技术基础、计算机网络基础、Internet 应用与网络安全、人工智能与算法、计算机前沿技术等内容。

本书可作为全国高等学校非计算机专业本科生"计算机基础"课程的教学用书,也可作为专科各专业的教学用书,以及全国计算机等级考试和各类短训班的培训教材。

图书在版编目(CIP)数据

计算思维与人工智能基础/陈晓丹主编. -- 北京:清华大学出版社,2025.8(2025.8 重印).
-- (国家级实验教学示范中心联席会计算机学科组规划教材). -- ISBN 978-7-302-69977-4

Ⅰ. O241;TP18

中国国家版本馆 CIP 数据核字第 2025F238J7 号

责任编辑:陈景辉
封面设计:刘　键
责任校对:王勤勤
责任印制:刘　菲

出版发行:清华大学出版社
　　　网　　　址:https://www.tup.com.cn,https://www.wqxuetang.com
　　　地　　　址:北京清华大学学研大厦 A 座　　　　邮　　编:100084
　　　社 总 机:010-83470000　　　　　　　　　　　邮　　购:010-62786544
　　　投稿与读者服务:010-62776969,c-service@tup.tsinghua.edu.cn
　　　质量反馈:010-62772015,zhiliang@tup.tsinghua.edu.cn
　　　课件下载:https://www.tup.com.cn,010-83470236
印 装 者:小森印刷(天津)有限公司
经　　销:全国新华书店
开　　本:185mm×260mm　　印　张:15.75　　　　字　　数:383 千字
版　　次:2025 年 8 月第 1 版　　　　　　　　　　印　　次:2025 年 8 月第 2 次印刷
印　　数:1501~2500
定　　价:59.90 元

产品编号:099930-01

前　言

近年来,随着信息技术的快速发展,计算思维作为一种独特的思维方式,为利用技术工具来理解和改变世界提供了更为有效的途径,也为计算机科学的发展提供了坚实的基础。本书以计算思维为切入点,旨在培养学生利用计算思维的方式分析问题及解决问题,同时为培养适应未来科技发展趋势的高素质人才奠定基础。

本书主要内容

本书由长期从事大学计算机基础教学以及具有丰富教学经验的一线教师参加编写,内容深入浅出,图文并茂,覆盖了计算机基础知识的方方面面,既有丰富的理论知识,也有大量的实战范例,全书共有9章。

第1章计算机与计算思维,包括计算机概述、计算思维、计算机数制、计算机中的信息表示。

第2章计算机系统,包括计算机系统的组成、微型计算机系统。

第3章计算机操作系统,包括操作系统概述、Windows 7基本操作、文件与文件夹管理、磁盘管理、控制面板的使用、Windows 7的附件。

第4章数据处理,包括Office基本概述、设置Word 2010操作界面、管理Word文档、编辑Word文档、设置Word文档格式、编辑表格、美化表格、图文混排、编辑长篇Word文档、电子表格软件Excel 2010、幻灯片制作软件PowerPoint 2010。

第5章数据库技术基础,包括数据库系统概述、Access 2010数据库基础、表的创建、SQL介绍、Access 2010应用。

第6章计算机网络基础,包括计算机网络的定义、计算机网络的分类、计算机网络的组成、局域网技术。

第7章Internet应用与网络安全,包括Internet基础知识、网络安全、网络安全技术。

第8章人工智能与算法,包括人工智能、人工智能的发展、人工智能的三大学派、人工智能的研究目标、人工智能的研究内容、人工智能的应用领域、算法的概念、算法的表示、常用算法。

第9章计算机前沿技术,包括第五代移动通信技术、量子计算机、知识图谱。

本书特色

(1) 内容翔实,结构清晰。

本书内容覆盖广泛,既包括计算机概述与计算思维、计算机系统、计算机网络、数据库、人工智能及算法等相关理论知识,又包括操作系统和 Office 等相关实践知识。为读者提供强大理论知识的同时,也为理论应用实践提供了便利和条件。

(2) 强调计算思维培养。

计算思维是解决问题的一种有效方式,它强调抽象、逻辑、算法和自动化等思维方式。本书通过专门的章节或模块,系统地教授学生如何运用计算思维来分析和解决问题,培养学生的逻辑思维和创新能力。

(3) 理论与实践相结合。

本书不仅详细阐述计算思维和人工智能的基础理论,还通过丰富的实例和案例分析,将这些理论知识应用于实际问题解决中。这种理论与实践的结合有助于学生更好地理解抽象概念,并提升他们的实际操作能力。

(4) 注重跨学科融合。

本书注重跨学科知识的融合,通过整合数学、认知科学等不同领域的知识,为学生提供更广阔的视野和更深入的讲解。

配套资源

为便于教与学,本书配有教学课件、教学大纲、授课计划、习题题库、考试大纲。

(1) 获取软件安装包方式:先刮开本书封底的文泉云盘防盗码并用手机版微信 App 扫描,授权后再扫描下方二维码,即可获取。

软件安装包

(2) 其他配套资源可以扫描本书封底的"书圈"二维码,关注后回复本书书号,即可下载。

读者对象

本书可作为全国高等学校非计算机专业本科生"计算机基础"课程的教学用书,也可作为专科各专业的教学用书,以及全国计算机等级考试和各类短训班的培训教材。

本书由陈晓丹任主编,王希斌、王伟、佘长江任副主编。全书共9章,其中第1~3章由陈晓丹编写,第4,9章由王希斌编写,第5~7章由王伟编写,第8章由佘长江编写,全书由陈晓丹统稿。

在本书的编写过程中得到了许多高校领导、专家、学者的大力支持，许多高校从事计算机基础教学的教师对本书的出版给予了热情的支持，在此一并表示深深的感谢！

计算机技术发展日新月异，每天都会出现新的内容，由于作者时间和精力有限，书中难免存在错误和欠妥之处，殷切希望广大读者和使用该教材的师生提出宝贵的意见和建议，我们会在再版时及时修正。

作　者

2025 年 6 月

目 录

第 1 章

计算机与计算思维

CHAPTER 1

习题 1

🔑 1.1　计算机概述

1946 年 2 月,美国宾夕法尼亚大学成功研制了世界上第一台电子数字计算机 ENIAC (Electronic Numerical Integrator And Calculator,电子数字积分计算机),主要用于为美国陆军军械部进行弹道计算。ENIAC 体积庞大,占地 170m^2,重达 30t,由 18 000 个电子管组成,耗电功率约 150kW,每秒可进行 5000 次运算。ENIAC 的问世标志着电子计算机时代的到来,对人类社会的发展具有重大的意义。

计算机自 20 世纪 40 年代出现以来,发生了巨大的变化,从大如楼房的"电子管计算机"到普通个人使用的"台式计算机",从可便携的"笔记本电脑"到如今人们应用的各种便携电子设备,如手机、平板电脑、导航仪等都是计算机。不仅如此,各种交通工具如飞机、汽车、高铁,以及各种设备如机床、医用 CT 等,也都嵌入了各种各样的计算机,即各种机器的"大脑"也是计算机。

1.1.1　计算机的特点与发展

1. 计算机的特点

计算机作为一种通用智能工具,具有以下特点。

(1) 具有高速运算处理的特点。计算机因其运算速度快,可以及时解决许多过去无法处理的问题。例如,在解决天气预报问题时,如果采用手工计算的方式,则需耗时数十日才能完成,这对于时效性要求较高的天气预报来说,无疑耗时过久,失去意义。而采用计算机的方式,只需十几分钟就可迅速分析大量的气象数据资料,并做出一个地区几天内的天气预报。

(2) 具有高计算精确度的特点。计算机具有其他计算工具无法比拟的计算精度,一般可达十几位,甚至几十位、几百位有效数字的精度。这样的计算精度能满足一般实际问题的需要。1949 年,瑞特威斯纳(Reitwiesner)用 ENIAC 把圆周率 π 算到小数点后 20 703 位,打破了著名数学家商克斯(W. Shanks)花了 15 年时间于 1873 年创下的计算圆周率 π 小数点后 707 位的纪录,这样的计算精度是任何其他已知工具所不可能达到的。

(3) 具有记忆和逻辑判断的特点。计算机的存储系统具有存储和"记忆"大量信息的特点,能存储输入的程序和数据,保留计算结果。现代计算机存储容量极大,一台计算机能轻而易举地将一个中等规模图书馆的全部图书资料信息存储起来,而且不会"忘却"。人用大脑存储信息,随着脑细胞的老化,记忆能力会逐渐衰退,记忆的东西会逐渐遗忘,相比之下计算机的记忆能力是超强的。

计算机借助于逻辑运算,可以进行逻辑判断,并根据判断的结果自动地确定下一步该做什么,从而使计算机能解决各种不同的问题,具有很强的通用性。1976 年,美国数学家阿皮尔(K. Apple)和海肯(W. Haken)用计算机进行了上百亿次的逻辑判断,证明了很多个定理,解决了一百多年来未能解决的著名难题——四色问题。四色问题,即对无论多么复杂的地图分区域填色时,为使相邻区域颜色不同,最多只需 4 种颜色。

(4) 具有自动控制的特点。计算机是个自动化电子装置,在工作过程中不需要人工干预，能自动执行存放在存储器中的程序。程序是人经过仔细规划事先设计好的，程序一旦设计好并输入计算机开始执行，计算机便成为人的替身，不知疲倦地工作起来。利用计算机这个特点，既可以让计算机去完成那些枯燥乏味、令人厌烦的重复性劳动，也可以让计算机控制机器，深入人类难以胜任的、有毒和有害的场所进行作业。

2．计算机的发展

和任何新生事物一样，电子计算机的发展也经历了一个不断完善的过程。1938 年，J. 阿诺索夫首先制成了电子计算机的运算部件。1943 年，英国外交部通信处制成了"巨人"计算机专门用于密码分析。1946 年 2 月，美国宾夕法尼亚大学制成的最初专门用于火炮弹道计算的 ENIAC，后经多次改进才成为能进行各种科学计算的通用计算机。但是，这种计算机的程序仍然是外加式的，存储容量也太小，尚未完全具备现代计算机的主要特征。

计算机发展史的再一次重大突破是由数学家冯·诺依曼领导的设计小组完成的，冯·诺依曼被称为计算机之父，是计算机科学的奠基人。他们提出的存储程序原理，即程序由指令组成，并和数据一起放在存储器中，机器一经开动，就能按照程序指令的逻辑顺序把指令从存储器中读出来，逐条执行，自动完成由程序所描述的处理工作，这是计算机发展史上一个里程碑，也是计算机与一切其他计算工具的根本区别。根据计算机所采用的物理器件，一般把电子计算机的发展分成以下 4 个阶段。

（1）第一代电子计算机（1946—1957 年）。第一代电子计算机的基本特征是采用电子管作为计算机的逻辑元件，主要用定点数表示数据，用机器语言或汇编语言编写程序。受当时电子技术的限制，运算速度仅几千次每秒，内存容量仅几 KB。第一代电子计算机体积庞大，造价很高，仅限于军事和科学研究。

（2）第二代电子计算机（1958—1962 年）。用晶体管代替电子管来做开关元件，具有速度快、寿命长、体积小、重量轻等优点。1955 年，第一台全晶体管计算机 UNIVAC-Ⅱ问世。从 1958 年起，IBM 陆续开发了晶体管化的 7090、7094 等大型科学计算机和 7040、7044 等大型数据处理机，从而以 7000 系列全面替代了早期的 700 系列，成为第二代计算机的主流产品。

第二代电子计算机的运算速度较第一代电子计算机有明显提高，一般每秒可运算数十万次。它们普遍使用磁芯存储器为主要存储器，用磁盘和磁带作辅助存储器，显著增加了存储容量，从而为配置操作系统或监控程序等系统软件创造了条件。程序设计语言也在这一时期取得了较大的发展，不仅汇编语言的使用更加普遍，一批早期高级语言（如 FORTRAN、COBOL 等）也相继投入使用，使编程工作明显简化。

（3）第三代电子计算机（1963—1970 年）。采用小规模集成电路和中规模集成电路，这种电路工艺可以把几十至几百个电子元件集中在一块几平方毫米的单晶硅片上，因此体积变小，耗电量减少，性能和稳定性提高，运算速度加快，达几十万次～几百万次每秒。内存开始使用半导体存储器，这使得内存容量增大，为快速处理大容量信息提供了先决条件。随着软件发展的日益完善，操作系统和会话式语言应运而生，高级程序设计语言得到了很大发展。这一时期，计算机同时向标准化、多样化、通用化、系列化发展，计算机开始广泛应用到各个领域。

（4）第四代电子计算机（1971 年至今）。采用大规模或超大规模集成电路，这种工艺可在硅半导体上集成几千～几百万个电子元器件。集成度很高的半导体存储器代替了磁芯存储器,运算速度达到几千万次～几百万亿次每秒。随着操作系统不断完善,应用软件实现了现代工业化生产,这标志着计算机的发展进入了网络时代。

3. 计算机的发展趋势

今后,计算机的发展趋势将更加趋于巨型化、微型化、网络化和智能化。

(1)巨型化。这里巨型化不是指计算机的体积大,而是指计算机的存储容量更大,运算速度更快,功能性更强。巨型计算机是相对大型计算机而言的一种运算速度更高、存储容量更大、功能更完善的计算机,如每秒能运算 5000 万次以上、存储容量超过百万字节的计算机。

(2)微型化。由于大规模和超大规模集成电路的飞速发展,使计算机的微型化迅速发展起来。微型化计算机的发展是以微处理器的发展为特征的。所谓微处理器就是将运算器和控制器集成在一块大规模或超大规模电路芯片上,作为中央处理单元,以微处理器为核心,再加上存储器和接口芯片,便构成了微型计算机。自 20 世纪 70 年代以来,微型计算机已经有了巨大的进步。目前,体积最小的计算机只有 $1\mathrm{mm}^3$。

(3)网络化。今天的计算机,已经不是那种单一机型的系统结构的计算机了。同时,计算机系统的效率也不仅仅是由主机的运行参数来决定的。随着网络技术的发展,已经突破了只是帮助"计算机完成终端通信"这一概念。人们开始意识到计算机与计算机之间的互联,计算机网络这一概念随之产生了。

在计算机网络中,通过传输介质把计算机彼此连接起来,使众多的计算机可以相互传递信息,共享硬件、软件、数据信息等资源。网络技术已经从计算机技术的配角地位上升到与计算机技术紧密结合在一起、不可分割的地位。

(4)智能化。计算机智能化就是要求计算机具有人工智能,即让计算机能够进行图像识别、定理证明、研究学习、启发和理解人的语言等,它是新一代计算机要实现的目标。

目前,正在研究的智能计算机是一种具有类似人的思维能力,能替代人的一些体力劳动和脑力劳动的计算。计算机正朝着智能化的方向发展,并越来越广泛地应用于工作、生活和学习中,对社会和生活起到不可估量的影响。

1.1.2　计算机的分类

计算机种类很多,可以从以下不同角度进行分类。

1. 按计算机处理数据的方式分类

计算机处理数据的方式是指利用计算机技术对收集、存储、传输、分析和呈现数据进行的一系列操作。这些操作涵盖了从简单的数据录入和存储到复杂的数据分析和挖掘等多个层面。

按计算机处理数据的方式可以分为数字计算机、模拟计算机和数模混合式计算机。

(1)数字计算机。数字计算机处理的是非连续变化的数据,这些数据在时间上是离散的,输入的是数字量,输出的也是数字量,计算机的基本运算部件是数字逻辑电路,因此其精度高,便于大量信息存储,通用性强。使用的一般都是数字计算机。

（2）模拟计算机。模拟计算机是用连续变化的模拟量即电压来表示的，其基本运算部件是运算放大器构成的各类运算电路。模拟计算机解题速度快、精度高但通用性差，主要用于过程控制中。

（3）数模混合式计算机。数模混合式计算机兼有数字和模拟两种计算机的优点，既能接收、处理和输出模拟量，又能接收、处理和输出数字量。

对比来看，这三种计算机各有优缺点。数字计算机采用二进制数进行计算，计算精度高，但计算速度相对较慢；模拟计算机能够处理连续信息，实时性强，计算精度相对差；数模混合式计算机既能处理数字信号又能处理模拟信号，具有强大的计算能力和灵活的适应性。

2. 按用途分类

按计算机的用途不同可分为通用计算机和专用计算机两类。

（1）通用计算机。指为解决各种问题，具有较强的通用性而设计的计算机，平时使用的计算机一般都是通用计算机。

（2）专用计算机。指为了解决一个或一类特定问题而设计的计算机，针对性强，一般在过程控制中使用专用计算机。

专用计算机和通用计算机在功能、性能、价格等方面存在显著差异。专用计算机以其针对特定任务的高效性和专业性见长，而通用计算机则以其强大的通用性和灵活性著称。

3. 按计算机的规模分类

按计算机的规模可分为巨型计算机、大型计算机、小型计算机和微型计算机。

（1）巨型计算机。运算速度快、存储容量大，可达千万亿次/秒，甚至亿亿次/秒以上的运算速度。巨型计算机结构复杂、价格昂贵，主要用于复杂、尖端科学研究领域。

（2）大型计算机。有比较完善的指令系统、丰富的外部设备和功能齐全的软件系统，并允许多个用户同时使用。大型计算机主要用于科学计算、数据处理或作为网络服务器。

（3）小型计算机。规模较小、结构简单、成本低、操作简便、容易维护，从而得以广泛推广应用。小型计算机既可用于科学计算、数据处理，又可用于生产过程自动控制和数据采集及分析处理。

（4）微型计算机。简称微机，是以运算器和控制器为核心，加上由大规模集成电路制作的存储器、输入输出接口和系统总线构成的体积小、结构紧凑、价格低但具有一定功能的计算机。如果把这种计算机制成在一块印制电路板上，就称为单板机。如果在一块芯片中包含运算器、控制器、存储器和输入输出接口，就称为单片机。

巨型计算机、大型计算机、小型计算机和微型计算机相比较，巨型计算机的运算速度最快，容量最大，结构复杂度最高，价格最为昂贵。但巨型机、大型机、小型机和微机在性能、用途、价格等方面各有优势，可根据不同的用途进行选择。

1.1.3 计算机的应用

计算机的应用已渗透到人类社会的各个领域。从航天飞行到海洋开发，从产品设计到生产过程控制，从天气预报到地质勘探，从疾病诊疗到生物工程，从自动售票到情报检索等，都应用了计算机。计算机就像一台"万能"的问题解答机器，只要能够精确地进行公式化的问题，都可以放到计算机上加以解决。因此,各行各业的人们都可以利用计算机来解决各自的问题。

(1)科学计算。亦称为数值计算,是指用计算机完成科学研究和工程技术中所提出的数学问题。作为一个计算工具,科学计算是计算机最早的应用领域。

(2)并行处理技术。是实现高性能计算机系统的主要途径,并行处理技术包括并行结构、并行算法、并行操作系统、并行语言及其编译系统等。并行处理方式有多处理机体系结构、大规模并行处理系统等。

(3)大数据处理。互联网时代,电子商务、物联网、社交网移动通信等每时每刻产生着海量的数据,这些数据规模巨大,被称为大数据。大数据处理是目前计算机应用的主要领域。所谓大数据处理是指用计算机对原始数据进行收集、存储、分类、加工、输出等处理过程,其结果是形成有用的信息。目前,大数据处理广泛应用于公共服务、电子商务、企业管理、金融、娱乐、个人服务等,大数据处理已成为计算机应用的一个重要方面。

(4)计算机辅助设计和辅助教育。计算机辅助设计(Computer Aided Design,CAD)是利用计算机的计算、逻辑判断等功能,帮助人们进行产品和工程设计。在设计中可通过人机交互更改设计和布局,反复迭代设计直至满意为止。它能使设计过程逐步趋向自动化,大大缩短设计周期,以增强产品在市场上的竞争力,同时也可节省人力和物力,降低成本,提高产品质量。计算机辅助设计和辅助制造(CAM)结合起来可直接把 CAD 设计的产品加工出来。近年来,各工业发达国家又进一步将计算机集成制造系统(Computer Integrated Manufacturing System,CIMS)作为自动化技术的前沿、方向。CIMS 是集工程设计、生产过程控制、生产经营管理为一体的高度计算机化、自动化和智能化的现代化生产大系统,它是制造业的未来。计算机辅助教育(Computer Based Education,CBE)是计算机在教育领域中的应用,包括计算机辅助教学(Computer-Aided Instruction,CAI)、计算机辅助管理教学(Computer-Aided Management Instruction,CMI)。CAI 最大的特点是交互教学和个别指导,它改变了传统的教师在讲台上讲课而学生在课堂内听课的教学方式。CMI 是用计算机实现各种教学管理,如制订教学计划、课程安排、计算机评分、日常教务管理等。

(5)过程控制。亦称自动控制或实时控制,是用计算机及时采集检测数据,按最佳值迅速对控制对象进行自动控制或自动调节。利用计算机进行过程控制,不仅大大提高了控制的自动化水平,而且大大提高了控制的及时性和准确性,从而能改善劳动条件,提高质量,节约能源,降低成本。实时控制系统是一种实时处理系统,对计算机的响应时间有一个较高的要求。实时处理系统指计算机对输入的信息以足够快的速度进行处理,并在一定的时间内做出某种反应或进行某种控制。目前在实时控制系统中广泛采用集散系统,即把控制功能分散给若干台微机担任,而操作管理则高度集中在一台高性能计算机上进行。

(6)人工智能。人工智能的根本途径是机器学习(Machine Learning,ML),即通过让计算机模拟人类的学习活动,自主获取新知识。目前,很多人工智能系统已经能够替代人的部分脑力劳动,并以多种形态走进人们的生活,小到手机里的语音助手、人脸识别、购物网站推荐,大到智能家居、无人机、自动驾驶汽车、工业机器人、航空卫星等。

🔑 1.2　计算思维

计算思维(Computational Thinking,CT)是指计算机、软件及计算相关学科中的科学家和工程技术人员的思维模式。2006 年,美国卡内基梅隆大学计算机科学系主任周以真教授在美国计算机权威期刊 *Communications of the ACM* 上对计算思维进行了系统的阐述。周以真教授认为,计算思维是运用计算机科学的基础概念进行问题求解、系统设计,以及人类行为理解等涵盖计算机科学之广度的一系列思维活动。

也有很多学者将计算思维看作是除理论思维、实验思维外的第三大思维。理论思维是以推理和演绎为特征的"逻辑思维",用假设预言、推理和证明等理论手段研究社会、自然现象及规律。实验思维是以观察和总结为特征的"实证思维",用"实验—观察—归纳"等实验手段研究社会、自然现象及规律。计算思维则是以设计和构造为特征的"构造思维",是以计算手段研究社会、自然现象及规律。随着社会和自然探索内容的深度化和广度化,传统的理论手段和实验手段已经受到很大限制,实验产生的大量数据是很难通过观察获得的,此时不可避免地需要利用计算手段来实现理论与实验的协同创新。

1.2.1　计算思维的方法

计算思维的方法很多,下面是周以真教授具体阐述的七大类方法。

(1) 约简、嵌入、转化和仿真等方法,用来把一个看来困难的问题重新阐释成一个人们知道问题怎样解决的方法。

(2) 递归方法、把代码译成数据又能把数据译成代码的方法、多维分析推广的类型检查方法。

(3) 抽象和分解来控制庞杂的任务或进行巨大复杂系统设计的方法、基于关注分离的方法。

(4) 对一个问题的相关方面建模使其易于处理的思维方法、选择合适的方式去陈述一个问题的方法。

(5) 按照预防、保护及通过冗余、容错、纠错的方式,并从最坏情况进行系统恢复的一种思维方法。

(6) 利用启发式推理寻求解答,用于在不确定情况下的规划、学习和调度的思维方法。

(7) 利用海量数据来加快计算,在时间和空间之间,在处理能力和存储容量之间进行折中的思维方法。

1.2.2　计算机学科"核心的计算思维"

计算机学科"核心的计算思维"主要有"0 和 1"的思维、"程序"的思维、"递归"的思维。

1. "0 和 1"的思维

计算机本质上是以 0 和 1 为基础来实现的,现实世界的各种信息(数值性和非数值性)都可被转换成 0 和 1,进行各种处理和变换,然后将 0 和 1 转换成满足人们视、听、触等各种感觉的信息。0 和 1 可将各种运算转换成逻辑运算来实现,逻辑运算又可由晶体管等元器件实现,进而组成逻辑门电路再构造复杂的电路,由硬件实现计算机的复杂功能,这种由软件到硬件的纽带是 0 和 1。"0 和 1"的思维体现了语义符号化、符号计算化、计算 0(和)1 化、0(和)1 自动化、分层构造化、构造集成化的思维,是最重要的一种计算思维。

2."程序"的思维

一个复杂系统是怎样实现的？系统可被认为是由基本动作(基本动作是容易实现的)以及基本动作的各种组合所构成(多变的、复杂的动作可由基本动作的各种组合来实现)。因此实现一个系统仅需实现这些基本动作,以及实现一个控制基本动作组合与执行次序的机构。对基本动作的控制就是指令,指令的各种组合及其次序就是程序。系统可以按照"程序"控制"基本动作"的执行,以实现复杂的功能。计算机或者计算系统就是能够执行各种程序的机器或系统,指令和程序的思维也是最重要的一种计算思维。

3."递归"的思维

递归是计算技术的典型特征。从前往后的计算方法,即依次计算第1个元素值(或者过程)、第2个元素值等,直到计算出第 n 个元素值的方法被称为迭代方法。在有些情况下,从前往后计算并不能直接推出第 n 个元素,这时要采取从后往前的倒推计算,即通过调用一返回的计算模式,第 n 个元素的计算调用第 $n-1$ 个元素的计算,第 $n-1$ 个元素的计算调用第 $n-2$ 个元素的计算,直到调用第1个元素的计算才能得到值,然后返回计算第2个元素值、第3个元素值等,最后得到第 n 个元素的值,这种构造方法被称为递归方法。可以认为,递归包含了迭代,而迭代包含不了递归。递归被广泛地用于构造语言、构造过程、构造算法、构造程序中,用于具有自相似性的近于无限事物(对象)的描述,用于自身调用自身高阶调用低阶的算法与程序的构造中,是实现问题求解的一种重要的计算思维。

1.2.3   计算思维的应用

计算思维不仅渗透到了每个人的生活中,而且影响了其他学科的发展,创造和形成了一系列新的学科分支。

1.计算物理学

计算思维渗透到物理学产生了计算物理学。计算物理学与理论物理学、实验物理学一起以不同的研究方式来逼近自然规律,开拓了人类认识自然界的新方法。当今,计算物理学因为在自然科学研究中的巨大作用,使得人们不再单纯地认为它仅仅是理论物理学家的一个辅助工具。复杂的自然现象纯理论不能完全描述,也不容易通过理论方程加以预见,而计算物理学可以采用数值模拟作为探索自然规律的一个很好的工具,其理由是,一个理论是否正确可以通过计算机模拟并与实验结果进行定量的比较加以验证,而实验中的物理过程也可通过模拟加以理解。

2.计算化学

计算思维渗透到化学产生了计算化学。一般来说,计算化学是根据基本的物理化学理论(通常是量子化学)以大量数值运算方式来探讨化学系统的性质。计算化学作为理论化学的一个分支,常特指那些可以用计算机程序实现的数学方法。计算化学并不追求完美无缺或者分毫不差,因为只有很少的化学体系可以进行精确计算。不过,几乎所有种类的化学问题都可以并且已经采用近似的算法来表述。

计算化学的研究领域主要有以下四方面。

（1）数值计算。用计算数学方法，对化学中的数学模型进行数值计算或方程求解，例如，量子化学和结构化学中的演绎计算、分析化学中的条件预测、化工过程中的各种应用计算等。

（2）化学模拟。主要有三种模拟：数值模拟，如用曲线拟合法模拟实测工作曲线；过程模拟，根据某一复杂过程的测试数据，建立数学模型，预测反应效果；实验模拟，通过数学模型研究各种参数（如反应物浓度、温度、压力）对产量的影响，在屏幕上显示反应设备和反应现象的实体图形，或反应条件与反应结果的坐标图形。

（3）模式识别。最常用的方法是统计模式识别法。例如，根据二元化合物的键参数（离子半径、元素电负性、原子的价径比等）对化合物进行分类，预报化合物的性质。

（4）化学数据库及检索。例如，根据谱图数据库进行谱图检索，已成为有机分析的重要手段。

3. 计算生物学

计算生物学是指开发和应用数据分析及理论的方法、数学建模、计算机仿真技术等，用于生物学、行为学和社会群体系统研究的一门学科。当前，生物学数据量和复杂性不断增长，每 14 个月基因研究产生的数据就会翻一番，单单依靠观察和实验已难以应付。因此，必须依靠大规模计算技术，从海量信息中提取最有用的数据。计算生物学的研究例子有生物序列的片段拼接、序列对接、基因识别、种族树的建构、蛋白质结构预测、生物数据库。随着科学技术的发展，计算生物学的应用也越来越广泛，如对生物等效性的研究、皮肤的电阻、骨关节炎的治疗和哺乳动物的睡眠等。

4. 计算脑科学

脑科学是研究人脑结构与功能的综合性学科，这以提示人脑高级意识功能为宗旨，与心理学、人工智能、认知科学和创造学等有着交叉渗透，是计算思维的重要体现。

5. 计算经济学

计算思维渗透到经济学产生了计算经济学。可以说，一切与经济研究有关的计算都属于计算经济学。20 世纪 90 年代以来，计算经济学最大地影响了经济学研究工具和方法的演进。例如，近期很多经济模型被定为动态规划问题，因为这种方法能达到在不确定环境中的最优化；经济计量工作者正在推进"用模拟求估计"的方法，用于解决一类以前难以计算的计量模型；在经济分析中，经济优化问题由于被设想得过分复杂细致，成了一个具有与汉诺塔一样计算复杂度的问题，因而使用人工智能的方法解决；经济增长模型的数理性研究被计算性替代；在金融市场研究中的例子更是数不胜数。总之，计算思维正在对社会经济结构产生巨大冲击，因而将不可避免地改变经济学理论和方法。

🔑 1.3　计算机数制

在计算机内部，各种信息（如数字、文字、图形、图像、声音等）必须以数字化编码的形式存储、处理和传输，并且都是以二进制码形式表示。采用二进制编码的好处是：二进制数运算简单、电路简单可靠容易实现，便于表示和进行逻辑运算。

二进制形式适于对各种类型数据进行编码，图、声、文、数字合为一体，使数字化社会成为可能。

1.3.1 数制的概念

什么是数制？数制是用一组固定的数字和一套统一的规则来表示数目的方法。

按照进位方式计数的数制称为进位计数制。十进制即逢十进一，生活中也有其他进制，如六十进制（每分钟 60 秒、每小时 60 分钟，即逢六十进一）、十二进制、十六进制等。

任何进制都有它生存的原因。人类的屈指计数沿袭至今。由于日常生活中大都采用十进制计数，对十进制最习惯。例如，十二进制，十二的可分解的因子多（12,6,4,3,2,1），商业中不少包装计量单位为"一打"（即 12 个）；如十六进制，十六可被平分的次数较多（16,8,4,2,1），即使现代如中药、金器等场合的计量单位还在沿用这种计数方法。

进位计数涉及基数与各数位的位权。十进制计数的特点是"逢十进一"，在一个十进制数中，需要用到 10 个数字符号 0～9，其基数为 10，即十进制数中的每一位是这 10 个数字符号之一。在任何进制中，一个数的每个位置都有一个权值。

1. 基数

基数是指该进制中允许选用的基本数码的个数。

每种进制都有固定数目的计数符号。

（1）十进制。基数为 10,10 个记数符号：0,1,…,9。每个数码符号根据它在这个数中所在的位置（数位），按"逢十进一"来决定其实际数值。

（2）二进制。基数为 2,2 个记数符号：0 和 1。每个数码符号根据它在这个数中的数位，按"逢二进一"来决定其实际数值。

（3）八进制。基数为 8,8 个记数符号：0,1,…,7。每个数码符号根据它在这个数中的数位，按"逢八进一"来决定其实际的数值。

（4）十六进制。基数为 16,16 个记数符号：0～9,A,B,C,D,E,F。其中 A～F 对应十进制的 10～15。每个数码符号根据它在这个数中的数位，按"逢十六进一"来决定其实际的数值。

2. 位权

一个数码处在不同位置上所代表的值不同，如数字 6 在十位数位置上表示 60，在百位数上表示 600，而在小数点后 1 位表示 0.6，可见每个数码所表示的数值等于该数码乘以一个与数码所在位置相关的常数，这个常数叫作位权。位权的大小是以基数为底，数码所在位置的序号为指数的整数次幂。十进制的个位数位置的位权为 10^0，十位数位置上的位权为 10^1，小数点后位的位权为 10^{-1}。

（1）十进制数 $(457.26) = 4 \times 10^2 + 5 \times 10^1 + 7 \times 10^0 + 2 \times 10^{-1} + 6 \times 10^{-2}$。

小数点左边：从右向左，每一位对应的权值分别为 $10^0, 10^1, 10^2$。

小数点右边：从左向右，每一位对应的权值分别为 $10^{-1},10^{-2}$。

(2) 二进制数 $(1101.11)=1\times2^3+1\times2^2+0\times2^1+1\times2^0+1\times2^{-1}+1\times2^{-2}$。

小数点左边：从右向左，每一位对应的权值分别为 $2^0,2^1,2^2,2^3$。

小数点右边：从左向右，每一位对应的权值分别为 $2^{-1},2^{-2}$。

不同的进制由于其进位的基数不同权值是不同的。

1.3.2　不同数制间的转换

在计算机内部，数据、程序都是用二进制表示和处理的，数据的输入与计算结果的输出还是用十进制表示，这就存在数制间转换的工作。数制转换过程是通过机器完成的，但我们应当懂得数制转换的原理。

1. 二、八、十六进制转换为十进制

给出一个二、八或十六进制数，求出按权展开式的值就是该数转换为十进制的等价值。例如：

$(1101.11)_2=1\times2^3+1\times2^2+0\times2^1+1\times2^0+1\times2^{-1}+1\times2^{-2}=(13.75)_{10}$

$(213.2)_8=2\times8^2+1\times8^1+3\times8^0+2\times8^{-1}=(139.25)_{10}$

$(5A3.B)_{16}=5\times16^2+10\times16^1+3\times16^0+11\times16^{-1}=(1443.6875)_{10}$

2. 十进制转换为二、八、十六进制

假设将十进制数转换为 R 进制数：整数部分和小数部分必须遵守不同的转换规则。

(1) 整数部分：除以 R 取余法，即整数部分不断除以 R 取余数，直到商为 0 为止，最先得到的余数为最低位，最后得到的余数为最高位。

(2) 小数部分：乘 R 取整法，即小数部分不断乘以 R 取整数，直到小数为 0 或达到有效精度为止，最先得到的整数为最高位（最靠近小数点），最后得到的整数为最低位。

例如，将 $(14.75)_{10}$ 转换为二进制数。

$(14.75)_{10}=(1110.11)_2$

3. 二进制与八进制、十六进制间的转换

$8=2^3,16=2^4$，它们都是 2 的整数乘幂。事实上，每位八进制数码可用 3 位二进制数码表示，每位十六进制数码可用 4 位二进制数码表示，八进制数码对应的二进制数码如表 1-1 所示。

表 1-1　八进制数码与二进制数码转换表

八进制数	0	1	2	3	4	5	6	7
二进制数	000	001	010	011	100	101	110	111

十六进制数码对应的二进制数码如表 1-2 所示。

表 1-2　十六进制数码与二进制数码转换表

十六进制数	0	1	2	3	4	5	6	7
二进制数	0000	0001	0010	0011	0100	0101	0110	0111
十六进制数	8	9	A	B	C	D	E	F
二进制数	1000	1001	1010	1011	1100	1101	1110	1111

因此,无论由二进制转换为八进制或十六进制,还是做反向的转换,都比八、十六进制数与十进制数之间的转换要容易得多。

(1) 八、十六进制转换为二进制。只要把每位八(或十六)进制数码展开为 3(或 4)位二进制数码,再去掉首部的"0"和小数点尾部的"0"即可。

例如,将 $(23.54)_8$ 转换为二进制数。

$(23.54)_8$ = 010 011.101 100　　　　　　　将每一位展开为 3 位二进制码

　　　　 = $(0011.1011)_2$　　　　　　　去掉首、尾的"0"

例如,将 $(13.B)_{16}$ 转换为二进制数。

$(13.B)_{16}$ = 0001 0011.1011　　　　　　将每一位展开为 4 位二进制码

　　　　 = $(10011.1011)_2$　　　　　　去掉首、尾的"0"

(2) 二进制转换为八、十六进制。例如,将 $(10011.1011)_2$ 转换为八进制数,可按以下步骤进行:

① 以小数点为中心,分别向前、后每 3 位分成一组,不足 3 位以"0"补足。于是

$(10011.1011)_2$ = 010 011.101 100

② 将每个分组用一位对应的八进制数码代替,得出的结果即为所求的八进制数

010 011.101 100 = $(23.54)_8$

🔑 1.4　计算机中的信息表示

实际生活中,人们所使用的信息包括数值、字符、图形、图像和声音等。因为计算机中只能处理二进制的数据,所以这些信息在计算机中都必须采取二进制编码的形式来表示。

1.4.1　数的定点与浮点表示

在计算机中,因为只有"0"和"1"两种形式,为了表示数的正、负号,也必须以"0"和"1"表示。通常把一个数的最高位定义为符号位,用 0 表示正,1 表示负,称为数符,其余位仍表示数值,若一个数占 8 位,表示形式如图 1-1 所示。把在机器内存放的正负数码化的数称为机器数,把机器外部由正负号表示的数称为真值数。如真值数 $(-0101100)_2$,其机器数

为 10101100。

↓ 数符

1	0	1	0	1	1	0	0

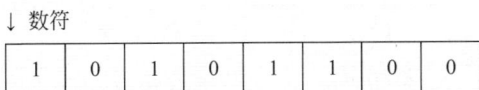

图 1-1　一个数占 8 位的机器数表示形式

注意：机器数表示的范围受到字长和数据的类型的限制。字长和数据类型定了，机器数能表示的范围也定了。例如，若表示一个整数，字长为 8 位，最大值 01111111，最高位为符号位，因此，此数的最大值为 127。若数值超出 127，就要"溢出"。为了表示较大或较小的数，用定点数、浮点数来表示。

定点数约定小数点隐含在某一固定的位置上，称为定点数表示法；浮点数是指小数点位置可以任意浮动称为浮点数表示法。

1. 定点数表示

通常，任意一个二进制数总可以表示为纯整数（或纯小数）和一个 2 的整数次幂的乘积。例如，二进制数 N 可写成

$$N = 2^P \times S \tag{1-1}$$

其中，S 称为 N 的尾数，P 称为 N 的阶码，2 称为阶码的底。尾数 S 表示了 N 的全部有效数字，阶码 P 指明了小数点的位置。此处 P、S 都是用二进制表示的数。

当阶码为固定值时，称这种表示法为数的定点表示法。这样的数称为定点数。

如假定 $P=0$，且尾数 S 为纯整数，这时定点数只能表示整数，称为定点整数。

如假定 $P=0$，且尾数 S 为纯小数，这时定点数只能表示小数，称为定点小数。

定点数的这两种表示法在计算机中均有采用。究竟采用哪种方法，都是事先约定的。

在机器内定点数用下述方式表示。

(1) 定点小数。约定小数点在符号位与数值部分最高位之间。

$$P_0 \qquad . \qquad\qquad P_{-1} \quad P_{-2} \quad ... \qquad P_{-m}$$

符号位　　　小数点隐含表示　　　　　　　　　数值部分

(2) 定点整数。约定小数点在数值部分的最低位的右边。

$$P_0 \qquad\qquad P_m \quad P_{m-1} \quad ... \quad P_1 \qquad .$$

符号位　　　　　　　　数值部分　　　　　　　小数点隐含表示

当定点数的位数确定以后，定点数表示的范围也就确定了。如果一个数超过了这个范围，这种现象称为溢出。

2. 浮点数表示

如果阶码可以取不同的数值，称这种表示法为数的浮点表示法，这样的数称为浮点数。这时二进制数 N 可写成

$$N = 2^P \times S \tag{1-2}$$

其中，阶码 P 用整数表示，可为正数或负数。用一位二进制数 P_f 表示阶码的符号位，当 $P_f = 0$ 时，表示阶码为正数；当 $P_f = 1$，表示阶码为负数。而尾数 S 一般为纯小数，用定点小数来表示，同样用 S_f 表示尾数的符号，$S_f = 0$ 表示尾数为正数（也就是 N 为正）；$S_f = 1$

表示尾数为负数。在计算机中表示形式如下：

P_f	P	S_f	S
阶码符号	阶码	尾数符号	尾数

可见，在机器中表示一个浮点数，要分为阶码和尾数两部分来表示。一般来说，阶码部分的位数决定了数的表示范围，而尾数部分的位数决定了数的精度。但是不同机器对浮点数定义是不同的，具体表示方法需要查看相关资料。

1.4.2　原码、反码、补码

1. 原码

原码是一种简单的机器数表示法。它规定正数的符号用 0 表示，负数的符号用 1 表示，数值部分即为该数的本身。例如：

$X=+100101$，其原码表示为 $[X]_原=00100101$

$X=-100101$，其原码表示为 $[X]_原=10100101$

2. 反码

反码的表示：正数的反码与原码相同，负数的反码为对该数的原码除符号外各位取反。所谓取反就是将 1 变为 0，0 变为 1。

$X=+1101010$　　　　$[X]_反=01101010$

$X=-1101010$　　　　$[X]_反=10010101$

3. 补码

补码表示法的指导思想：把负数转换为正数，使减法变成加法，从而使正负数的加减运算转换为单纯的正数相加运算。

补码表示法：如果 $X \geqslant 0$ 时，其补码与原码相同；如果 $X < 0$ 时，其补码符号位为 1，其他各位求反码，然后在最低位加 1。如：

$X=-1010101$　　　　$[X]_补=1\,0101010+1=10101011$

1.4.3　字符型数据的表示方法

在计算机数据中，字符型数据占有很大比重。字符数据包括西文字符（字母、数字、各种符号）和中文字符。计算机是以二进制的形式存储和处理的，因此字符也必须按特定规则进行二进制编码才能进入计算机。字符编码的方法很简单，本节将介绍西文字符数据和汉字字符数据的编码方法。

1. 西文字符数据

对西文字符编码最常用的是 ASCII 码（American Standard Code For Information Interchange，美国标准信息交换码）。ASCII 码原为美国国家标准，供不同计算机在相互通信时作为共同遵守的标准。

ASCII 码采用 7 位二进制编码，它可以表示 2^7（即 128 个）字符，如表 1-3 所示。

表 1-3　ASCII 编码表（$b_6 b_5 b_4 b_3 b_2 b_1 b_0$）

$b_3 b_2 b_1 b_0$	$b_6 b_5 b_4$							
	000	**001**	**010**	**011**	**100**	**101**	**110**	**111**
0000	NUL	DLE	SP	0	@	P	、	p
0001	SOH	DC1	!	1	A	Q	a	q
0010	STX	DC2	"	2	B	R	b	r
0011	ETX	DC3	#	3	C	S	c	s
0100	EOT	DC4	$	4	D	T	d	t
0101	ENQ	NAK	%	5	E	U	e	u
0110	ACK	SYN	&	6	F	V	f	v
0111	BEL	ETB	'	7	G	W	g	w
1000	BS	CAN	(	8	H	X	h	x
1001	HT	EM	)	9	I	Y	i	y
1010	LF	SUB	*	:	J	Z	j	z
1011	VT	ESC	+	;	K	[	k	{
1100	FF	FS	,	<	L	\	l	|
1101	CR	GS	-	=	M	]	m	}
1110	SO	RS	.	>	N	↑	n	~
1111	SI	US	/	?	O	_	o	DEL

　　每个字符用 7 位二进制码表示，其排列次序为 $b_6 b_5 b_4 b_3 b_2 b_1 b_0$ 表示，b_6 为最高位，b_0 为最低位。而一个字符在计算机内实际是用 8 位表示。正常情况下，最高一位 b_7 为"0"，在需要奇偶校验时，这一位可用于存放奇偶校验的值，此时称这一位为校验位。

　　要确定某个字符 ASCII 码，在表中可先查到它的位置，然后确定它所在位置的相应列和行，最后根据列确定高位码（$b_6 b_5 b_4$），根据行确定低位码（$b_3 b_2 b_1 b_0$），把高位码与低位码合在一起就是该字符的 ASCII 码。一个 ASCII 码可用不同的进制数表示。例如字母"A"的 ASCII 码是 1000001，用十六进制表示为 $(41)_{16}$，十进制表示为 $(65)_{10}$。

　　由表 1-3 看出，十进制码值 0～31 和 127（即 NUL～US 和 DEL）共 33 个字符起控制作用，故称为控制码，其余 95 个字符用于写程序和命令，称为信息码。

　　其中，常用的控制字符的作用如下。

BS（BackSpace）：退格　　　　　　　HT（Horizontal Table）：水平制表

LF（Line Feed）：换行　　　　　　　VT（Vertical Table）：垂直制表

FF（Form Feed）：换页　　　　　　　CR（Carriage Return）：回车

CAN（Cancel）：作废　　　　　　　　ESC（Escape）：换码

SP（Space）：空格　　　　　　　　　DEL（Delete）：删除

　　在 ASCII 码表中，十进制码值 0～32 和 127（即 NUL～US 和 DEL）共 34 个字符称为非图形字符（又称为控制字符）；其余 94 个字符称为图形字符（又称为普通字符）。在这些字符中，0～9、A～Z、a～z 都是顺序排列的，且小写比大写字母值大 32。

　　西文字符除了常用的 ASCII 码外，还有另一种 EBCDIC 码（Extended Binary Coded Decimal Interchange Code，扩展的二-十进制交换码），这种字符编码主要用在大型机器中。

EBCDIC 码采用 8 位二进制码表示,有 256 个编码状态,但只选用其中一部分。

2. 汉字的编码

汉字也是字符,但它比西文字符量多且复杂,给计算机处理带来了困难。汉字处理技术首先要解决的是汉字输入、输出及计算机内部的编码问题。根据汉字处理过程中不同的要求,有多种编码,主要分为四类:汉字输入码、汉字交换码、汉字内码和汉字字型码。

(1) 汉字输入码。这是一种用计算机标准键盘上的不同排列组合来对汉字进行编码的方法。目前,汉字输入码相关研究的发展十分迅速,已有几百种汉字输入编码法,如数字编码、字音编码、字形编码和音形编码等。

(2) 汉字交换码。在不同汉字信息处理系统间进行汉字交换时所使用的编码就是国标码。国标码以国家标准局公布的 GB/T 2312—1980 规定的汉字交换码作为标准汉字编码。共收录汉字、字母、图形等字符 7445 个,其中汉字 6763 个。这一汉字字符集规定,将汉字和字符符号分成 94 区,每个区分为 94 位,汉字及字符就排列在这 94×94 个编码位置所组成的代码表中。每个汉字及字符以 2 字节表示,第一字节表示区码,后一字节表示位码,区码和位码各用两位十六进制数字表示,因此,输入一个汉字需要按键 4 次。

国标码规定,每个字符由一个 2 字节代码组成。每字节的最高位恒为"0",其余 7 位用于组成各种不同的码值。两字节的代码,共可表示 128×128=16 384 个符号,足够国标码使用。

(3) 汉字内码。计算机既要处理文字,也要处理西文。为了实现中、西文兼容,通常利用字节的高位来区分某个码值是代表汉字或 ASCII 码字符。具体的做法是,若最高位为"1"视为汉字符,为"0"视为 ASCII 码字符。所以,汉字机内码可在上述国标码的基础上,把2 字节的最高位一律由"0"改"1"而构成。例如汉字"大"字的国标码为 3473 H,两字节的最高位均为"0"如图 1-2 所示。把两个最高位全改成"1",变成 B4F3 H,就可得"大"字的机内码。由此可见,同一汉字的汉字交换码与汉字机内码内容并不相同,而对 ASCII 码字符来说,机内码与交换码的码值是一样的。

(a) 国标码　3473

00110100	01110011

(b) 机内码　B4F3

10110100	11110011

图 1-2　国标码和汉字机内码的比较

(4) 汉字字形码。汉字字形码即在显示或打印输出汉字时产生的字形,该种编码是通过点阵形式产生的。无论汉字笔画多少,都可以在同样大小的方块中书写,从而把方块分隔为许多小方块,组成一个点阵,每个小方块就是点阵中的一个点,即二进制的一个位。每个点由"0"和"1"表示"白"和"黑"两种颜色。用这样的点阵就可以输出汉字。一个汉字信息系统具有的所有汉字字形的集合构成了该系统的汉字库。

根据输出汉字的要求不同,汉字点阵的多少也不同,点阵越大、点数越多,分辨率越高,输出的字形越美观。汉字字型有 16×16、24×24、32×32、48×48、128×128 点阵等,不同汉字的汉字需要不同的字库。点阵字库存储在文字发生器或字模存储器中。由于字模点阵的信息量是很大的,所以占存储空间也较大。以 16×16 点阵为例,每个汉字就要占 2 字节。

综上可知,无论西文字符还是中文字符,在机内一律用二进制编码表示。当用户向计算机输入汉字时,存入计算机中的总是它的机内码,与所采用的输入法无关。实际上不管采用何种输入法,在输入码与机内码之间总存在着一一对应的关系,很容易通过"输入管理程序"把输入码转换为机内码;而当输出汉字时,再通过相应的转换程序,将机内码转换为字形码。

第2章

计算机系统

CHAPTER 2

随着计算机应用领域的不断扩大,计算机正在日益深入人们的社会生活之中,成为现代社会必不可少的工具。本章以微型计算机为例,首先介绍计算机的体系结构——冯·诺依曼体系结构,以及计算机的工作原理,然后分别对中央处理器、存储器、输入输出系统进行阐述,最后介绍连接微机各部件的系统总线。通过本章的学习,应掌握计算机的硬件体系结构及其工作原理,了解计算机各个部件的功能及作用,对计算机的组成从整体上形成一个初步认识。

习题 2

🔑 2.1 计算机系统的组成

计算机系统由硬件系统和软件系统组成,如图 2-1 所示。计算机硬件是计算机系统中由电子、机械和光电元件组成的各种计算机部件和设备的总称,是计算机完成各项工作的物质基础。计算机软件则是在计算机硬件设备上运行的各种程序及其相关文档和数据的总称,用于指挥计算机系统按要求进行工作。没有安装任何软件的计算机被称为裸机。

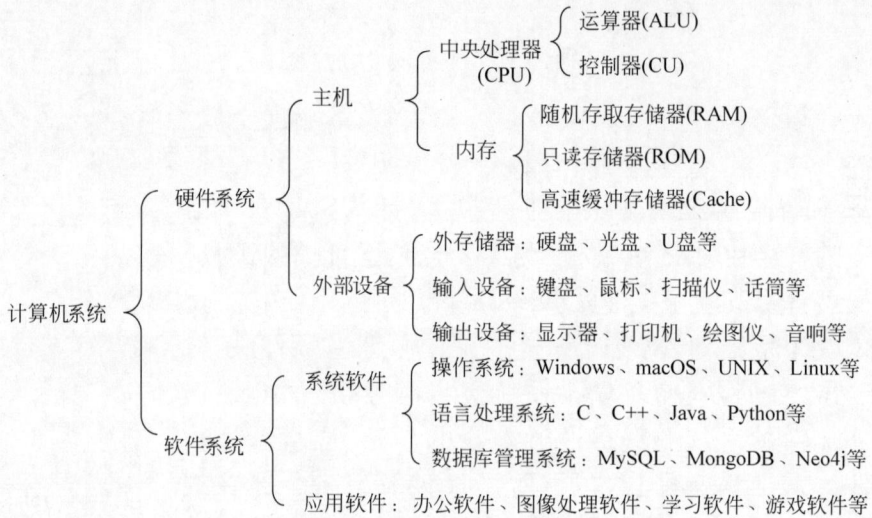

```
                                              ┌ 运算器(ALU)
                             中央处理器 ┤
                             (CPU)       └ 控制器(CU)
                     ┌ 主机 ┤
                     │       │            ┌ 随机存取存储器(RAM)
                     │       └ 内存 ┤ 只读存储器(ROM)
              硬件系统┤                    └ 高速缓冲存储器(Cache)
              │      │
              │      │            ┌ 外存储器:硬盘、光盘、U盘等
              │      └ 外部设备 ┤ 输入设备:键盘、鼠标、扫描仪、话筒等
计算机系统 ┤                    └ 输出设备:显示器、打印机、绘图仪、音响等
              │      ┌ 系统软件 ┌ 操作系统:Windows、macOS、UNIX、Linux等
              │      │          ┤ 语言处理系统:C、C++、Java、Python等
              └ 软件系统┤        └ 数据库管理系统:MySQL、MongoDB、Neo4j等
                     └ 应用软件:办公软件、图像处理软件、学习软件、游戏软件等
```

图 2-1 计算机系统的组成

2.1.1 计算机硬件系统

计算机硬件系统是指构成计算机的所有实体部件的集合,这些部件通常由电子器件、机械装置等物理部件组成。硬件通常是指一切看得见、摸得到的设备实体,是计算机进行工作的物质基础,是计算机软件运行的场所。

1946 年,美籍匈牙利数学家冯·诺依曼和他的同事们研制出了 EDVAC 计算机,采用"存储程序"的思想,并提出了计算机的基本硬件结构,它由五部分组成,即运算器、控制器、存储器、输入设备和输出设备,以此思想为基础的各类计算机被称为冯·诺依曼计算机,如图 2-2 所示。

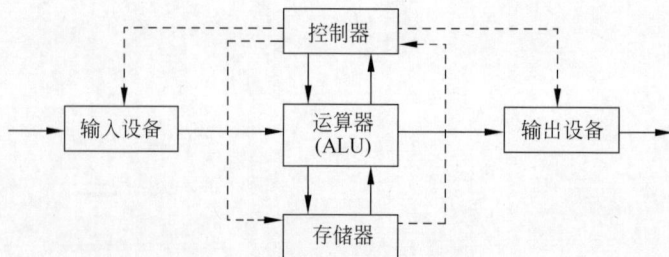

```
                    ┌─────────┐
                    │  控制器  │
                    └─────────┘
  ┌─────────┐      ┌─────────┐      ┌─────────┐
→ │ 输入设备 │ ──→ │  运算器  │ ──→ │ 输出设备 │ →
  └─────────┘      │  (ALU)  │      └─────────┘
                    └─────────┘
                    ┌─────────┐
                    │  存储器  │
                    └─────────┘
```

图 2-2 冯·诺依曼计算机组成结构

现代计算机系统结构与冯·诺依曼等当时提出的计算机系统结构相比虽已发生了重大变化,但就其结构原理来说,占有主流地位的仍是以存储程序原理为基础的冯·诺依曼计算机。存储程序原理的基本点是指令驱动,即程序由指令组成,并和数据一起存放在计算机存储器中。机器一经启动,就能按照程序指定的逻辑顺序把指令从存储器中读出来逐条执行,自动完成由程序所描述的处理工作。冯·诺依曼计算机的特征可概括如下。

(1) 存储器是字长固定的、顺序线性编址的一维结构。

(2) 存储器提供可按地址访问的一级地址空间,每个地址是唯一定义的。

(3) 由指令形式的低级机器语言驱动。

(4) 指令的执行是顺序的,即一般按照指令在存储器中存放的顺序执行,程序分支由转移指令实现。

(5) 机器以运算器为中心,输入输出设备与存储器之间的数据传送都途经运算器。运算器、存储器、输入输出设备的操作以及它们之间的联系都由控制器集中控制。

虽然至今绝大多数计算机仍基于上述结构特点,但这七十多年来计算机系统结构有了许多改进。主要体现在以下九方面。

(1) 计算机系统结构从基于串行算法改变为适应并行算法,从而出现了向量计算、并行计算机、多处理机等。

(2) 高级语言与机器语言的语义距离缩小,从而出现了面向高级语言机器和直接执行高级语言机器。

(3) 硬件子系统与操作系统和数据库管理系统软件相适应,从而出现了面向操作系统机器和数据库计算机等。

(4) 计算机系统结构从传统的指令驱动型改变为数据驱动型和需求驱动型,从而出现了数据流机器和归约机。

(5) 为了适应特定应用环境而出现了各种专用计算机,如快速傅里叶变换机器、过程控制计算机等。

(6) 为了获得高可靠性而研制的容错计算机。

(7) 计算机系统功能分散化、专业化,从而出现了各种功能分布计算机,这类计算机包含外围处理机、通信处理机等。

(8) 出现了与大规模、超大规模集成电路相适应的计算机系统结构。

(9) 出现了处理非数值化信息的智能计算机,如自然语言、声音、图形和图像处理等。

主要的处理方法已不是依靠精确的算法进行数值计算,而是依靠有关的知识进行逻辑推理,特别是利用经验性知识对不完全确定的事实进行非精确性推理。

2.1.2　计算机软件系统

软件系统包括系统软件和应用软件。系统软件面向机器,实现计算机硬件系统的管理和控制,同时为上层应用软件提供开发接口,为使用者提供人机接口。应用软件以系统软件为基础面向特定应用领域。

系统软件的核心是操作系统(如 Windows、UNIX、Linux 等),此外,还包括语言处理系统(如编译程序、解释程序)、系统服务程序(如编辑程序、调试程序、诊断程序)和数据库管理系统等。

用户通过软件使用计算机,一般有两种工作方式:交互式和程序式。交互式通常用于操作,有命令、菜单、图标等;程序式用于自动控制,程序使用计算机语言书写。

按计算机语言接近人类自然语言的程度,可将计算机语言划分为三大类:机器语言、汇编语言和高级语言。

(1) 机器语言。直接用二进制计算机指令作为语句与计算机交换信息。

(2) 汇编语言。一种符号语言,它将难以记忆和辨认的二进制指令码用有意义的英文单词或其缩写作为助记符。用汇编语言编写的程序必须翻译成机器语言程序才能执行。这种翻译工作由专门的翻译程序(即汇编程序)完成。用汇编语言编写的程序称为汇编语言源程序,经汇编程序翻译后得到的机器语言程序称为目标程序。

(3) 高级语言。用类似于自然语言的句子书写程序。用高级语言编写的程序也必须翻译成机器语言程序才能执行。高级语言程序的翻译方式有两种:一种是编译方式,另一种是解释方式。相应的语言处理系统分别称为编译程序和解释程序。在编译方式下,源程序的执行分成两个阶段:编译阶段和运行阶段。高级语言编写的源程序经编译后生成的目标程序(以.obj 为扩展名)尚不能直接在操作系统下运行,还需经过调用连接程序,将目标程序与库文件相连形成可直接运行的执行程序(以.exe 为扩展名)。在解释方式下,并不生成目标程序,而是对源程序按语句执行的动态顺序进行逐句分析,边翻译边执行,直至程序结束。

2.1.3　计算机工作原理

计算机能自动连续地工作是由于它在内存中存储了程序,通过控制器从内存中逐一取出程序中的每条指令,分析指令并执行相应的操作。

1. 指令与程序

(1) 指令。计算机之所以能够按照要求完成一项一项的工作,是因为人向它发出了一系列的"命令",这些命令通过一定的方式送入计算机,且能够为计算机所识别。将这种能够被计算机识别的命令称为指令。对于不同类型的计算机,由于其硬件结构不同,指令也不同。某个计算机的基本指令的集合称为该计算机的指令系统,而保证对指令的这种执行能力的是计算机的硬件系统。一台计算机的指令系统丰富完备与否,在很大程度上说明了计算机对数据信息的运算和处理能力。指令的类型可分为以下几种。

① 数据传送指令。完成内存中的数据与 CPU 的数据交换。

② 算术和逻辑指令。进行算术和逻辑运算。

③ 程序控制指令。根据程序中给定的条件改变程序的执行顺序,使得计算机具有逻辑判断的功能。

④ 输入输出指令。实现外部设备与主机之间的数据传输。

⑤ 各类控制管理机器的指令。如启动、停机等指令。

计算机能够直接识别并执行的指令称为机器指令。它们全部由 1 和 0 这样的二进制编码组成,其操作通过硬件逻辑电路实现。不同的计算机系统通常都具有自己特有的指令系统,其指令格式上也会有一些区别,但一般都包括这样三种信息,即指令操作的性质(如加、减、乘、除等)、操作对象的来源(如参加操作的数据或存放数据的地址)以及操作结果的去向

（存放结果的地址）。一条计算机指令由两部分组成：操作码和操作数，其中，操作码是指指令操作的性质或者说操作的种类；操作数是指操作对象的内容或所在的单元地址，操作数在大多数情况下是地址码，地址码可以有 0~3 个。从地址码得到的仅是数据所在的地址，可以是源操作数的存放地址，也可以是操作结果的存放地址，指令的一般格式如图 2-3 所示。

（2）程序。当人们需要计算机完成某项任务的时候，首先要将任务分解为若干基本操作的集合，并将每种操作转换为相应的指令，按一定的顺序组织

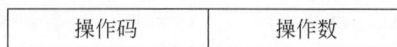

操作码	操作数

图 2-3　指令的格式

起来，这就是程序。计算机完成的任何任务都是通过执行程序完成的。例如，在需要解决一个实际问题时，首先把题目的解题步骤按照一定的顺序用计算机能够识别并执行的指令书写出来，命令计算机执行规定的操作。这些指令的序列就组成了程序。

2．指令和程序在计算机中的执行过程

程序是由一系列指令组成的有序集合。程序的执行就是将程序中所有指令逐条执行的全过程。程序通过系统的输入设备并在操作系统的统一控制下送入内存储器，然后由微处理器按照其在内存中的存放地址，依次取出来执行。

（1）取指令。取指令阶段完成将执行指令从内存取出来并送到指令寄存器中，具体操作为：第一，将程序计数器 PC 中的内容通过地址总线送至内存地址寄存器；第二，向内存发读命令；第三，从内存中取出的指令经数据寄存器、数据总线送到指令寄存器中；第四，将 PC 的内容递增，为取下一条指令做好准备。

（2）分析及取数指令。取出指令后，机器立即进入分析及取数阶段，指令译码器 ID 可识别和区分不同的指令类型及各种获取操作数的方法。由于各条指令功能不同，寻址方式也不相同，所以分析和取指阶段的操作是不同的。

（3）执行。完成指令规定的各种操作，产生运算结果，并将结果存储起来。

总之，计算机的基本工作过程可以概括为取指令、分析及取数和执行等，然后再取下一条指令，如此循环过程，直到遇到停机指令或外来事件的干预为止，指令执行过程如图 2-4 所示。

图 2-4　指令执行过程

2.2　微型计算机系统

微型计算机主要包括台式机和笔记本计算机两种。以台式机为例，台式机由主机和外部设备组成。主机安装在主机箱里，包括计算机的主要部件，有主板、CPU、内存、硬盘、电源等；外部设备有鼠标、键盘、显示器和打印机等，外部设备通过各种总线/接口连接到主机系统。

2.2.1 中央处理器

中央处理器(Central Processing Unit,CPU),又称为微处理器,是一个超大规模集成电路器件,是微型计算机的大脑。它起到控制整个微型计算机工作的作用,产生控制信号对相应的部件进行控制,并执行相应的操作。不同型号的微型计算机,其性能的差别首先在于其微处理器性能的不同,而微处理器的性能又与它的内部结构、硬件配置有关。微处理器具有专门的指令系统,但无论哪种微处理器,其内部结构是基本相同的,主要由运算器、控制器及寄存器等组成。其中运算器用于对数据进行算术运算和逻辑运算,即数据的加工处理;控制器用于分析指令、协调操作和内存访问;寄存器用于临时存储指令、地址、数据和计算结果。通常所说的 PIII、PIV 等,都是指 CPU 的型号,CPU 型号决定计算机的型号和性能。

1. 运算器

运算器又称为算术逻辑单元(Arithmetic Logic Unit,ALU),用来进行算术、逻辑运算以及位移循环等操作。ALU 是一种以全加器为核心的具有多种运算功能的组合逻辑电路。通常,参加运算的两个操作数,一个来自累加器 A,另一个来自内部数据总线,可以是数据寄存器 DR(data register)中的内容,也可以是寄存器组 RA 中某个寄存器的内容。运算结果往往也送回累加器 A 中暂存。为了反映数据经 ALU 处理之后的结果特征,运算器设有一个状态标志寄存器 F。

2. 控制器

控制器(controller)是整个计算机的指挥中心,它负责从内存储器中取出指令并对指令进行分析、判断,根据指令发出控制信号,使计算机的有关设备有条不紊地协调工作,保证计算机能自动、连续地工作。

控制器主要由程序计数器 PC、寄存器 IR、指令译码器 ID、控制逻辑部件 PLA 和时序电路等部件组成。

控制器是整个计算机的控制、指挥中心,它根据人们预先编写好的程序,依次从存储器中取出各条指令,放在指令寄存器中,通过指令译码器进行译码(分析),确定应该进行什么操作,然后通过控制逻辑在确定的时间向确定的部件发出确定的控制信号,使运算器和存储器等各部件自动而协调地完成该指令所规定的操作。当一条指令完成以后,再顺序地从存储器中取出下一条指令,并照此同样地分析与执行该指令。如此重复,直到完成所有的指令。因此,控制器的主要功能有两项:一是按照程序逻辑要求,控制程序中指令的执行顺序;二是根据指令寄存器中的指令码控制每条指令的执行过程。

控制器中各部件的功能可以简单地归纳如下。

(1)程序计数器 PC。程序计数器 PC 中存放着下一条指令在内存中的地址。控制器利用它来指示程序中指令的执行顺序。当计算机运行时,控制器根据 PC 中的指令地址,从存储器中取出将要执行的指令送到指令寄存器 IR 中进行分析和执行。

通常情况下,程序是按顺序逐条执行的。因此,PC 在大多数情况下,可以通过自动加 1 计数功能来实现对指令执行顺序的控制。当遇到程序中的转移指令时,控制器则会用转移指令提供的转移地址来代替原 PC 自动加 1 后的地址。这样,计算机就可以通过执行转移指令来改变指令的执行顺序。

（2）指令寄存器 IR。指令寄存器 IR 用于暂存从存储器取出的将要执行的指令码,以保证在指令执行期间能够向指令译码器 ID 提供稳定可靠的指令码。

（3）指令译码器 ID。指令译码器 ID 用于对指令寄存器 IR 中的指令进行译码分析,以确定该指令应执行什么操作。

（4）控制逻辑部件 PLA。控制逻辑部件又称为可编程逻辑阵列 PLA。它依据指令译码器 ID 和时序电路的输出信号,用来产生执行指令所需的全部微操作控制信号,以控制计算机的各部件执行该指令所规定的操作。由于每条指令所执行的具体操作不同,所以每条指令都有一组不同的控制信号的组合,以确定相应的微操作系列。

（5）时序电路。由于计算机工作是周期性的,取指令、分析指令、执行指令等一系列操作的顺序,都需要精确地定时。时序电路用于产生指令执行时所需的一系列节拍脉冲和电位信号,以定时指令中各种微操作的执行时间和确定微操作执行的先后次序。在微型计算机中,由石英晶体振荡器产生基本的定时脉冲。两个相邻的脉冲前沿的时间间隔称为一个时钟周期,它是 CPU 操作的最小时间单位。

此外,还有地址寄存器 AR,它是用来保存当前 CPU 所要访问的内存单元或 I/O 设备的地址。由于内存和 CPU 之间存在着速度上的差别,所以必须使用地址寄存器来保持地址信息,直到内存读写操作完成为止。数据寄存器 DR 用来暂存微处理器与存储器或输入输出接口电路之间待传送的数据。地址寄存器 AR 和数据寄存器 DR 在微处理器的内部总线和外部总线之间,还起着隔离和缓冲的作用。

3. CPU 产品

目前 CPU 的主要制造商有 Intel、AMD 以及龙芯等。

（1）Intel CPU。英特尔(Intel)公司是全球最大的半导体芯片制造商之一。2005 年,Intel 公司开始推出酷睿(Core)CPU,即在一个 CPU 中集成多个核心的技术来提升 CPU 整体性能。早期的酷睿是基于笔记本处理器的,从 2006 年开始的酷睿 2 是一个跨平台的构架体系,包括台式机、服务器和笔记本电脑三大领域。2010 年,Intel 陆续推出智能处理器酷睿 Core i 系列,主要有 Core i3、Core i5、Core i7 和 Core i9,Core i3 为低端处理器,采用的核心数和缓存要少一些,Core i9 为高端处理器,拥有更多的核心和缓存。

（2）AMD CPU。超威半导体公司(Advanced Micro Devices,AMD)是一家美国半导体跨国公司。AMD CPU 在 Intel CPU 中都能找到相对应的产品,而且性能基本一致。AMD CPU 主要有 FX、锐龙(Ryzen)、速龙(Athlon)等系列。在同级别的情况下,AMD 的 CPU 浮点运算能力比 Intel 的稍弱,强项在于集成的显卡。在相同的价格情况下,AMD 的配置更高,核心数量更多。

（3）国产 CPU——龙芯。龙芯(Loongson)是中国科学院计算所自主研发的通用 CPU,具有自主知识产权。自 2002 年龙芯 1 号诞生以来,龙芯 CPU 在安全、政企、能源、金融等领域得到了广泛的应用。

2.2.2　主板

主板(MainBoard)又称系统主板(System Board)或母板(Motherboard),用于连接计算

机的多个部件。它安装在主机箱内,是微型计算机最基本、最重要的部件之一。集成在主板上的主要部件有:系统扩展槽(总线)、芯片组、BIOS 芯片、CMOS 芯片、电池、CPU 插座、内存插槽、Cache 芯片、DIP 开关、键盘插座及小线接脚等。有些主板还集成了显卡、声卡、网卡等接口。在微型计算机系统中,CPU、RAM、存储设备和显示卡等部件都连接在主板上,主板性能和质量的好坏将直接影响整个系统的性能,主板如图 2-5 所示。

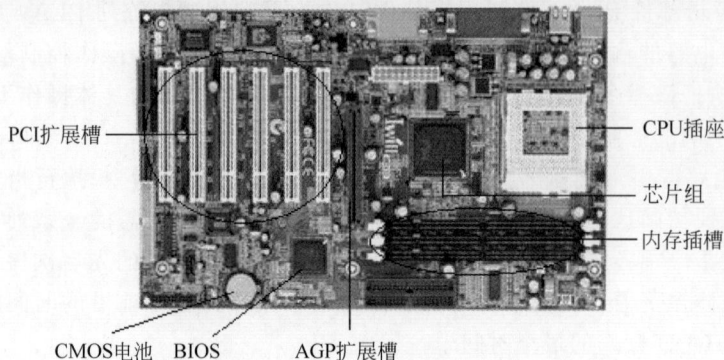

PCI扩展槽
CPU插座
芯片组
内存插槽
CMOS电池　BIOS　AGP扩展槽

图 2-5　主板

1. 芯片组

芯片组由一组超大规模集成电路芯片构成。芯片组控制和协调整个计算机系统的正常运行和各个部件的选型,它被固定在母板上,不能像 CPU、内存等那样进行简单的升级换代。典型的芯片组由北桥芯片和南桥芯片两部分组成。其中北桥芯片负责管理二级高速缓存(Cache)、决定支持内存的类型及最大容量、支持 AGP 高速图形接口以及 PCI 总线的桥梁。南桥芯片则负责连接键盘、鼠标接口、USB 接口、ATA 接口、普通串行和并行接口以及 ISA 总线的桥梁等。

2. CPU 插座

CPU 插座用于固定连接 CPU 芯片。由于集成化程度和制造工艺的不断提高,越来越多的功能被集成到 CPU 上。为了安装的方便,现在 CPU 插座基本上采用零插槽式设计。

3. 内存插槽

随着内存扩展板的标准化,主板给内存预留专用插槽,只要购买所需数量与主板插槽匹配的内存条,就可以实现扩充内存和即插即用。

4. 总线扩展槽

主板上有一系列扩展槽,用来连接各种功能插卡。用户可以根据自己的需要在扩展槽上插入各种用途的插卡,如显示卡、声卡、网卡等,以扩充微机的各种功能。任何插卡插入后,都可以通过系统总线与 CPU 连接,在操作系统的支持下实现即插即用。

2.2.3　内存储器

存储器是计算机系统中的记忆设备,用来存放程序和数据。构成存储器的存储介质目前主要采用半导体器件和磁性材料。

一般来说,存储器分为两级:一级为内存储器(主存储器),其存储速度较快,但容量相对较小,由 CPU 直接访问;另一级为外存储器(辅助存储器),外存储器只能与内存储器交换信息,不能直接与 CPU 交换信息,故外存储器比内存储器的存取速度慢。

1. 存储器的分类

(1) 按存取速度和在计算机系统中的地位分类。

① 主存储器。速度较快、容量较小、价格较高,用于存储当前计算机运行所需要的程序和数据,可与 CPU 直接交换信息,习惯上称为主存、内存或者内存储器。在计算机中,通常把 CPU 和内存的组合称为主机。

② 辅助存储器。速度较慢、容量较大、价格较低,用于存放计算机当前暂时不用的程序和数据或需要永久保持的信息,又称为外存或海量存储器。

(2) 按存储介质和作用机理分类。

① 磁存储器。主要有磁芯、磁带、磁盘、磁泡和磁鼓。

② 光存储器。只读式 CD-ROM、可擦写光盘,还有一种介于磁和光之间的存储设备叫磁光盘(MO 盘)。

③ 半导体存储器。当前计算机系统的主存主要用半导体存储器。

(3) 按存取方式分类。

① 随机存储器 RAM。特点是存储器中的信息可读可写,半导体 RAM 断电后信息会全部丢失(易失性)。RAM 用来存放 CPU 现场操作的大部分二进制信息。据统计,CPU 大约有 70% 的工作是对 RAM 的读写操作。其中,读操作是指从指定地址的 RAM 单元中取出数据,写操作是指将数据存入指定地址的 RAM 单元。RAM 的空间越大,处理能力越强。

② 只读存储器 ROM。特点是存储器中信息只能读出,不能写入,关机后信息不会丢失(非易失性)。它的内部存放的是生产厂家装入的固定指令和数据。这类指令和数据构成了一些对计算机进行初始化的低级操作和控制程序(即 BIOS 程序),使计算机能开机运行。在一般情况下 ROM 内的程序是固化的,不能对 ROM 进行改写操作,只能从中读出信息,但是现在许多微型计算机的 ROM 采用了一种特殊的快闪内存(Flash Memory)来制造,从而可以用一些特殊的程序改写 ROM,对计算机的 BIOS 进行升级。

2. 存储器的性能指标

(1) 存储器容量。是指存储器可以容纳的二进制信息总量,即存储信息的总位(Bit)数。存储器通常是以字节为单位编址的,1 字节有 8 位,所以有时也用字节容量表示存储器容量。存储器容量越大,则存储的信息越多。目前存储器芯片的容量越来越大,价格在不断地降低,这主要得益于大规模集成电路的发展。

内存储器由许多存储单元组成,每个存储单元可以存放若干二进制代码,该代码可以是数据或程序代码。为了有效地存储该单元内存储的内容,每个单元必须有唯一的编号来标识,此编号称为存储单元的地址。内存容量的大小通常用字节(Byte)表示。

① 位。存放一位二进制数即 0 或 1,称为位(bit)。

② 字节。8 个二进制位为 1 字节,为了便于衡量存储器的大小,统一以字节(Byte)为单

位。容量一般用 KB、MB、GB、TB 来表示,它们之间的关系是 1KB＝1024B,1MB＝1024KB,1GB＝1024MB,1TB＝1024GB,其中 $1024 = 2^{10}$。

③ 地址。在计算机中,整个内存被分成一个个字节,每字节都由一个唯一的地址来标识。如同旅店中每个房间必须有唯一的房间号,才能找到该房间内的人一样。CPU 能够访问内存的最大寻址范围与 CPU 的地址线的根数有关。

(2) 存取速度。存储器的速度直接影响计算机的速度。存取速度可用存取时间和存储周期这两个时间参数来衡量。存取时间是指 CPU 发出有效存储器地址从而启动一次存储器读写操作,到该读写操作完成所经历的时间,这个时间越小,则存取速度越快,目前,高速缓冲存储器的存取时间已小于 5ns。存储周期是连续启动两次独立的存储器操作所需要的最小时间间隔,这个时间一般略大于存取时间。

2.2.4　外存储器

外存储器主要有硬盘、光盘、U 盘等,其存储速度较慢,但容量可以很大。它们是系统装置中重要的组成部分,是通过主板上相应的适配器与主机板相连接的。

1. 机械硬盘

机械硬盘是计算机的主要外部存储设备,通常说的硬盘就是指机械硬盘。绝大多数微型计算机以及许多数字设备都配有机械硬盘,主要原因是其存储容量很大,经济实惠。

2. 固态硬盘

固态硬盘(Solid State Disk,SSD)是运用 Flash/DRAM 芯片发展出的最新硬盘,其存储原理类似于 U 盘。和机械硬盘相比,固态硬盘读写速度快、容量小、价格高、使用寿命有限。

目前微型计算机的硬盘配置一般采用固态硬盘和机械硬盘双硬盘的这种混合配置方式。将操作系统的系统文件保存在固态硬盘中,通过减少文件读取时间而提高操作系统的运行效率。将非系统文件(如重要的数据、文档等),保存在机械硬盘中,可以长久保存。

3. 光盘

光盘(Compact Disk,CD)是使用最普通的存储媒体,光盘盘片是在有机塑料基底上加各种镀膜制作而成的,数据通过激光刻在盘片上。光盘不仅存储容量大,而且还具有使用寿命长、携带方便等特点。读取光盘的内容需要光盘驱动器,简称光驱。

光盘根据其制作材料和记录信息方式的不同一般分为三种。

(1) CD-ROM。称为只读光盘,它的内容不能被删除,也不能被写入,只能读取里面的数据。

(2) CD-R。称为一次写入型光盘,也就是可以由用户写入信息,但只能写一次。信息的写入必须通过光盘刻录机来进行。这种光盘的信息可多次读取。

(3) CD-RW。称为可擦写光盘,它的内容可以由用户写入,也可以对已记录的信息进行删除或修改,就像磁盘一样可以反复使用。

光驱磁头是光盘驱动器的核心部件,为了延长磁头的使用寿命,需要定期对其进行清洗保养。清洗盘是一种特制的光盘,抹上计算机光驱磁头专用清洁液,放入驱动器后,自动转动,将灰尘和磁头上的污垢吸附在盘上,达到清洗光驱的目的。

4. 移动存储设备

常用的移动存储设备有 Flash 存储器和移动硬盘等。

(1) Flash 存储器。常见的 Flash 存储器有 U 盘和 Flash 卡,它们的存储介质相同而接口不同。U 盘采用 USB 接口,主要有 USB 2.0 和 USB 3.0 两种。计算机上的 USB 接口版本必须与 U 盘的接口类型一致才能达到最高的传输速度。Flash 卡一般用作数码相机和手机的存储器,如 SD 卡。Flash 卡虽然种类繁多,但存储原理相同,只是接口不同。每种Flash 卡需要相应接口的读卡器与计算机连接,计算机才能进行读写。

(2) 移动硬盘。主要采用 USB 或 IEEE 1394 接口,可以随时插上或拔下,小巧而便于携带的硬盘存储器,可以较高的速度与系统进行数据传输。

2.2.5　系统总线结构

总线是计算机各部件之间传送信息的公共通道,微型计算机中,有内部总线和外部总线之分。内部总线是指 CPU 内部之间的连线。外部总线是指 CPU 与其他部件之间的连线。我们日常所说的总线一般指的是外部总线。总线由多条通信线路组成,每条线路都能传输二进制信号 0 和 1。在一段时间里,一串二进制数字序列可以通过一条线路传输。这样,一根总线的多条线路就可以同时(并行)传送二进制数字序列。计算机系统具有多种不同类型的总线,这些总线为处在体系结构不同层次中的部件之间提供通信线路。

1. 总线分类

计算机中的总线按照连接部件的不同,一般分为内部总线、系统总线和外部总线。

(1) 内部总线。位于 CPU 芯片内,是微机内部各外部芯片与 CPU 之间的连线,用于芯片一级的互联。

(2) 系统总线。是指计算机中各插件板与主板之间的连线,用于插板一级的互连。

(3) 外部总线。是计算机与外部设备之间的总线,用于设备一级的互连。计算机作为一种设备,通过该总线可以和其他设备进行信息与数据交换。

如果按照总线内所传输的信息种类,又可将总线分为三类,即数据总线、地址总线和控制总线。

(1) 数据总线(Data Bus,DB)。用来在系统模块之间提供传输数据的通信线路集合称为数据总线。数据总线是双向总线,CPU 既可以通过 DB 从内存或输入设备读入数据,又可将 DB 内部数据送至内存或输出设备。典型的数据总线包括 8 条、16 条或者 2 条独立的线路,线路的数目代表了数据总线的带宽,决定了 CPU 和计算机其他部件之间每次交换数据的位数。

(2) 地址总线(Address BUS,AB)。用于传送 CPU 发出的地址信息,是单向总线,即指明数据总线上的数据源地址或目的地址。

(3) 控制总线(Control Bus,CB)。控制数据总线和地址总线的访问和使用,即传递控制信息、命令信号和定时信号等。因为数据总线和地址总线是被所有部件所共享的,所以必须使用一定的方法来控制它们的使用。控制信号用来在系统模块间传递命令和定时信息。

2．常用总线

在计算机系统中通常采用标准总线。标准总线不仅具体规定了线数及每根线的功能，而且还规定了统一的电气特性。随着计算机通信技术、多媒体技术和 CPU 生产技术的不断发展，高速 CPU、性能优异的外部设备及功能强大的软件大量涌现，总线技术也得到了飞速发展，先后出现了 ISA、MCA、EISA、VESA、PCI、USB、AGP 等总线标准。

（1）EISA(Extended Industry Standard Architecture)总线。1988 年由 Compaq 等 9 家公司联合推出的总线标准。它是在 ISA 总线的基础上发展起来的高性能总线，是 AT 总线的扩展，保持了与 ISA 的完全兼容。它的数据宽度为 32 位，最大传输速率为 33Mb/s。

（2）VESA(Video Electronics Standard Association)总线。1992 年由 60 家附件卡制造商联合推出的一种局部总线，它定义了 32 位数据总线且可通过扩展插槽扩展到 64 位。VESA 是一种高速、高效的局部总线，可支持奔腾微处理器。

（3）PCI(Peripheral Component Interconnect)总线。1991 年由 Intel 公司推出，PCI 在 CPU 与外部设备之间提供了一条独立的数据通道，让每种设备都能直接与 CPU 取得联系。PCI 总线的数据传输宽度为 32 位，可以扩展到 64 位，工作频率为 33MHz，数据传输速率最高可达 132Mb/s。PCI 是基于 Pentium 等新一代微处理器而发展的总线。

（4）AGP(Advanced Graphics Pot)总线。是 Intel 公司配合 Pentium 处理器开发的总线标准，它是一种可自由扩展的图形总线结构，能增大图形控制器的可用带宽，并为图形控制器提供必要的性能，有效地解决了 3D 图形处理的瓶颈问题。总线宽度为 32 位，时钟频率为 66MHz 和 132MHz 两种。

（5）USB 总线。通用串行(Universal Serial Bus，USB)总线是由 Intel、Compaq、IBM、Microsoft、NEC、Northern Telecom 等几家计算机和通信公司共同推出的一种新型接口标准。它基于通用连接技术，实现外设的简单快速连接，达到方便用户、降低成本、扩展 PC 连接外设范围的目的。USB 总线不像普遍使用的串、并口的设备需要单独的供电系统，它可以为连接外设提供电源。USB 技术的突出特点之一就是时速快，USB 的最高传输速率可达 12Mb/s，比串口快 100 倍，比并口快近 10 倍。

现代计算机系统的外围设备种类繁多，各类设备都有着各自不同的组织结构和工作原理，与 CPU 的连接方式也各有所异。计算机系统的输入输出系统的基本功能有两个：其一是为数据传输操作选择输入输出设备；其二是在选定的输入输出设备和 CPU(或主存储器)之间交换数据。

2.2.6　输入设备

输入设备是用于将信息送入计算机中的装置。键盘、鼠标、触摸屏、扫描仪等设备是微机中常用的输入设备。随着多媒体技术的发展，一些新的输入设备(如语音输入设备、手写输入设备)已经问世。

1．键盘

键盘(Keyboard)是计算机中最常用的输入设备。在使用计算机时，用户主要通过键盘向计算机输入命令、程序以及数据等信息，或使用一些操作键和组合控制键来控制信息的输入、修改和编辑，或对系统的运行进行一定程度的干预和控制。键盘是用户同计算机进行交流的主要工具。键盘有多种形式，如有 84 键键盘、101 键键盘、带鼠标或轨迹球的多功能键盘以及一些专用键盘等。但使用最为广泛的是 101 键的标准键盘。键盘常用键位功能如表 2-1 所示。

表 2-1　键盘常用键位功能

键　　位	名　　称	功　　能
Esc	取消键	取消命令或退出程序
Tab	制表键	将光标移动到下一制表位
Caps Lock	大写字母锁定键	用于大写字母和小写字母的切换。Caps Lock 灯亮时为大写状态
Shift	上档键	同时按住 Shift 和具有上下档字符的键位，可输入上档字符；同时按住 Shift 和字母键，可用于大小写交换
Backspace(←)	退格键	回退并删除光标左边的字符。在网页等其他应用程序中，相当于"后退"按钮
Enter	回车键	新起一个段落，或表示输入命令结束
Ctrl	控制键	单独键不起作用，与其他键组合，完成某一特定功能
Alt	转换键	
Space	空格键	产生一个空格
Num Lock	数字锁定键	Num Lock 灯亮起，小键盘数字键起作用
Del/Delete	删除键	删除光标后面的字符，或删除所选对象
Ins/Insert	插入/改写转换键	切换插入与改写状态。插入状态下，在光标左面插入字符，否则覆盖当前字符
Home	行首键	在文字处理文档中，将光标置于行首。在网页中，将光标置于页面顶部
End	行尾键	在文字处理文档中，将光标置于行尾。在网页中，将光标置于页面底部
PgUp	向上翻页键	光标向上移动一屏
PgDn	向下翻页键	光标向下移动一屏

2．鼠标

鼠标诞生于美国加州斯坦福大学，它的发明者是 Douglas Englebart 博士。Englebart 博士设计鼠标的初衷就是使计算机的操作更加简便，来代替键盘那些烦琐的指令。他制作的鼠标是一只小木头盒子，工作原理是由它底部的小球带动枢轴转动，并带动变阻器改变阻值来产生位移信号，信号经计算机处理，屏幕上的光标就可以移动。现在市面上鼠标种类很多，按其结构分可分为机械式、半光电式、光电式、轨迹球式、无线遥控式等，平时用得最多的是机械式和光电式两种。

机械式鼠标价格便宜，维修方便。把这种鼠标拆开，可以见到其中有一个橡胶球，紧贴着橡胶球的有两个互相垂直的传动轴，轴上有一个光栅轮，光栅轮的两边对应着发光二极管和光敏三极管。当鼠标移动时，橡胶球带动两个传动轴旋转，而这时光栅轮也在旋转，光敏三极管在接收发光二极管发出的光时被光栅轮间断地阻挡，从而产生脉冲信号，通过鼠标内部的芯片处理之后被 CPU 接收。信号的数量和频率对应着屏幕上的距离和速度。

光电鼠标没有机械装置，内部只有两对互相垂直的光电检测器，光敏三极管通过接收发光二极管照射到光电板反射的光进行工作,光电板上印有许许多多黑白相间的小格子,光照到黑色的格子上,由于光被黑色吸收,所以光敏三极管接收不到反射光;相反,若照到白色的格子上,光敏三极管可以收到反射光,如此往复,形成脉冲信号。需要注意的是,光电鼠标相对于光电板的位置一定要正,稍微有一点偏斜就会造成鼠标器不能正常工作。

3. 扫描仪

扫描仪是一种桌面输入设备,用于扫描或输入平面文档,例如纸张或者书页等。以往的扫描仪只能扫描文档和一些低分辨率、低画质的图片,但随着技术的进步和价格的下降,扫描仪也变得越来越专业,可以扫描出许多中等质量的图形。扫描仪经常和 OCR 联系在一起,OCR 是"光学字符识别"的意思。没有 OCR 的时候,扫描进来的所有东西(包括文字在内)都以图形格式存储,不能对其中包含的单个文字进行编辑。但在采用了 OCR 以后,系统可以实时分辨出单个文字,并以纯文本格式保存下来,以后便可像普通文档那样进行编辑了。目前市场上的扫描仪有 EPP、SCSI 和 USB 三种接口。USB 接口的扫描仪使用非常广泛。

4. 触摸屏

触摸屏是一种先进的输入设备,使用方便。用户只要通过手指触摸屏幕就可以选择相应项,从而操作计算机。触摸屏是一种覆盖了一层塑料的特殊显示屏,在塑料层后是不可见的红外线光束。触摸屏主要在百货商店、信息中心、学校、酒店、饭店等场所公共信息查询系统中广泛使用。

5. 数码相机

数码相机能够将客观世界的影像直接转变成数字信号并存放在存储器中,它不必使用胶卷并且可以立即成像,并且用户可以根据拍摄的效果删除图片。数码相机拍摄的数码照片可以导入计算机中,成为计算机获取图片素材的重要外部设备。

数码相机是由镜头、CCD(Charge Coupled Device)、模/数(A/D)转换器、微处理器(MPU)、内置存储器、液晶显示器(LCD)、可移动存储器(PC 卡)及接口(计算机接口、电视机接口)等部分组成,通常它们都安装在数码相机的内部。数码相机中只有镜头的作用与普通相机相同,它将光线汇聚到感光器件 CCD(电荷耦合器件)上,CCD 再把光信号转变为电信号,产生对应于拍摄景物的电子图像,然后通过模/数转换器实现从模拟信号到数字信号的转换,MPU 可对数字信号进行压缩并转化为特定的图像格式,并将图像文件存储在内置存储器中。

2.2.7　输出设备

输出设备主要用于将计算机处理过的信息保存起来,或以人们能接受的数字、文字、符号、图形和图像等形式显示或打印出来。常用的输出设备有显示器、打印机、绘图仪、磁盘驱动器、数模转换器等。

1. 显示器

显示器是计算机的主要输出设备,用来将系统信息、计算机处理结果、用户程序及文档等信息显示在屏幕上。

显示器有多种形式、多种类型和多种规格。按结构分,有液晶显示器、CRT 显示器等。液晶显示器具有体积小、重量轻,只要求低压直流电源便可工作等特点。CRT 显示器工作原理基本上和一般电视机相同,只是数据接收和控制方式不同。

显示器按显示效果不同可以分为单色显示器和彩色显示器。单色显示器只能产生一种颜色,即只有一种前景色(字符或图像的颜色)和一种背景色(底色),不能显示彩色图像。彩色显示器所显示的图像,其前景色和背景色均有许多不同的色彩变化,从而构成了五彩缤纷的图像。显示色彩不光取决于显示器本身,还取决于显示卡的功能。

显示器按分辨率可分为低分辨率、中分辨率和高分辨率显示器。低分辨率为 320×200 像素左右,即屏幕垂直方向上有 320 根扫描线,水平方向上有 200 个点,中分辨率为 650×350 像素左右,高分辨率有 640×480 像素、800×600 像素、1024×768 像素和 1280×1024 像素等。分辨率是显示器的一个重要指标,分辨率越高图像就越清晰。

显示器与主机相连必须配置适当的显示适配器,即显示卡。显示卡的功能主要用于主机与显示器数据格式的转换,是体现计算机显示效果的必备设备,它不仅把显示器与主机连接起来,而且还起到处理图形数据、加速图形显示等作用。显示卡插在主板的扩展槽上,为了适应不同类型的显示器,并使其显示出各种效果,显示卡也有多种类型,如 EGA、VGA、SVGA、AVGA 等。

2. 打印机

打印机也是计算机的基本输出设备之一,与显示器最大的区别是将信息输出在纸上。

按照打印机打印的方式,可分为字符式、行式和页式三类。字符式是一个字符一个字符地依次打印;行式是按行打印;页式是按页打印。按照打印色彩,打印机可分为单色打印机和彩色打印机。按照打印机的工作机构,可分为击打式和非击打式两类。常见的非击打式打印机有激光打印机、喷墨打印机等;击打式打印机有针式打印机,目前已不常见,只在打印票据的时候使用。

将打印机与计算机连接后,必须要安装相应的打印机驱动程序才可以使用打印机。打印机驱动程序通常随系统携带,可以在安装系统的同时安装多种型号打印机的驱动程序,使用时再根据所配置的打印机的型号进行设置。

3. 绘图仪

绘图仪在绘图软件的支持下可绘制出复杂、精确、漂亮的图形,主要用于工程设计(CAD)、轻印刷和广告制作。目前比较流行的有笔式和喷墨式绘图仪两种。绘图仪的性能指标主要有绘图笔数、图纸尺寸、分辨率、灰度、色度以及接口形式等。彩色绘图仪由 4 种基本颜色组成,即红、蓝、黄、黑,通过自动调和,可形成不同的色彩。一般而言,分辨率越高,绘制出的灰度越均匀,色调越柔和。

计算机操作系统

习题 3

随着计算机的发展,计算机系统的硬件和软件也愈来愈丰富。为提高这些资源的利用率并增强系统的处理能力,最初出现的是监督程序,它是用户与计算机之间的接口,即用户通过监督程序来使用计算机。到 20 世纪 60 年代中期,监督程序进一步发展,形成了操作系统。操作系统(Operating System,OS)是计算机软件系统中最基本、最重要的软件。

操作系统是用户与计算机之间的接口,用于管理计算机的硬件和软件资源,其目的是创建一个方便用户使用计算机、执行程序、解决问题的环境,同时使计算机系统的资源能够得到充分有效的利用。

🔑 3.1　操作系统概述

理解操作系统的定义需注意以下几点。

(1) 操作系统是软件，而且是系统软件，也就是说，它由一套程序组成，如 UNIX 系统就是一个很大的程序，它由上千个程序模块组成。

(2) 它的基本职能是控制管理系统内各种资源，有效地组织多道程序的运行。

(3) 它提供众多服务，方便用户使用，扩充硬件功能，如用户使用其提供的命令完成对文件、输入输出、程序运行等许多方面的控制、管理工作等。

如果没有操作系统，用户直接使用计算机是非常困难的。这是因为用户不仅要熟悉计算机硬件系统，而且还要了解各种外部设备的物理特性，对普通的计算机用户来说，这几乎是不可能的。操作系统就是为了填补人与机器之间的鸿沟而配置在计算机硬件上的一种软件。操作系统是对计算机硬件系统的第一次扩充，其他系统软件(如编译程序、语言处理程序、数据库系统等)和应用软件(如字处理软件、电子表格软件、多媒体应用软件、网络浏览器等)都是建立在操作系统的基础之上的，它们都必须在操作系统的支持下才能运行。计算机启动后，总是先把操作系统装入内存，然后才能运行其他的软件。操作系统使计算机用户界面得到了极大改善，使用户不必了解硬件的结构和特性就可以利用软件方便地执行各种操作，从而大大提高了工作效率。

实际上，操作系统由一组对计算机软件、硬件资源进行管理的程序组成，其中硬件资源包括中央处理器、内存和各种外部设备；软件资源包括各种以文件形式存在的程序、数据和文档资料。

计算机启动后，操作系统就被自动装入内存，用户看到的是已经加载了操作系统的计算机，用户也是通过操作系统来使用计算机的。所以说，操作系统是用户与计算机硬件设备之间的接口，能够改善人机界面，方便用户使用计算机，为用户提供良好的运行环境。操作系统能够根据用户需求，进行有效而合理的资源分配，提高计算机系统的效率。

启动计算机就是把操作系统装入内存，这个过程又称为引导系统。在计算机电源关闭的情况下，打开电源开关启动计算机被称为冷启动；在电源打开的情况下，重新启动计算机，被称为热启动。

每当启动计算机时，操作系统的核心程序及其他需要经常使用的指令就从硬盘装入内存中。操作系统核心部分的功能就是管理存储器和其他设备，维持计算机的时钟，调配计算机的设备、程序、数据和信息等资源。操作系统的核心部分是常驻内存的，而其他部分不常驻内存，通常存放在硬盘上，当需要的时候才调入内存。

3.1.1　操作系统的功能

目前有许多不同种类的操作系统，微机操作系统大多面向单用户，而大型操作系统大多把焦点集中在计算机系统的多用户或多道处理方面。由于操作系统的大部分程序用于计算机资源的管理，因此可以用操作系统管理资源的观点来研究操作系统。通常把计算机资源分成四类，即处理机、存储器、外部设备和文件。因此也可以把操作系统分成这样几部分：

处理机管理、存储管理、设备管理、文件管理、用户接口。

1. 处理机管理

在多任务环境中,处理机的分配、调度都是以进程为基本单位的。因此,对处理机的管理可归结为对进程的管理。

什么是进程?简单地说,进程就是一个程序在一个数据集上的一次执行。进程与程序不同,进程是动态的、暂时的,进程在运行前被创建,在运行后被撤销,而程序是计算机指令的集合。程序确定计算机执行操作的步骤,但当它还不在内存中且还没有同它所需要的数据相关联时,它本身还没有运行的含义。所以,程序是静态的,一个程序可以由多个进程加以执行。

在计算机中,中央处理器(CPU)是最重要的资源。处理机管理程序的主要任务就是合理地管理和控制进程对处理机的要求,对处理机的分配、调度进行最有效的管理,使处理机资源得到最充分的利用。

任何一个程序都必须被装入内存并且占有处理机后才能运行。程序运行时通常要请求调用外部设备。如果程序只能顺序执行,则不能发挥处理机与外部设备并行工作的能力。如果把一个程序分成若干可并行执行的部分,且每一部分都有独立运行所需要的处理机,这样就能利用处理机与外部设备并行工作的能力,从而提高处理机的效率。

如果采用多道程序技术,让若干程序同时装入内存,那么,当一个程序在运行中启动了外部设备而等待外部设备传输信息时,处理机就可以为其他程序服务。这样尽可能使处理机处于忙碌状态,从而提高处理机的利用率。

此外,对多道并行执行的某个程序来说,有时它要占用处理机运行,有时要等待传递信息,当得到信息后又可继续运行,而一个程序的执行又可能受到其他程序的约束。所以,程序的执行实际上是断断续续的。

进程在执行过程中有三种基本状态:挂起状态(也称为等待状态)、就绪状态和运行状态。挂起状态是指进程正在等待系统为其分配所需资源而暂未运行;就绪状态是指进程已获得所需资源并被调入内存,它具备了执行的条件但仍在等待获得处理机资源,以便投入运行;运行状态是指进程占有处理机且正在运行的状态。

进程进入就绪状态后,一般都会在进程的三种状态之间反复若干次才能真正运行完毕。处于运行状态中的进程,会因为资源不足或等待某些事件的发生而转入挂起状态,让出处理机使之为其他处于就绪状态的进程服务,从而提高处理机的利用率。处理机管理主要包括作业调度和进程调度、进程控制以及进程通信。

(1)作业调度和进程调度。一个作业通常要经过两级调度才能得以在 CPU 上执行。首先是作业调度,它把选中的一批作业放入内存,并为它们分配其必要资源,建立相应的进程,然后进程调度按一定的算法从就绪进程中选出一个合适进程,使之在 CPU 上运行。

(2)进程控制。进程是系统中活动的实体。进程控制包括创建进程、撤销进程、封锁进程、唤醒进程等。

(3)进程通信。多个进程在活动过程中彼此间发生的相互依赖或者相互制约的关系,具体体现为信息的发送和接收。

2．存储管理

存储器资源是计算机系统中最重要的资源之一。存储器的容量总是有限的。存储管理的主要目的就是合理高效地管理和使用存储空间，为程序的运行提供安全可靠的运行环境，使内存的有限空间能满足各种作业的需求。

存储管理就是对计算机内存的分配、保护和扩充进行协调管理，随时掌握内存的使用情况，根据用户的不同请求，按照一定的策略进行存储资源的分配和回收，同时保证内存中不同程序和数据之间彼此隔离、互不干扰，并保证数据不被破坏和丢失。

存储管理主要包括内存分配、地址映射、内存保护和内存扩充。

（1）内存分配。内存分配的主要任务是为每道正在处理的程序或数据分配内存空间。为此，操作系统必须记录整个内存的使用情况，处理用户（即程序）提出的申请，按照某种策略实施分配，接收系统或用户释放的内存空间。

（2）地址映射。当程序设计人员使用高级语言编程时，没有必要也无法知道程序将存放在内存中什么位置，因此，一般用符号来代表地址。编译程序将源程序编译成目标程序时将把符号地址转换为逻辑地址（也称为相对地址），而逻辑地址也还不是真正的内存地址。在程序进入内存时，由操作系统把程序中的逻辑地址转换为真正的内存地址，这就是物理地址。这种把逻辑地址转换为物理地址的过程称为"地址映射"。

（3）内存保护。不同用户的程序都放在内存中，因此必须保证它们在各自的内存空间活动，不能相互干扰，不能侵犯彼此的空间。为此，需建立内存保护机制，即设置两个界限寄存器，分别存放正在执行的程序在内存中的上界地址值和下界地址值。当程序运行时，要对所产生的访问内存的地址进行合法性检查。就是说该地址必须大于或等于下界寄存器的值，并且小于上界寄存器的值；否则，属于地址越界，访问将被拒绝，引起程序中断并进行相应处理。

（4）内存扩充。由于系统内存容量有限，而用户程序对内存的需求越来越大，这样就出现各用户对内存"求大于供"的局面。由于物理上扩充内存受到某些限制，就采取逻辑上扩充内存的方法，也就是"虚拟存储技术"，即把内存和外存联合起来统一使用。虚拟存储技术基于这样的认识：作业在运行时，没有必要将全部程序和数据同时放进内存。虚拟存储技术只把当前需要运行的那部分程序和数据放在内存，且当其不再使用时，就被换出到外存。程序中暂时不用的其余部分存放在作为虚拟存储器的硬盘上，运行时由操作系统根据需要把保存在外存上的部分调入内存。虚拟存储技术使外存空间成为内存空间的延伸，取消了内存和外存的区分，增加了运行程序可用的存储容量，使计算机系统似乎有一个比实际内存储器容量大得多的内存空间。

3．设备管理

计算机系统中大都配置有许多外部设备，如显示器、键盘、鼠标、硬盘、软盘驱动器、CD-ROM、网卡、打印机、扫描仪等。这些外部设备的性能、工作原理和操作方式都不一样，因此，对它们的使用也有很大差别。这就要求操作系统提供良好的设备管理功能。硬件设备的管理功能由设备管理程序来实现。

设备管理主要包括缓冲区管理、设备分配、设备驱动和设备无关性。

（1）缓冲区管理。缓冲区管理的目的是解决 CPU 与外设之间速度不匹配的矛盾。在计算机系统中,CPU 的速度最快,而外设的处理速度极其缓慢,因而不得不时时中断 CPU 的运行。这就大大降低了 CPU 的使用效率,进而影响到整个计算机系统的运行效率。为了解决这个问题,以提高外设与 CPU 之间的并行性,从而提高整个系统性能,常采用缓冲技术对缓冲区进行管理。

（2）设备分配。有时多道作业对设备的需要量会超过系统的实际设备拥有量。因此,设备管理必须合理地分配外设,不仅要提高外设的利用率,而且要有利于提高整个计算机系统的工作效率。设备管理根据用户的 I/O 请求和相应的分配策略,为用户分配外部设备以及通道、控制器等。

（3）设备驱动。实现 CPU 与通道和外设之间的通信。操作系统依据设备驱动程序来进行计算机中各设备之间的通信。设备驱动程序是一个很小的程序,它直接与硬件设备打交道,告诉系统如何与设备进行通信,完成具体的输入输出任务。计算机中诸如鼠标、键盘、显示器及打印机等设备都有自己专门的命令集,因而需要自己的驱动程序。如果没有正确的驱动程序,设备就无法工作。

（4）设备无关性。又称设备独立性,即用户编写的程序与实际使用的物理设备无关,由操作系统把用户程序中使用的逻辑设备映射到物理设备。

4. 文件管理

文件管理的对象是系统的软件资源,在操作系统中由文件系统来实现对文件的管理。在计算机系统中,除了处理机、存储器和输入输出设备等硬件资源外,还有大量的软件资源,包括各种各样的软件、数据和电子文档等,操作系统把这些资源以文件的形式存储在磁盘、磁带、光盘等外存储器上。文件是按一定格式建立在存储设备上的一批信息的有序集合,每个文件都必须有一个名字,称为文件名。

文件的存放通过目录的形式实现,一个目录下可以有子目录,可以存放一组文件,构成层次文件系统。每个文件都可以从一个根目录开始的路径来确定,根目录、子目录和文件名之间有反斜杠"\"间隔,形如:

\子目录名 1\子目录名 2\…\子目录名 n\文件名

例如,"C:\Program Files\Microsoft Office\Office\Winword. exe"就指明了文字处理软件 Word 在硬盘上的存放位置。

文件是存储在外存储器上的。为了有效地利用外存储器上的存储空间,文件系统要合理地分配和管理存储空间。它必须记住哪些存储空间已经被占用,哪些存储空间是空闲的。文件只能保存到空闲的存储空间中,否则会破坏已保存的信息。

在多道程序设计的系统中,有些文件是可供多个用户公用的,是可共享的。但这种共享不应该是无条件的,而应该是受到控制的,以保证共享文件的安全性。文件系统应该具有安全机制,即应该提供一套存取控制机制,以防止未授权用户对文件的存取以及防止授权用户越权对文件进行操作。

5. 用户接口

用户在机器上运行程序的过程中,需要告诉机器各种运行要求、出错处理方式等,因此操作系统应向用户提供一系列操作命令,作为机器和用户的接口。操作系统与用户之间的接口大致分为以下两种。

(1) 程序一级的接口。操作系统为用户提供一组系统调用命令,它可以供用户在程序中直接调用,通过系统调用命令直接向系统提出各种资源请求和服务请求。

(2) 作业控制语言和操作命令。在批处理系统中,由于用户无法在程序运行过程中与系统交互,因此必须在提交运行作业的同时,按系统提供的控制语言编写作业说明书,告知系统本作业的运行示意图及要求的服务。

当今计算机(尤其是微型计算机)已普及到办公室及家庭中,因此如何为用户提供一个简单、方便的操作环境,是推广和普及计算机应用的重要问题。因此,软件设计人员作出了很大的努力,例如用多窗口系统向用户提供友善的、菜单驱动的、具有图形功能的用户接口,用户可以用键盘输入命令,也可以单击鼠标执行命令,这些功能将对应用软件的开发起到促进作用。

3.1.2　操作系统的类型

由于硬件技术的不断发展,同时面对计算机系统网络化、分布式的趋势,对操作系统提出了不同的和更高的要求,因此形成了多种类型的操作系统。

1. 多道批处理操作系统

批处理系统(Batch Processing System)是最早产生的操作系统,这种方式要求操作人员将待处理的任务(也称作业,包括用户程序、数据及所需的控制命令)成批地装入计算机,由操作系统将作业按规定的格式组织好存入磁盘的指定区域,然后按照某种调度策略选择一个或几个作业调入内存加以处理,批处理系统现在已不多见。

首先出现的是单道批处理操作系统。但是,单道批处理系统每次只运行一个作业,当运行中的作业进行输入输出操作时,处理机将处于空闲等待状态,这将浪费宝贵的处理机资源。于是,就出现了多道批处理操作系统。

为了提高系统效率,多道批处理操作系统能支持在内存中同时放入多道用户作业,并将各个作业分别存放在内存的不同部分,而这些作业可以获选占用处理机和外设。即从微观上看,内存中的多道程序轮流地或分时地占用处理机,交替执行。每当运行中的一个作业因输入或输出操作需要调用外部设备,而使处理机出现空闲时,系统就自动进行切换,把处理机交给另一个等待运行的作业,从而将主机与外设的工作由串行改为并行,使处理机在等待外设完成任务时可以运行其他程序,从而显著地提高了计算机系统的吞吐量,提高了系统资源的利用率。

2. 分时操作系统

批处理操作系统虽然能提高机器资源的利用率,但在程序运行过程中不允许用户与计算机进行交互,程序或数据出现任何错误都必须等待整个批处理结束之后才能修改,因此它不适宜处理在运行过程中需要用户加以干预的程序。但是,用户却希望能有一种方法,支持在程序运行过程中用户与计算机直接交互。这就导致了分时操作系统的出现。

分时处理系统(time-sharing processing system)允许多个用户同时联机使用计算机。

一台分时计算机系统联有若干台终端,多个用户可以在各自终端上向系统发出服务请求,等待计算机的处理结果并决定下一步的处理。操作系统接收每个用户的命令,采用时间片轮转的方式处理用户的服务请求,使每个用户得以完成自己的任务。

分时处理系统的主要目标是对用户响应的及时性。计算机系统可以同时采用批处理和分时处理方式来为用户服务,即把时间要求不强的作业放入后台处理,而把需要频繁交互的作业放在前台处理。典型的分时系统有 Linux 和 UNIX。

3. 实时操作系统

实时操作系统是一种时间性强、响应快的操作系统,常配置在需要"实时响应"的计算机系统上。根据应用领域的不同,又可将实时系统区分为两种类型:一类是实时信息处理系统,如航空、铁路订票系统,在这类系统中,计算机实时接收从远程终端发来的服务请求,并在极短的时间内对用户请求做出处理,其中很重要的一点是对数据现场的保护。另一类是实时控制系统,这类控制系统的特点是采集现场数据,并及时对所接收到的信息做出响应和处理。例如用计算机控制某个生产过程时,传感器将采集到的数据传送到计算机系统,计算机要在很短的时间内分析数据并做出判断处理,其中包括向被控制对象发出控制信息,以实现预期目标。

实时系统对响应时间有严格和固定的时间限制,一般是毫秒级甚至是微秒级,处理过程应在规定的时间内完成,否则系统失效。实时系统的最大特点就是要确保对随机发生的事件做出即时的响应,所以重要的实时系统往往采用双机系统以保证绝对可靠。

在现实应用中人们经常把以上三种类型的操作系统组合起来使用,形成通用操作系统。例如在计算中心往往把成批处理与分时系统结合起来,以分时作业为前台作业,成批处理的作业为后台作业,这样在分时作业的空隙中可以处理成批作业,以充分发挥计算机的处理能力。也可以把实时系统与分时系统组合起来,实时系统的作业具有最高的优先级,因此在满足实时作业前提下,还可以提供给其他用户使用。

3.1.3　几种常见的操作系统

操作系统是每台计算机都必须具备的软件,它是联系人和计算机的桥梁和纽带,离开操作系统,就无法操作计算机。下面简要介绍几种常见的操作系统。

1. DOS 操作系统

DOS 是磁盘操作系统(Disk Operating System)的简称。DOS 有很多版本,DOS 4.0以下为单用户单任务操作系统,4.0 以上版本具有多任务功能。DOS 在过去一段很长的时间内是使用最广泛的微型机操作系统,其主要类型有 Microsoft 公司的 MS-DOS 和 IBM 公司的 PC-DOS 等。我国的汉字操作系统(如 CCDOS、SPDOS、UCDOS 等)都是以 DOS 为基础的汉化版。

DOS 系统并未完全在个人计算机系统上销声匿迹,这是因为它为 Windows 操作系统的早期版本提供了部分操作系统内核。然而,由于 DOS 很好地隐藏在 Windows 的图形用户界面中,所以现在的用户很少直接和它打交道了。

2．Windows 操作系统

随着微型计算机的发展和计算机应用的不断深入与普及，DOS 已经不能适应微机日益广泛应用的需要。美国微软公司于 1990 年 5 月 22 日推出了 Windows 3.0 版，其后相继推出 Windows 3.1、Windows 3.11、Windows 3.2。这些 Windows 3.x 是基于 DOS 运行的，但其强大的内存管理、基本的多任务处理能力及图形用户界面操作环境，极大地扩展了 DOS 的功能。

1995 年 8 月微软公司推出了 Windows 95 及其中文版。Windows 95 能运行基于 DOS 和 Windows 编写的软件，也能运行程序空间超过 640KB 的程序。它实现了“即插即用”、多任务、多线程的运行功能。此外，它对长文件名、多媒体、网络及通信都提供了支持。从 1996 年开始，Windows 95 成为微机上的主流操作系统。

1998 年，微软公司推出 Windows 98 及其中文版。Windows 98 是 Windows 95 的升级版本，对 Windows 95 的功能作了进一步扩充，基本操作和许多功能都与 Windows 95 相同，但它进一步将 Internet 技术集成其中。后来微软又推出过 Windows ME 等版本。

Windows NT 是为带有海量存储器及大量数据请求的网络环境的广泛应用而设计的。Windows NT 有两个版本：一个是为网络服务器开发的服务器版本 Windows NT Server；另一个是为连接到网络的计算机开发的工作站版本 Windows NT Workstation。Windows NT 具有更强大的多任务处理和存储器管理能力，能支持多个 CPU 的多重处理。

2000 年，微软公司正式发行 Windows 2000。Windows 2000 Professional 是 Windows NT Workstation 操作系统的升级版本，是一个完全多任务的客户端操作系统。由于性能更强、速度更快，Windows 2000 比以前的版本需要更多的磁盘空间、内存容量及更快的处理器。

2001 年 10 月 25 日，Windows XP 正式发布，其名字中“XP”的意思来自英文中的“体验”(Experience)，Windows XP 集 Windows 2000 的可靠性、安全性和管理功能以及 Windows 98 的即插即用功能、简单用户界面和创新支持服务等各种先进功能于一身。Windows XP 是最经典、最流行的操作系统之一，其应用十分广泛，拥有庞大的用户群体。

2006 年 11 月，具有跨时代意义的 Vista 系统发布，它引发了一场硬件革命，使 PC 正式进入双核、大(内存、硬盘)时代。不过因为 Vista 的使用习惯与 Windows 7 有一定差异，软硬件的兼容问题导致它的普及率差强人意，但它华丽的界面和炫目的特效还是值得赞赏的。

2009 年 10 月 22 日 Windows 7 在美国发布，并于 2009 年 10 月 23 日下午在中国正式发布。Windows 7 的设计主要围绕五个重点——针对笔记本电脑的特有设计；基于应用服务的设计；用户的个性化；视听娱乐的优化；用户易用性的新引擎。它是除了 Windows XP 外第二经典的 Windows 系统。

2012 年 10 月 26 日，Windows 8 在美国正式推出。Windows 8 支持来自 Intel、AMD 和 ARM 的芯片架构，被应用于个人计算机和平板电脑上，尤其是移动触控电子设备，如触屏手机、平板电脑等。该系统具有良好的续航能力，且启动速度更快、占用内存更少，并兼容 Windows 7 所支持的软件和硬件。另外在界面设计上，采用平面化设计。

2015 年 7 月 29 日，微软公司发布了 Windows 10，Windows 10 大幅减少了开发阶段。自 2014 年 10 月 1 日开始公测，Windows 10 经历了 Technical Preview(技术预览版)以及

Insider Preview(内测者预览版)。2015 年 7 月 29 日 12 点起,Windows 10 推送全面开启,
Windows 7、Windows 8.1 用户可以升级到 Windows 10,用户也可以通过系统升级等方式
升级到 Windows 10。

2021 年 6 月 24 日,微软公司发布 Windows 11,于 2021 年 10 月 5 日发行。Windows 11 提
供了许多创新功能,增加了新版开始菜单和输入逻辑等,支持与时代相符的混合工作环境,
侧重于在灵活多变的体验中提高最终用户的工作效率。

接下来,Windows 操作系统将朝着深度集成人工智能技术发展,也是未来操作系统的
发展趋势。

Windows 操作系统向用户提供了灵活方便的窗口操作、弹出式菜单以及命令对话框。
灵活的鼠标操作也是 DOS 无法比拟的。

概括起来,Windows 具有以下特点。

(1) 全新友好的操作界面,易学易用;

(2) 提供了非常强大的应用程序,例如绘图、写字板、媒体播放器、计算器等;

(3) 具有强大的内存扩展功能,提高系统运行效率;

(4) 具有多任务并行功能,各应用程序可以很方便地切换及交换信息。

3. UNIX 操作系统

UNIX 是一个在程序员和计算机科学家中较为流行的操作系统,适用于小型机和微型
机领域,是一个通用的交互式的分时系统。1969 年由贝尔实验室研制,1972 年用 C 语言进
行改写,提高了兼容性和可读性。它是一个功能非常强大的操作系统,有 3 个显著的特点:
第一,是可移植的操作系统,它可以不经过较大改动而方便地从一个平台移植到另一个平
台,因为它的主要部分是用 C 语言编写的,而不是用特定的用于操作系统的机器语言;第
二,拥有一套功能强大的工具,它们能够组合起来去解决许多问题,而这一工作在其他操作
系统中则需要通过编程来实现;第三,具有设备无关性,因为操作系统本身包含了驱动程
序。概括来说,UNIX 具有一个强大的操作系统所拥有的一切特点,包括多道程序、虚拟内
存和文件及目录系统。唯一经常听到的有关 UNIX 的批评是它的命令短而且对一般用户
来说很深奥,事实上,这一点非常适合程序员,因为他们需要短的命令。

4. Linux 操作系统

Linux 是当今发展最快的操作系统之一,它是一种公开的、免费的 UNIX 类型的操作系
统。1991 年,年轻的芬兰学生 Linus Torvalds 开发出了 Linux 操作系统。它是在 UNIX 的
一种版本 Minix 的内核基础上开发出来的一种新的操作系统。Linux 之所以与众不同,是
因为它本身连同其源代码都遵循通用公共许可协议(GPL),也就是说允许用户自由复制、传
播或出售。此协议的目的是鼓励程序员开发 Linux 实用程序,使 Linux 提供更加完善的功
能。Linux 主要是通过 Web 来发布的。

虽然 Linux 是为微型机设计的操作系统,但它同时还具有若干 UNIX 的技术特性,如
多任务处理功能、虚拟内存、TCP/IP 和多用户等功能。这些特性使得 Linux 不仅支持本地
的网络服务,而且还成为 Web 服务器上流行的操作系统。比较而言,使用 Linux 系统比起
其他系统来说通常需要进行更多地修补,并且在 Linux 系统上使用的软件数量有限。

5. macOS 操作系统

macOS 是一套由苹果开发的运行于 Macintosh 系列计算机上的操作系统。macOS 是首个在商用领域成功的图形用户界面操作系统。macOS 是基于 XNU 混合内核的图形化操作系统,一般情况下在普通计算机上无法安装。另外,疯狂肆虐的计算机病毒几乎都是针对 Windows 的,由于 macOS 的架构与 Windows 不同,所以很少受到计算机病毒的袭击。macOS 操作系统界面非常独特,突出了形象的图标和人机对话。

6. Android 操作系统

Android 是一种基于 Linux 的自由及开放源代码的操作系统,主要使用于移动设备,如智能手机和平板电脑。Android 操作系统最初由 Andy Rubin 开发,主要支持智能手机,后来逐渐扩展到平板电脑及其他领域。目前,Android 是智能手机上最重要的操作系统。

3.2　Windows 7 基本操作

3.2.1　Windows 7 概述

1. Windows 7 系统特色

Windows 7 是由微软公司开发的新一代操作系统,可供家庭及商业工作环境、笔记本电脑、平板电脑、多媒体中心等使用。Windows 7 继承了 Windows 的实用和 Windows Vista 的华丽,并进行了一次升华,它性能更高、启动更快、兼容性更强,还具有很多新的特性和优点。

Windows 7 实现了许多方便用户的设计,如快速最大化、窗口半屏显示、跳转列表和系统故障快速修复等。它还大幅缩减了 Windows 的启动时间,并改进了原有的安全和功能合法性。Windows 7 的 Aero 效果华丽,有碰撞效果、水滴效果,还有丰富的桌面小工具,这些都比 Vista 增色不少,但其资源消耗却非常低。此外,Windows 7 系统集成的搜索功能非常强大,只要用户打开开始菜单并输入搜索内容,无论是查找应用程序还是文本文档等,搜索功能都能自动运行,给用户的操作带来极大的便利。这些方便用户的新功能使 Windows 7 成为非常易用的 Windows 版本系列。

2. Windows 7 的启动与退出

按下计算机电源开关,Windows 7 便开始自动启动系统。随着机箱上硬盘指示灯不停地闪烁,经过屏幕上一阵字符变换,Windows 7 加载完毕进入工作状态,如设置了登录密码,将会显示如图 3-1 所示的登录界面。在提示的密码框中输入自己的密码,按 Enter 键,就进入了 Windows 7 桌面。

用户想要退出 Windows 7,选择“开始”→“关机”选项,如果用户单击“关机”按钮右边的三角形按钮,则系统就会弹出如图 3-2 所示的“关机选项”下拉菜单。

用户在此菜单中选择“切换用户”选项,系统就会进行用户的切换。用户若选择“重新启

图 3-1　Windows 7 登录界面

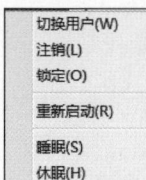

图 3-2　"关机选项"
下拉菜单

动"选项,则先退出 Windows 7 系统,然后重新启动计算机,可以再次选择进入 Windows 7 系统。"切换用户"选项是允许另一个用户登录计算机,但前一个用户的操作依然被保留在计算机中,一旦计算机又切换到前一个用户,那么他仍能继续操作,这样就可保证多个用户互不干扰地使用计算机。"注销"选项就是向系统发出清除现在登录用户的请求。"锁定"选项是指系统主动向电源发出信息切断除内存以外所有设备的供电,由于内存没有断电,系统中运行的所有数据将依然被保存在内存中。"睡眠"选项是系统将内存中的数据保存到硬盘上,然后切断除内存以外的所有设备的供电。

3.2.2　Windows 7 的桌面

Windows 7 启动后,展现在用户面前的界面称为桌面。桌面主要包含"计算机""网络""回收站"等图标,还摆放着一些常用的或重要的文件夹和工具,如图 3-3 所示。

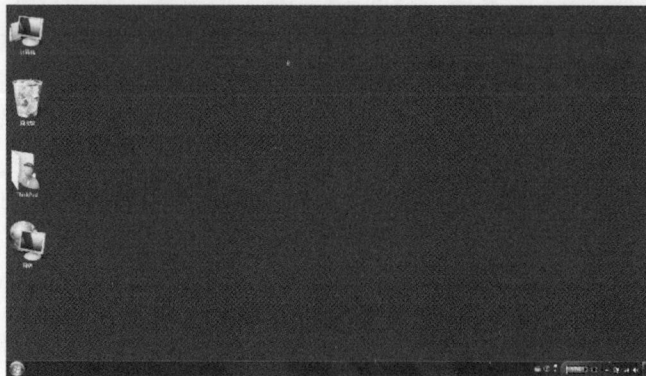

图 3-3　Windows 7 桌面

1. Windows 7 桌面图标

(1)计算机。"计算机"是用户管理和访问计算机硬件和软件资源的入口,作用是向用户提供计算机中已安装的或已经定义的磁盘驱动器和文件系统的访问路径。

（2）网络。如果用户安装了网卡（Windows 7 会自动驱动绝大部分网卡），则会出现网络图标，用户可以来查看网络资源，即局域网或互联网上的其他计算机。

（3）回收站。Windows 7 系统在删除文件时一般并不直接删除，而是先放到回收站中，以防用户误删除文件，在需要文件时可进行还原，在确信删除时，可进入回收站进行彻底删除。另外，如想不经过回收站直接删除，则在删除文件或文件夹时按住 Shift 键即可。

2．个性化桌面

用户可以对桌面进行个性化设置，将桌面的背景修改为自己喜欢的图片，或者将分辨率设置为适合自己的操作习惯等。

（1）设置桌面背景。右击桌面空白处，选择"个性化"→"桌面背景"选项，弹出如图 3-4 所示的"桌面背景"窗口。窗口中"图片位置"右侧的下拉列表中列出了系统默认的图片存放文件夹，在其下的背景列表框中选择一张图片并单击"保存修改"按钮，即可为桌面铺上一张墙纸。如果用户对背景列表框中的所有墙纸都不满意，也可通过"浏览"按钮将"计算机"中的某个图片文件设置为墙纸。

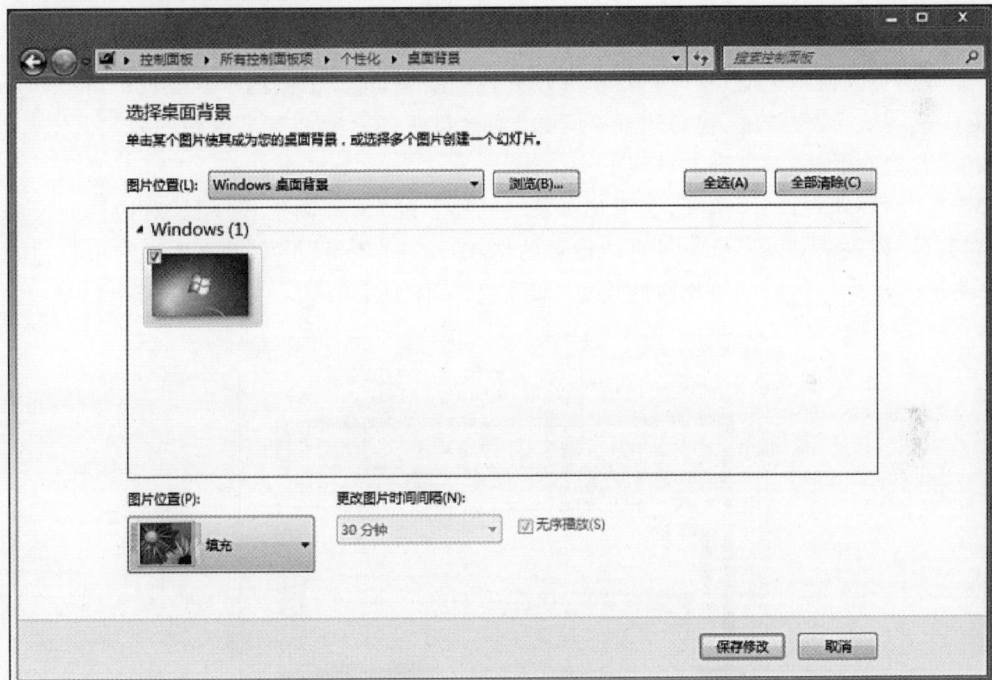

图 3-4　"桌面背景"窗口

"图片位置"列表中的各选项用于限定图片在桌面上的显示位置。"填充"选项是让图片充满整个窗口，但图片可能显示不完整；"适应"选项是将图片按比例放大或缩小，填充桌面；"拉伸"选项表示若图片较小，则系统将自动拉大图片以使其覆盖整个桌面；"平铺"选项表示可能连续显示多个文件图片以覆盖整个桌面；"居中"选项表示将图片显示在桌面的中央。

如果选中背景列表框中的几张或全部照片，在"更改图片时间"下拉列表选中其中的某个时间间隔后，选中的墙纸就会按顺序定时切换。

（2）设置窗口颜色和外观。右击桌面空白处，选择"个性化"→"窗口颜色"选项，弹出如图 3-5 所示的"窗口颜色和外观"窗口。

图 3-5 "窗口颜色和外观"窗口

如果想更改窗口边框、"开始"菜单和任务栏的颜色，选择下面的示例颜色即可。如果选中"启用透明效果"复选框，窗口边框、"开始"菜单和任务栏就会有半透明的效果。拖动"颜色浓度"右边的滑块，颜色会有深浅的变化。

选择"高级外观设置"选项，会弹出如图 3-6 所示的"窗口颜色和外观"对话框。该对话框的"项目"列表中提供了所有可更改设置的选项，单击"项目"框中想要更改的项目，如"窗口""菜单""图标"，然后调整相应的设置，如颜色、字体或字号等。

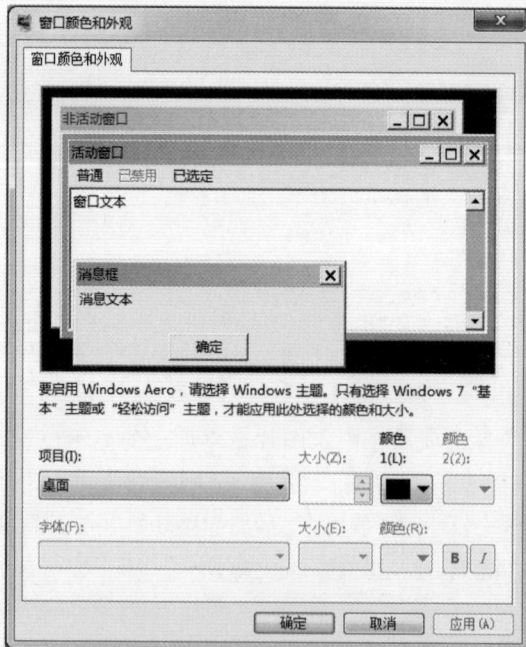

图 3-6 "窗口颜色和外观"对话框

（3）设置屏幕保护程序。在指定的一段时间内没有使用鼠标或键盘后，屏幕保护程序就会出现在计算机的屏幕上，此程序为变动的图片或图案。屏幕保护程序最初用于保护较旧的单色显示器免遭破坏，现在它们主要是使计算机具有个性化或通过提供密码保护来增强计算机安全性的一种方式，即隐藏计算机屏幕上显示的信息。

设置屏幕保护程序的方法：右击桌面空白处，选择"个性化"→"屏幕保护程序"选项，弹出如图 3-7 所示的"屏幕保护程序设置"对话框。

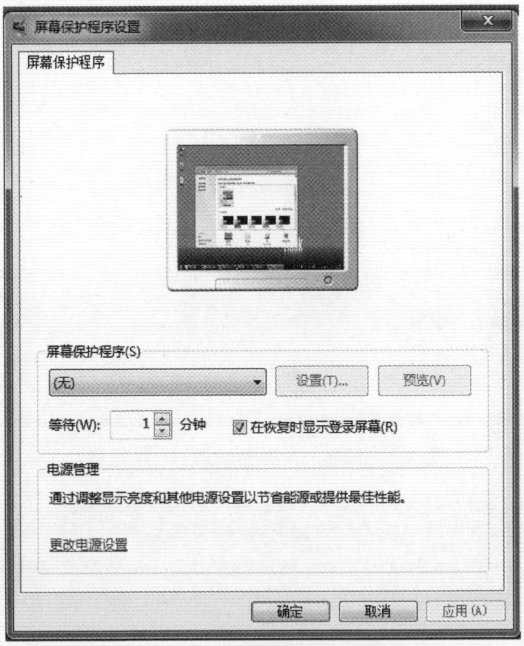

图 3-7　"屏幕保护程序设置"对话框

单击"屏幕保护程序"下拉列表框的下拉箭头，从列表中选择一个屏幕保护程序，如"三维文字"，这时可从窗口上方的预览栏中看到屏幕保护效果。若不满意，则还可单击"设置"按钮对屏幕保护内容进行修改，如图 3-8 所示。设置完成后，可单击"预览"按钮查看效果。"等待"时间是指用户在多长时间内未对计算机进行任何操作后，系统启动屏幕保护程序。

（4）设置屏幕分辨率和刷新频率。屏幕分辨率是指屏幕上共有多少行扫描线，每行有多少个像素点，即屏幕上显示的文本和图像的清晰度。例如，分辨率为 1024×768 像素，表示屏幕上有 1024 行，每行有 768 个像素点。分辨率越高，图像的质量越好。分辨率越高，在屏幕上显示的项目越小，项目越清楚。因此，屏幕上可以容纳更多的项目。分辨率越低，在屏幕上显示的项目越少，但屏幕上项目上的尺寸越大。

设置屏幕分辨率的操作步骤如下：右击桌面空白处，选择"屏幕分辨率"选项，打开如图 3-9 所示的"屏幕分辨率"窗口，用户可以看到系统设置的默认分辨率与方向。选择"分辨率"右侧下拉列表框的下拉按钮，在弹出的列表中拖动滑块，选择需要设置的分辨率，最后，单击"确定"按钮。

屏幕刷新频率是屏幕画面每秒被刷新的次数，即屏幕刷新的频率。例如，刷新率为 80Hz，则显示器每秒可以进行 80 次刷新。刷新率越高，屏幕看起来晃动的感觉越小。当屏幕出现闪烁现象时，就会导致眼睛疲劳和头痛。此时，用户可以通过设置屏幕刷新频率，消

图 3-8   设置"屏幕保护程序"对话框

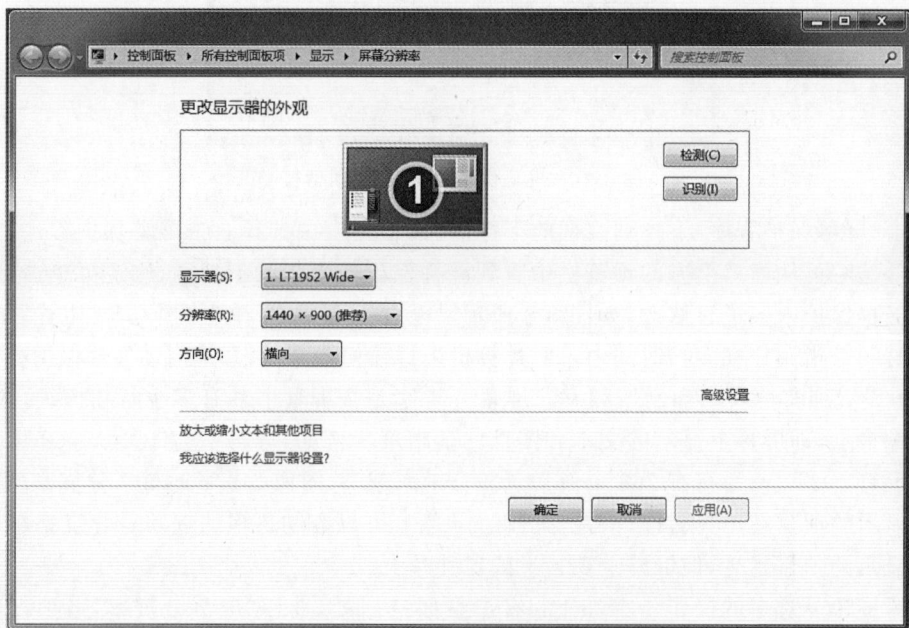

图 3-9   "屏幕分辨率"窗口

除闪烁现象。

　　设置屏幕刷新率的操作步骤如下：在"屏幕分辨率"窗口，选择"高级设置"→"监视器"选项，打开如图 3-10 所示的对话框，在"屏幕刷新频率"下拉列表框中选择合适的刷新频率，单击"确定"按钮，即可以对屏幕的刷新率进行设置。

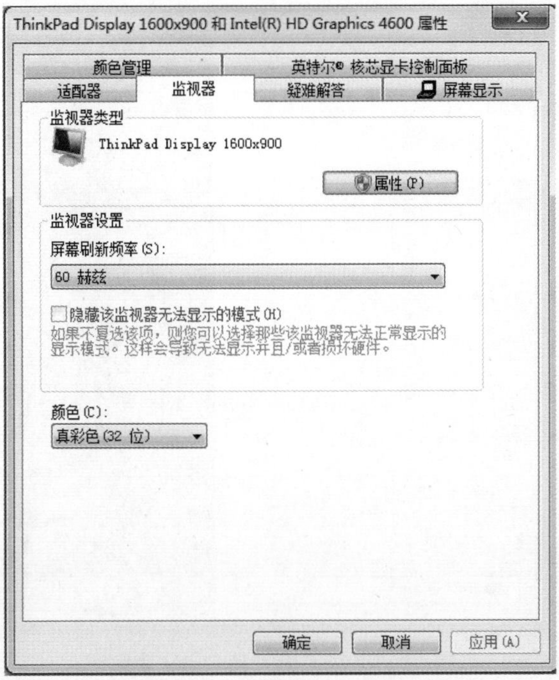

图 3-10　"屏幕刷新率"对话框

3.2.3　Windows 7 的任务栏

1. 任务栏的构成

任务栏是执行和显示 Windows 7 任务的控制区域,位于桌面的最底层,它包括四部分:"开始"菜单、快速启动栏、应用程序区、通知区,任务栏,如图 3-11 所示。

"开始"菜单　快速启动栏　　　　　　　　　应用程序区　　　　　　　通知区

图 3-11　任务栏

(1)"开始"菜单。"开始"菜单是人们使用计算机频率最高的部分之一,是用户管理计算机和运行程序的主要途径。运行的方法是单击"开始"按钮,选择"所有程序"选项,然后在弹出的程序子菜单中选择需要运行的程序。

Windows 7 的"开始"菜单由 4 部分组成,如图 3-12 所示,说明如下。

① 左侧工作区为用户最近运行过的程序。对于使用频繁的程序,Windows 7 会将此程序放入常用程序区,默认显示 10 个,系统会自动统计出使用频率最高的程序,使其显示在"开始"菜单中,这样用户在使用时就可以直接在"开始"菜单中选择启动,而不用在"所有程序"菜单中启动。

② 左下方工作区为搜索框,用来搜索计算机中的项目资源,它是快速查找资源的有力工具,其功能非常强大。搜索框将遍历用户的程序以及个人文件夹(包括"文档""图片""音乐""桌面"以及其他常见位置)中的所有文件夹。因此,是否提供项目的确切位置并不重要。它还将搜索用户的电子邮件、已保存的即时消息、约会和联系人等。

图 3-12　Windows 7 的"开始"菜单

③ 右上方工作区的主要项目有"文档""图片""音乐""计算机""控制面板""设备和打印机"等选项,它们主要完成计算机的常规操作。其中,"帮助和支持"选项,是 Windows 7 为用户提供的一个功能强大的帮助系统,使用帮助是学习和使用 Windows 7 的一个非常有效的途径。

④ 右下方工作区为关机区域,用户可以进行注销当前用户和关闭计算机等操作。

(2)快速启动栏。用户在使用时,也可将常用程序的图标用鼠标拖曳到此处,当使用时可更加方便、快速地启动。

(3)应用程序区。每当启动一个应用程序,任务栏的应用程序区上就会出现一个相应的任务按钮,当运行各个应用程序时,可以通过单击任务按钮在不同应用程序间切换。

(4)通知区域。在这个区域,为计算机系统的某些程序和状态提供了快速操作和形象的图形按钮,用户可以方便地设置和取消其中各项。例如,输入法按钮可以显示 Windows 7 当前安装的输入法菜单,从中选择任一选项输入英文或汉字;音量控制按钮对系统播放的各种声音进行控制;时钟/日期按钮显示系统的时间和日期,并可以进行调整。最右侧的"显示桌面"按钮是将所有打开的程序全部最小化,直接看到启动的桌面。

2. 任务栏的控制

要对任务栏进行设置,右击任务栏的空白处,即打开任务栏的快捷菜单,如图 3-13 所示,用户可通过单击"工具栏"菜单的子菜单,控制在任务栏中显示或不显示对应的工具栏(打对号表示该功能选中),如"地址""链接""语言栏""桌面"等。

要对任务栏进行其他设置,在快捷菜单中选择"属性"选项,在"任务栏和开始菜单属性"对话框中选择"任务栏"选项卡,如图 3-14 所示,用户可通过选中复选框来设置任务栏的外观。

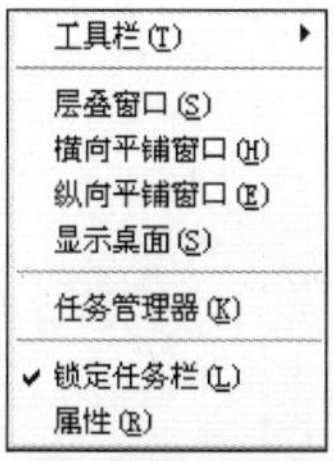

图 3-13　任务栏的快捷菜单 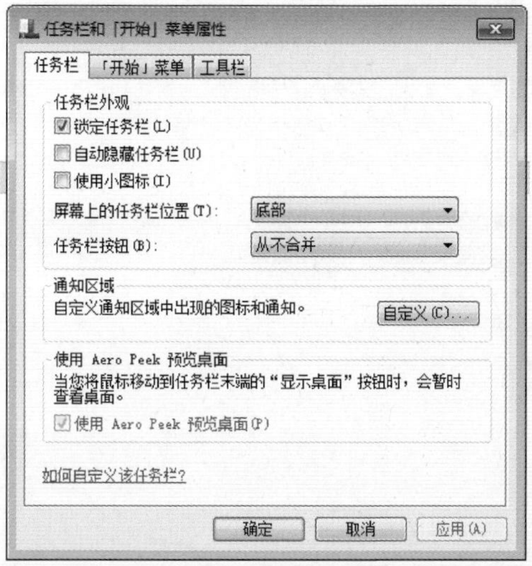　　　图 3-14　"任务栏和「开始」菜单属性"对话框

3．任务栏的外观设置

（1）"锁定任务栏"复选框。可以设置任务栏是否总是显示在最前端，并且将不允许改变工具栏的宽度。

（2）"自动隐藏任务栏"复选框。选中该复选框，则每当运行其他程序或打开其他窗口时，任务栏就会自动隐藏起来。如果需要显示任务栏，则可以将鼠标指针移动到窗口最下方，任务栏即会自动显示。

（3）"使用小图标"复选框。是指任务栏上的所有程序都以"小图标"的形式显示。

（4）"屏幕上的任务栏位置"。从右边的下拉列表中可以选择让任务栏出现在桌面的"底部""左侧""右侧""顶部"。

（5）"任务栏按钮"。打开"任务栏按钮"下拉列表，有"始终合并、隐藏标签""当任务栏被占满时合并""从不合并"这三个选项。如果选择"始终合并、隐藏标签"，则"应用程序"区域只会显示应用程序的图标，如果在同一程序中打开许多文档，Windows 会将所有文档组合为一个任务栏图标。如果选择"当任务栏被占满时合并"，则当任务栏上打开太多程序导致任务栏被占满时，Windows 会合并所有相同类型的程序。如果选择"从不合并"，那么在任务情况下，任务栏中的图标都不会被合并。

3.2.4　Windows 7 的窗口

窗口是 Windows 7 用于展现应用程序、实施应用操作的一块矩形区域，也是 Windows 系列图形界面最显著的特征。一般来说，每运行一个应用程序，就会在桌面上打开一个窗口。在窗口中可以浏览文件、驱动器、图标等对象，并对它们进行各种操作，对窗口本身也可以实行打开、关闭、移动等操作。Windows 7 的窗口如图 3-15 所示。

1．窗口的组成

在 Windows 7 操作系统中，绝大多数窗口都由一些相同的元素组成。

菜单栏　　工具面板　标题栏　地址栏　　　　　　　　搜索框　　控制按钮

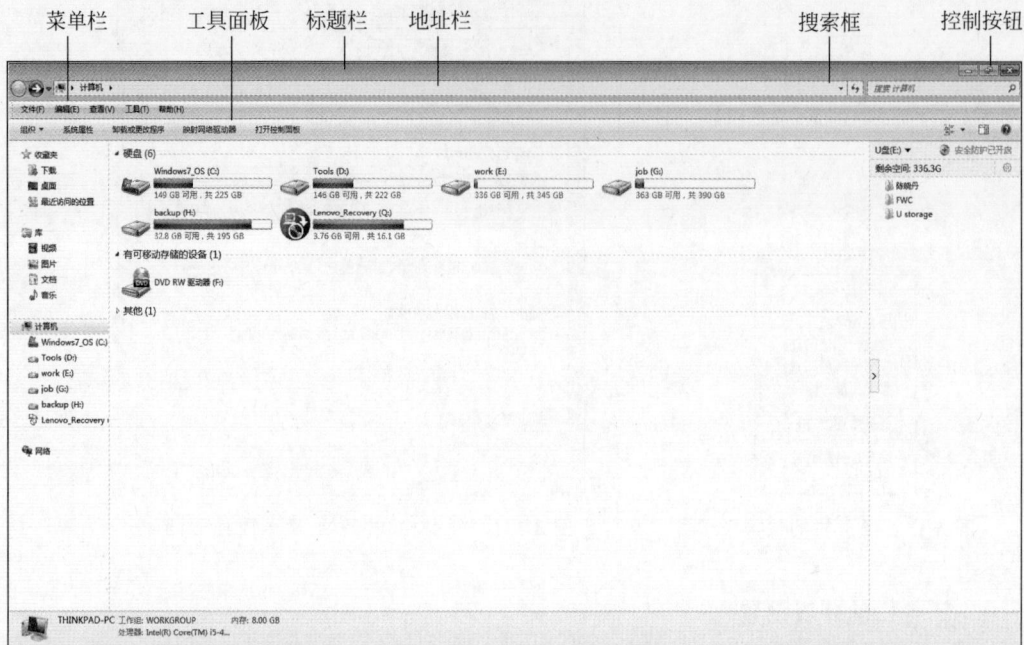

图 3-15　Windows 7 的窗口

（1）菜单栏。提供了对大多数应用程序访问的途径,其中最为常见的菜单是"文件""编辑""查看""工具""帮助"。根据窗口完成操作的不同,菜单的内容也会发生一些变化。

（2）工具面板。位于菜单栏的下方,提供一些常用操作的快捷方式。

（3）标题栏。位于 Windows 窗口的第一行,显示本窗口的名称,用鼠标拖动标题栏可使本窗口在屏幕上任意移动。

（4）地址栏。将用户当前的位置显示为以箭头分隔的一系列链接,不仅当前目录的位置在地址栏中给出,而且地址栏中的各项均可单击,帮助用户直接定位到相应层次。除此之外,用户还可以在地址栏中直接输入位置路径来导航到其他位置。

（5）搜索框。地址栏的右边是功能强大的搜索框,用户可以在这里输入任何想要查询的搜索项。如果用户不知道要查找的文件位于哪个特定文件夹或库中,浏览文件可能意味着查看数百个文件和子文件夹,为了节省时间和精力,可以使用已打开窗口顶部的搜索框进行搜索。

（6）控制按钮。位于窗口的右上角。最大化、最小化和关闭。

2. 窗口操作

（1）打开窗口。Windows 7 提供了多种打开窗口的方法,选择下述方法之一可以打开窗口。

① 双击桌面图标。例如,将鼠标指针定位到桌面上的"计算机"图标并双击,即打开了"计算机"窗口。

② 在桌面,将鼠标指针定位到任意要打开的程序图标并右击,在出现的快捷菜单中选择"打开"。

③ 在"开始"菜单的"程序"列表中,单击指定的应用程序。

④ 在"计算机"窗口,单击选定待打开的应用程序后,选择"文件"菜单→"打开"选项。

(2) 浏览窗口内容。打开窗口后,可以看到窗体中的具体内容,它们可能是应用程序清单,可能是一篇文稿,也可能是系统资源配置信息,或者是某个磁盘中的文件及文件夹。通常,窗口只能显示有限的一屏信息,单击位于垂直滚动条两端向上、向下或水平滚动条两端向左、向右方向的三角形滚动按钮,使窗口中内容沿指定方向滚动;也可以沿上、下、左、右方向拖动滚动条中的矩形块,使窗口内容纵向、横向位移;还可单击滚动条的空白处向上、向下或向左、向右翻页查看当前窗口不可见的内容。

(3) 改变窗口大小。要改变窗口大小,可采用以下几种方法。

① 使用窗口控制按钮。"最小化"按钮:单击此处可将当前应用程序窗口缩小成一个小图标按钮,并放置于屏幕底部的任务栏中。"最大化"及"还原"按钮:当前窗口处于正常状况下时,单击此按钮,可将窗口放大至全屏幕,而当窗口被最大化后,"最大化"按钮将变为"还原"按钮,其作用是将当前最大化的窗口还原成最大化之前的大小。"关闭"按钮:单击此按钮,将关闭窗口,其作用与双击"窗口控制菜单"按钮相同。

② 使用窗口控制菜单。单击窗口左上角的控制菜单按钮,在弹出的下拉菜单中单击相应命令选项即可进行缩小、放大、还原、移动、关闭窗口等操作。

③ 拖动窗口边框和边角。若想将窗口调整为任意尺寸,应该采用拖动窗口边框和边角的做法。具体方法是:若要改变窗口横向大小,则将鼠标指针指向窗口的左边框或右边框,使指针变为双向箭头,沿水平方向拖动边框,纵向改变窗口大小的方法是将指针指向上边框或下边框,待指针变成双向箭头时,再沿垂直方向拖动,直到窗口变为理想尺寸。

将鼠标指针指向窗口的四个边角之一,使指针变成斜向双向箭头,拖动边角至理想位置松手,此时窗口会在水平和垂直方向同时扩展或缩小。

(4) 移动和重排窗口。在 Windows 7 环境中,可以使用以下方法将打开的窗口移动到桌面任意位置。

① 将鼠标指针定位到所需移动窗口的标题栏处,拖动窗口至期望位置,松开鼠标即可。

② 单击窗口左上角的"窗口控制菜单"按钮。在出现的下拉菜单中选择"移动"选项,当窗口边框变为虚框并且鼠标指针呈双箭头时,按住鼠标拖动窗口至指定的位置。

用户可以综合运用上述改变窗口大小及移动窗口的方式,按照自己的设想来排列窗口,也可以使用任务栏的快捷菜单上的命令排列窗口。此时,右击任务栏的空白处,将会弹出快捷菜单,可选择"层叠"或"堆叠/并排"选项来重排窗口。

- 层叠显示窗口。Windows 7 将所有打开的应用程序窗口摆放呈重叠层次,使得每个窗口的标题栏都可见。
- 堆叠/并排显示窗口。系统将已打开的窗口缩小,按横向或纵向平铺在桌面上。采用该窗口排列方式的目的往往是便于在不同的窗口间交流信息,所以打开的窗口不宜过多,否则窗口会过于狭窄,反而不方便。

(5) 切换窗口。Windows 7 可以同时运行多个应用程序,把正在执行的程序称为"前台应用程序",它所在的窗口称为"活动窗口",Windows 7 默认其标题栏呈蓝色并排列在其他窗口的前面,任何时刻,活动窗口只有一个,任何操作也只能在活动窗口中进行。而其他已打开的应用程序称"后台应用程序",它们所在的窗口为"非活动窗口",非活动窗口的标题栏则为灰色。

用户可以根据实际情况,使用下面的方法之一将非活动窗口改变为活动窗口,使其中的应用程序置为前台运行的程序。

① 标题栏切换。对于多个已打开的可见窗口,只需单击待设定为活动窗口的标题栏,它就被转换为活动窗口(前台运行)。

② 任务栏切换。选择任务栏的"后台运行程序显示区"中所需切换的应用程序窗口,则该窗口被激活并还原为原来的大小。

③ 快捷键切换。按下 Alt+Tab 组合键,会在屏幕上显示一个矩形框,上面排列了所有打开的文件夹和应用程序图标,其中活动窗口的程序图标由方框突出标示。反复按 Alt+Tab 组合键,可以轮流选择被激活的窗口,当选定某个程序图标后,松开按键,该程序所代表的窗口成为被激活的窗口。

(6) 关闭窗口。在结束某一应用程序的使用时,应关闭其所在窗口,这样可以节省内存,加速 Windows 7 的运行,并保持桌面整洁。

在关闭窗口之前,应保存已修改过的数据。若未保存,Windows 7 会在关闭窗口之前,弹出对话框,提问是否保存。关闭窗口可采用以下方式之一。

① 单击"关闭"按钮。

② 单击控制菜单图标,选择"关闭"命令。

③ 使用 Alt+F4 组合键。

④ 右击任务栏上相应图标,选择"关闭窗口"选项。

3.2.5　Windows 7 的菜单

菜单是用于执行 Windows 7 系统任务和应用程序的多组相关命令的列表,一般按照系统的逻辑功能分组放置在窗口的菜单栏中,例如对文件的操作基本包含在"文件"组中,系统的在线帮助则存放在"帮助"组里。如图 3-16 所示,显示的是"计算机"窗口中"查看"的菜单。

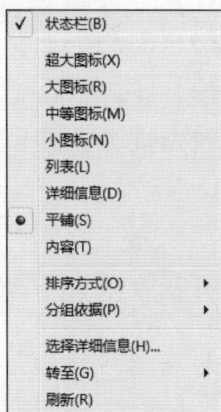

由于在窗口中打开的应用程序不同,菜单中所体现的功能命令也有许多差异,但大部分应用程序中都有"文件""编辑""帮助"等菜单。

对于经常使用的操作,如"打开""复制""粘贴""删除"等,Windows 7 还将其设置在标准工具栏和快捷菜单中,以便用户快速地进行选择和操作。

(1) 打开菜单。将鼠标指针定位到菜单栏中某一菜单选项后单击,即可出现该选项的下拉菜单。菜单选项后面有带下画线的字母,也可直接使用 Alt+字母键打开菜单。例如,按 Alt+F 组合键可打开"文件"菜单。

图 3-16　"查看"菜单

(2) 关闭菜单。将鼠标指针指到菜单以外的区域后单击。

(3) 选择菜单命令。在打开的下拉菜单中,将鼠标指针定位到指定的命令选项,单击鼠标,或直接输入菜单命令右边括号中标记的字母。例如,在"查看"下拉菜单中将鼠标定位到"平铺"选项后单击,或者直接按字母 S 键,都可以进入"平铺"

设置。

如下拉菜单中有些命令显示为浅灰色,则表示目前暂不能使用这些命令,它们只能在特定环境下使用。例如,待删除的对象尚未选定时,不能使用删除命令,所以此命令选项呈灰色;有些命令带有扩展符号(▶或…),表示含有后续项,当执行带有"▶"选项的命令时,将会打开下一级菜单(称级联菜单);当执行带有"…"选项的命令时,将会打开一个需要用户输入信息的对话框,若在菜单选项左侧出现"●"或"√",表示该选项处于被激活状态,下拉菜单中的横向分隔线是对命令选项的进一步分组。

3.2.6 Windows 7 的对话框

Windows 7 大量使用对话框作为人机交互的基本手段,对话框用于用户输入信息,设置参数或显示系统信息。对话框的大小、形状各异,如图 3-17 所示的是"打印"对话框,它们是一组控制命令的集合。

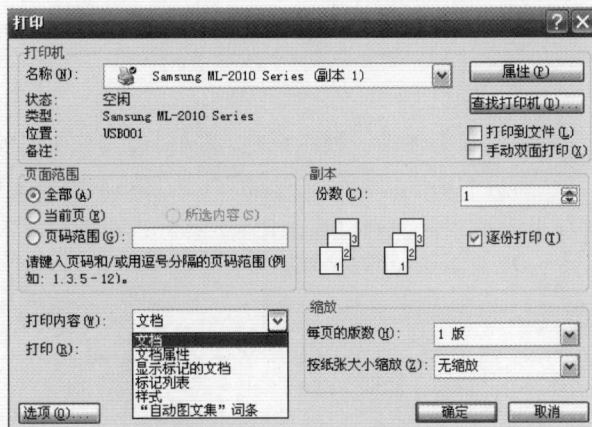

图 3-17 "打印"对话框

从形式上看,对话框和窗口类似,但是对话框只能移动,不能改变大小。下面介绍典型对话框的组成及操作。

(1) 标题栏。标题栏中给出当前对话框的名字。

(2) 命令按钮。提供系统命令的按钮,有一个或多个,如图 3-17 所示的"选项"按钮等。

(3) 列表框。列表框是指用户在系统提供的选项列表中选择某个选项的可设置项目。

(4) 复选框。是一组具有开关特性设置的选项,在一组复选框前白色小方格中,有[√]记号表示选中并具有某种功能特性,无此记号表示不具备此项功能。

(5) 单选框。在当前对话框中,用户必须选中且只能选中一个选项。

(6) 文本框。用户可直接输入文字信息的输入框,例如文件的名字等。

(7) 提示信息。是系统向用户提示的信息。

(8) 帮助按钮。在有些对话框中,其右上角有一个"?"按钮,单击此按钮后,再单击需要帮助的项,可获得对话框中这个选项的帮助信息。

(9) 选项卡。在有些对话框中,其设置的选项比较多,系统按一定的类别分成不同的选项卡供用户设置。

🔑 3.3 文件与文件夹管理

操作系统的基本功能之一就是进行文件管理,Windows 7 系统给用户提供了功能强大的文件管理功能,使用户能方便地进行建立、删除或修改文件等操作。同以前的 Windows 系列一样,它提供给用户两个视图方式,即普通窗口和 Windows 资源管理器界面。

3.3.1 文件和文件夹

1. 概念

文件是一组按一定格式存储在计算机外存储器中的相关信息的集合。一个程序、一幅画、一篇文章、一份通知等都可以是文件的内容。文件夹是集中存放计算机相关资源的场所。文件夹中既可以存放文件也可以存放下级子文件夹。

2. 树状结构

系统按树状结构组织文件和文件夹。处于顶层(树根)的文件夹是桌面,计算机上所有资源都组织在桌面上,"计算机""网上邻居""回收站"都是它的下级子文件夹(树枝),其中存放的文件则是树叶,这种组织形式像一棵倒挂的树。

3. 命名

文件和文件夹是 Windows 7 文件操作的基本对象,下面说明在 Windows 7 中文件命名规则。

(1) 在文件或文件夹名字中,用户最多可使用 255 个字符。

(2) 用户可使用多个间隔符(.)的扩展名。

(3) 名字可以有空格但不能有字符"\ / : * ? < > |"等。

(4) 保留文件名的大小写格式,但不能利用大小写区分文件名。例如,README. TXT 和 readme. txt 被认为是同一文件名字。

(5) 当搜索和显示文件时,用户可使用通配符(? 和 *),其中问号(?)代表一个任意字符,星号(*)代表一系列字符。

4. 属性

属性表示文件或文件夹的基本信息和操作性质,如图 3-18 所示。在 Windows 7 中,允许用户将文件或文件夹设置为只读和隐藏属性。具有只读属性的文件不可修改,但能够显示、复制、运行。隐藏属性表示该文件或文件夹是否在文件目录列表中隐藏,隐藏

图 3-18 文件属性

后如果不知道其名称就无法查看或使用此文件或文件夹。

3.3.2　计算机和资源管理器

在 Windows 7 中,进行文件管理主要通过两种方式,即"计算机"和"资源管理器"。

"计算机"和"资源管理器"用来管理硬盘、文件夹与文件。对于已经有网络连接的计算机,还可以通过"计算机"来方便地链接到网络中的其他计算机上或浏览 Web 页面。

1. 计算机

在 Windows 7 的桌面上,双击"计算机"图标,可打开"计算机"窗口,如图 3-19 所示,用户可以通过"计算机"窗口来查看和管理几乎所有的计算机资源。

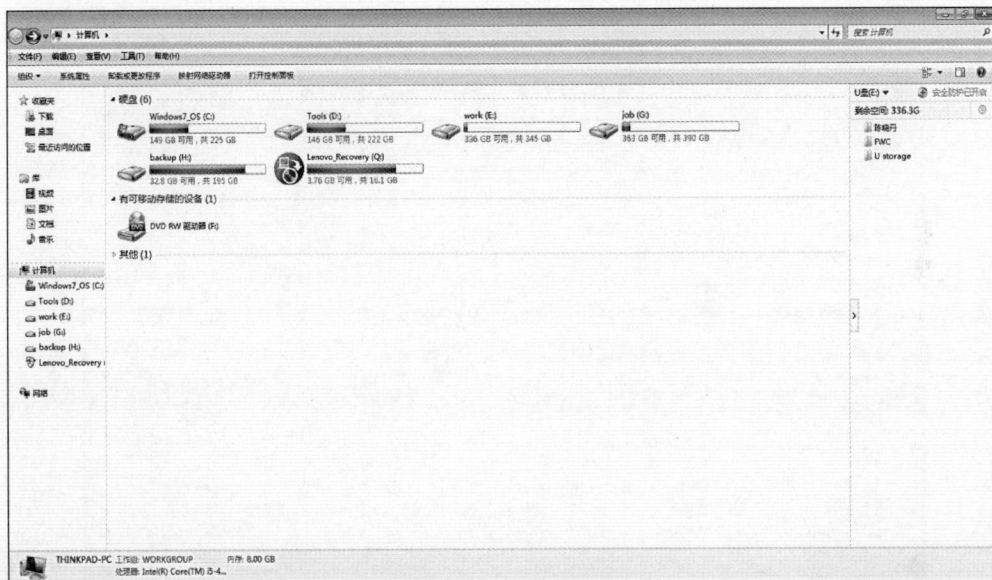

图 3-19　"计算机"窗口

在"计算机"窗口中,用户可以看到计算机中所有的磁盘列表。在左窗格中可以改变到其他位置,如"文档""网络""共享文档""桌面"。这些操作的命令都是通过超级链接的形式存在,通过这些超级链接,用户可以方便地在不同窗口之间进行切换。

单击磁盘驱动器时,下窗格中将显示选中驱动器的大小、已用空间、可用空间和文件系统等相关信息。用户可以用鼠标双击任意驱动器来查看它们的内容。单击文件或文件夹时,下窗格中将显示文件或文件夹的修改日期、创建日期等信息。

在"计算机"中浏览文件时,需要从"计算机"开始,按照层次关系,逐层打开各个文件夹,再在文件夹窗口中查看文件。在桌面上同时打开多个文件夹窗口后,通过鼠标的拖动操作可以在不同的文件夹窗口之间方便地完成常用的操作。

用鼠标双击任何驱动器或文件夹的图标即可打开它们。双击文件时,如果文件类型已经在系统中注册,将会使用与之关联的程序去打开文件;如果文件没有在系统中注册,则会弹出"打开方式"对话框,如图 3-20 所示,在"程序"列表框中选择打开文件的应用程序之后,单击"确定"按钮,即可用所选的应用程序打开文件。

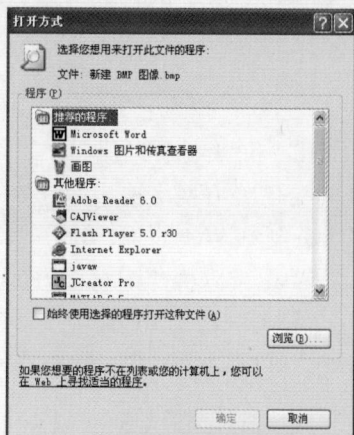

图 3-20 "打开方式"对话框

如果要在"计算机"里查看计算机中的其他内容,可以打开"地址"下拉列表,选择其中的某项内容,在"计算机"窗口将出现所选项目的内容。如果计算机已接入 Internet,在"地址"工具栏中直接输入网址,则可以直接访问 Internet。

"计算机"窗口的工具栏中还包括一些功能按钮。例如,单击"后退"按钮,将返回至上次在"计算机"窗口的操作;单击"前进"按钮,将撤销最新的"后退"操作。

2. 资源管理器

Windows 7 的资源管理器是另一个文件管理工具。它的功能完全类似于"计算机",如图 3-21 所示。

图 3-21 Windows 7 资源管理器

利用资源管理器可以方便地对文件、文件夹等进行管理。

用户可采取以下方式之一来启动资源管理器。

(1) 单击"开始"按钮,选择"所有程序"→"附件"→"Windows 资源管理器"选项。

(2) 右击"开始"按钮,在弹出的快捷菜单中选择"资源管理器"选项。

Windows 的"资源管理器"功能强大,设有菜单栏、细节窗格、预览窗格、导航窗格等。

如果用户觉得 Windows 7"资源管理器"界面布局太复杂,也可以自己设置界面。操作时,选择页面中"组织"按钮旁的向下箭头,在显示的目录中选择"布局"中需要的部分即可。

打开资源管理器之后,在左窗格中以树状结构显示了系统中的所有设备,如果在驱动器或文件夹的左边有"＋"号,单击"＋"号可以展开它所包含的子文件夹。当驱动器或文件夹全部展开之后,即文件夹已经展开至最底层,"＋"号就会变成"－"号。单击"－"号可以把已经展开的内容折叠起来,返回"＋"号的状态。

在资源管理器窗口中,要查看一个文件夹或磁盘的内容,在树状结构的左侧窗格中单击即可;要向上移动到上一级文件夹或磁盘上,可单击工具栏上的"向上"按钮;要向后移动到前面所选的磁盘或文件夹中,可单击工具栏上的"后退"按钮;要选择前面曾经查看过的磁盘或文件夹的内容,可单击"后退"按钮旁边的下三角按钮,然后选择一个磁盘或文件夹。在"地址"工具栏里输入磁盘盘符、文件夹或网络路径,可直接查看其内容。

3.3.3　管理文件和文件夹

在 Windows 7 中,用户可以对文件或文件夹进行各种操作来满足工作需要。如可以查看文件和文件夹,创建文件和文件夹,重命名文件或文件夹,对文件或文件夹进行移动、复制及删除等操作,还可以设置文件的属性和自定义文件夹等。

1. 选择文件和文件夹

通常在操作过程中,会选择一个或多个文件,连续选择多个文件或文件夹可以有两种方法:单击第一个需要选择的文件或文件夹,再按住 Shift 键,并单击选择某一文件或文件夹,则两次单击所包含的相邻文件或文件夹被选中;也可以使用鼠标拖动选择多个连续的文件;选择不相邻的多个文件或文件夹的方式需要按住 Ctrl 键,用鼠标分别单击文件或文件夹来选择。

如果要选择当前文件夹中所有文件夹和文件,选择"编辑"→"全部选定"选项,或者按 Ctrl＋A 组合键。

2. 创建文件和文件夹

在 Windows 中可以采取多种方法创建文件夹,在文件夹中还可以创建子文件夹。这样,用户就可以把不同类型或用途的文件分别放在不同的文件夹中,以使自己的文件系统更有条理。

创建文件和文件夹有以下几种方式,用户可以从中选择一种方式。

(1) 打开 Windows 资源管理器窗口,在窗口左侧的树状结构中,进入想要在其中创建新文件夹的文件夹,在窗口右边的空白部分右击,从弹出的快捷菜单中选择"新建文件夹"选项。

(2) 在资源管理器窗口中,选择"文件"→"新建"→"文件夹"选项,将会在指定位置建立一个新的文件夹,刚建立的文件夹被默认命名为"新建文件夹"。

(3) 在任何想要创建文件夹的地方直接右击,在弹出的快捷菜单中选择"新建文件夹"选项来创建文件夹。

3. 打开文件和文件夹

打开文件夹非常容易,可以有以下几种方法。

（1）如果已经为文件夹建立了快捷访问方式，可以双击快捷方式来打开文件夹。

（2）如果没有为文件夹建立快捷方式，打开"资源管理器"，双击文件夹所在的驱动器，或者右击鼠标打开快捷菜单，选择"打开"选项，打开文件或者文件夹所在的磁盘。选择要打开的文件夹，双击打开选中文件夹。

打开文件与文件夹稍微有点区别。打开文件夹可以看成资源管理器应用程序打开文件夹的树状目录结构，而打开文件需要与之关联的应用程序在内存中运行，处理要打开的数据文件。如果类型文件已与处理此类数据文件的应用程序建立了关联，直接双击该文件。如果文件没有与应用程序建立关联，右击要打开的文件，弹出快捷菜单，选择"打开方式"选项，选择一个处理此类文件的应用程序，才可以打开文件。

4. 查看文件和文件夹

在 Windows 中，用户可通过"计算机"或"资源管理器"来查看文件，并可对文件的显示和排列格式进行设置。

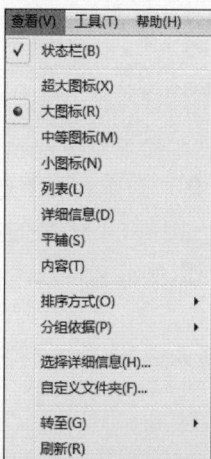

图 3-22　"查看"菜单

在"计算机"或"资源管理器"中，单击工具栏中的"查看"按钮，将弹出查看菜单，其中有超大图标、大图标、中等图标、小图标、列表、详细信息、平铺、内容这 8 种查看方式供用户选择，如图 3-22 所示。

（1）"超大图标、大图标、中等图标、小图标"选项。选择不同大小的图标显示。

（2）"列表"选项。文件或文件夹名列表显示文件夹内容，其内容前面为小图标。当文件夹中包含很多文件，并且想在列表中快速查找一个文件名时，这种查看方式非常有用。

（3）"详细信息"选项。会列出各个文件与文件夹的名称、修改日期、类型、大小等详细资料。

（4）"平铺"选项。以按列排列图标的形式显示文件和文件夹。这种图标和"中等图标"查看方式一样大，并且会将所选的分类信息显示在文件或文件夹名下方。例如，如果用户将文件按类型分类，则"Microsoft Word 文档"字样将出现在所有 Word 文档的文件名下方。

（5）"内容"选项。在此查看方式下，右窗格会列出各个文件与文件夹的名称、修改时间和文件的大小。

在用平铺或图标格式显示文件时，用户可根据自己的需要和习惯，将经常使用的文件放在合适的位置，除手工外，Windows 还提供了对文件图标的排序方式：按名称、按修改日期、按类型、按大小及自增、自减等。执行下列操作之一可以对文件图标进行排序。

（1）打开"查看"菜单，在"排序方式"子菜单中选择相应的排列方式。

（2）右击桌面空白处，在弹出的快捷菜单中打开"排序方式"子菜单，选择相应的排列方式。

5. 复制、移动文件和文件夹

在 Windows 7 中，用户可以使用鼠标拖动的方法，或选择菜单中的"复制""剪切"以及"粘贴"选项，对文件、文件夹进行复制和移动操作。

要通过鼠标拖动复制和移动文件、文件夹，可以分别打开想要复制或移动的对象的源窗口以及目的窗口，使两个窗口都同时可见，在源窗口中选中对象后，按下 Ctrl 键的同时用鼠标将其拖动到目的窗口中进行复制；或按下 Shift 键的同时用鼠标将其拖动到目的窗口中进行移动。下面以磁盘之间（以可移动磁盘为目标盘）的复制为例，介绍相应的操作。

（1）在 USB 口插入可移动磁盘，用来保存复制文件。

（2）打开一个"资源管理器"或"计算机"窗口。

（3）从"浏览"窗口中找到要复制的文件所在的文件夹。

（4）在以下的三种操作中选择一种。

① 右击要复制的文件，打开快捷菜单，选择"发送到"→"可移动磁盘"选项。

② 右击要复制的文件，打开快捷菜单，选择"复制"选项，在"浏览"窗口左半部的文件夹子窗口中的"可移动磁盘"一项上右击，再从打开的快捷菜单中选择"粘贴"选项。

③ 选择要复制的文件，按住左键，将鼠标拖动到"可移动磁盘"中。

注意：将文件和文件夹在不同磁盘分区之间拖动时，Windows 7 的默认操作是复制。在同一分区中拖动和放置时，默认操作是移动。

除了通过鼠标拖动复制和移动文件、文件夹，用户还可以使用命令方式移动和复制文件、文件夹。打开需要复制或移动的对象所在的窗口，选中需要复制的项目；选择"编辑"→"复制"选项复制对象；选择"编辑"→"剪切"选项移动对象；打开需要把对象复制或移动到的目的窗口，选择"编辑"→"粘贴"选项，则目标文件、文件夹就粘贴到当前窗口中。

6. 重命名文件和文件夹

要重命名文件及文件夹，有两种方法。

（1）选中想要重命名的文件或文件夹，选择"文件"→"重命名"选项。

（2）选中想要重命名的文件或文件夹，单击该文件后更改。更改时文件或文件夹名称将高亮显示，并且在名称的末尾出现闪烁的光标，这时输入新的文件或文件夹名称。

7. 删除文件和文件夹

删除文件或文件夹有以下几种方法。

（1）右击要删除的文件或文件夹（可以是选中的多个文件或文件夹），在弹出的快捷菜单中选择"删除"选项。

（2）在"计算机"或"Windows 资源管理器"中选中要删除的文件或文件夹，然后选择"文件"→"删除"选项。

（3）选中想要删除的文件或文件夹，按键盘上的 Delete 键（按 Delete 键删除是放到回收站，如要直接删除，则在选中后按 Shift 键）。

（4）用鼠标将要删除的文件或文件夹拖动到桌面的"回收站"图标上。

（5）如果某些文件或文件夹正在被系统使用，则 Windows 将会提示用户此文件或文件夹不能被删除。

8. 设置文件夹选项

在"Windows 资源管理器"窗口或任意文件夹窗口中，用户可以选择"工具"→"文件夹选项"选项,在打开的"文件夹选项"对话框中对文件夹进行更高级设置,如图 3-23 所示。

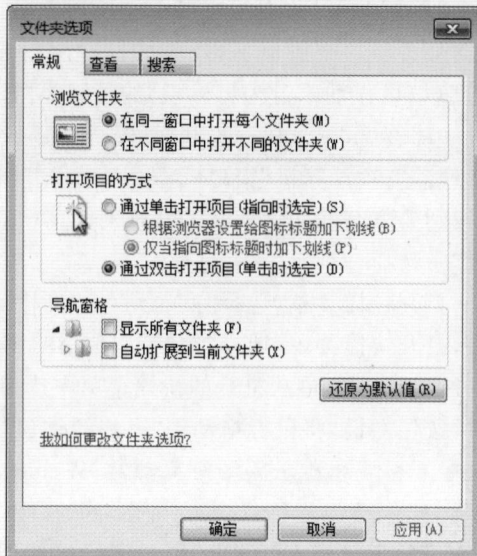

图 3-23 "文件夹选项"对话框

(1)"常规"选项卡。可以设置文件夹的外观、浏览文件夹的方式、打开项目的方式。

(2)"查看"选项卡。可以设置文件夹视图和文件夹的高级设置,其中,在"高级设置"列表框中可以设置是否显示具有隐藏属性的文件。

(3)"搜索"选项卡。可以设置文件的搜索内容和搜索方式。

3.4 磁盘管理

磁盘是计算机最重要的存储设备,用户的大部分文件以及操作系统文件都存储在磁盘中。在"资源管理器"窗口中,一般可以看到 C 盘、D 盘、E 盘等磁盘标识,但实际上,计算机中通常只有一个硬盘。由于硬盘容量越来越大,为了便于管理,通常需要把一个硬盘划分为 C 盘、D 盘、E 盘等几个分区。对于计算机用户,磁盘管理是一项常规任务,对磁盘的管理和维护也是十分必要的,Windows 7 为磁盘管理提供了强大的功能。它主要通过磁盘管理器来完成。它包括磁盘基本状态、操作、磁盘清理和备份等工作。

3.4.1 磁盘管理器

1. 磁盘管理器的功能

用户可以查看本地磁盘的属性,方法是右击要查看的磁盘,在快捷菜单中选择"属性",查看相关信息,如图 3-24 所示。

同时,Windows 7 提供了磁盘管理器来执行与磁盘相关的操作任务。磁盘管理器是用来管理磁盘、卷、分区的系统实用程序。用户可以利用磁盘管理器初始化磁盘、创建卷、使用 FAT32 或 NTFS 文件系统格式化卷以及创建具有容错能力的磁盘系统。

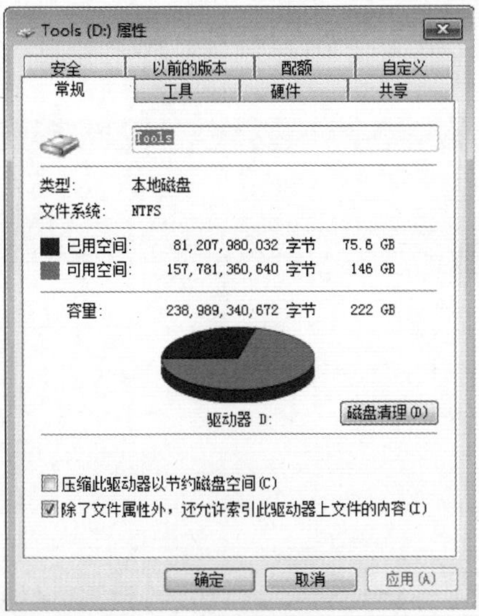

图 3-24　"磁盘属性"对话框

2. 磁盘管理器的启动

磁盘管理器被整合到了"计算机管理"中,作为 Windows 7 控制台树的子单元而独立存在,在 Windows 7 中可以通过右击桌面上的"计算机"图标,在下拉菜单中选择"管理",就可启动"计算机管理"窗口。

"计算机管理"窗口如图 3-25 所示,里面有三个组,分别为"系统工具"、"存储"与"服务和应用程序"。

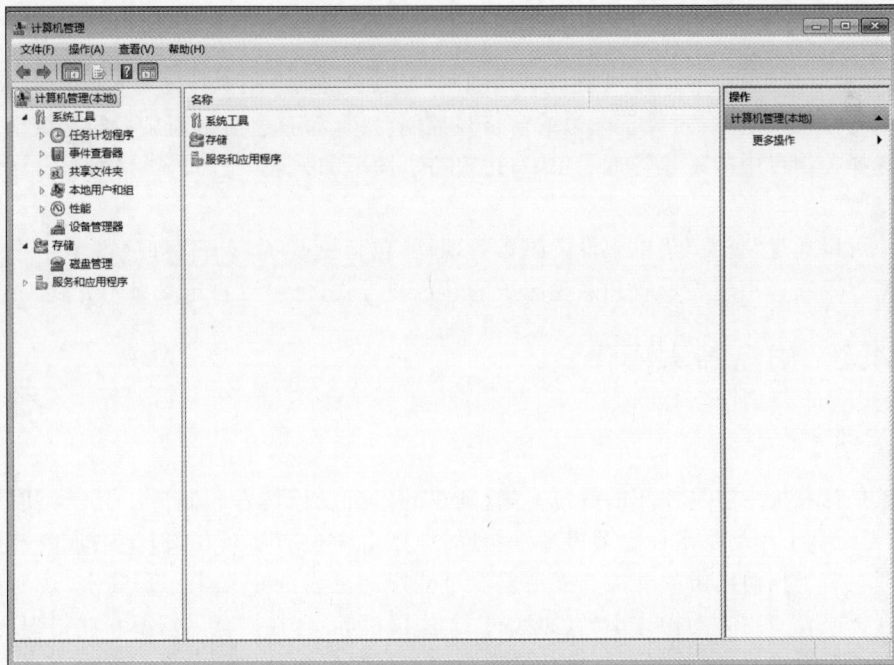

图 3-25　"计算机管理"窗口

单击"存储"前面的加号,在打开的"存储"组中选择"磁盘管理"就可以打开磁盘管理器,如图 3-26 所示。

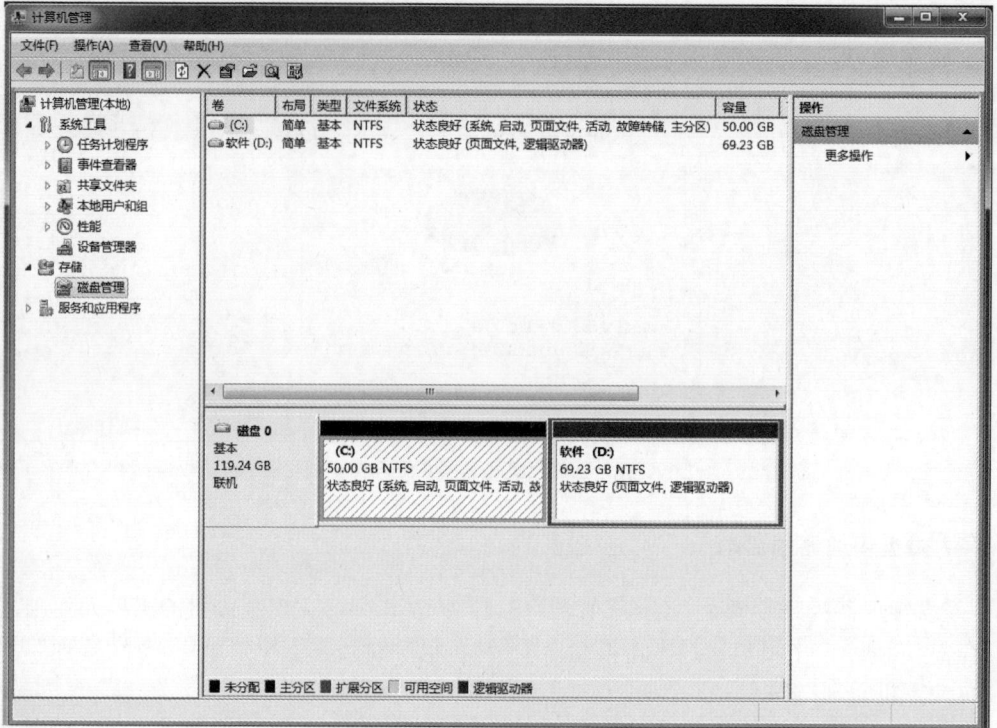

图 3-26   "磁盘管理"窗口

3. 设置磁盘管理器

"计算机管理"窗口的设计风格与"Windows 资源管理器"相似。窗口都是由菜单栏、工具栏和双窗格视图组成的,位于左边的窗格是控制台树,而右边窗格则显示的是结果和详细信息。选择控制台中的磁盘管理子项,右边窗格以图形和列表的方式显示磁盘、分区和卷的详细信息。

用户可以通过"查看"菜单来设置磁盘管理器,包括更改顶端窗格和底端窗格中显示的信息类型以及选择用于显示卷和磁盘区域的颜色和方式,也可以自定义显示方式。

3.4.2   磁盘基本操作

1. 磁盘检查

磁盘是计算机中容易损坏的设备,尽管现在的磁盘设计技术和制造工艺已经取得很大进步,使得磁盘工作的稳定性显著提高,磁盘的使用寿命也有所延长,但是磁盘内部构造和工作原理决定了任何细微的外力或震动仍然可能影响磁盘的正常工作。其次,长期频繁地使用计算机或者使用时的操作不当(如死机、非法关机等)会在磁盘上留下一些错误的文件,形成磁盘的逻辑错误,这些都是造成系统不稳定甚至系统完全崩溃的潜在隐患。

为了让系统正常、高效和稳定地运行,Windows 7 为用户提供了专门的磁盘检查工具来查找和修复磁盘错误,还可以报告关于磁盘错误的详细信息。用户可以打开"计算机"窗口,右击需要进行检查的驱动器,选择"属性"→"工具"→"开始检查"选项,在弹出的"检查磁盘"对话框中选中以下两项,如图 3-27 所示。然后,单击"开始"按钮,对磁盘进行检查。

2. 磁盘备份

由于用户在使用计算机的过程中不可避免地会遇到诸如计算机突然掉电、计算机病毒感染等情况,Windows 7 包含了一个用于数据备份的工具,用户可以使用这个工具来对系统中的重要数据做定期的备份。选择"开始"菜单→"所有程序"→"维护"→"备份和还原"选项,启动备份程序。

图 3-27　"检查磁盘"对话框

3. 磁盘清理

用户在使用计算机时,随着时间的增加,会产生许多垃圾文件,它包括应用程序在运行过程中产生的临时文件、安装各种各样的应用程序时产生的安装文件等。这些垃圾文件的存在不但占用了大量磁盘空间,而且影响了计算机的执行效率,致使机器的运行速度变得越来越慢。为此,Windows 7 提供了一个功能强大的磁盘清理程序,它能搜寻所有分区的临时文件和垃圾文件,并予以删除,释放磁盘空间。打开"计算机"窗口,右击需要进行清理的驱动器,选择"属性"→"常规"→"磁盘清理"选项,即可对磁盘进行清理。

4. 磁盘碎片整理

随着使用时间的增加,用户可以感觉到系统的运行速度下降,部分原因是在运行当中产生了大量的磁盘碎片。这些碎片是由于文件的存储机制产生的,文件和文件夹被分别放置在一个磁盘卷上的许多分离的部分,系统需要花费额外的时间来读取和搜集文件与文件夹的不同部分。这些离散的存储块减慢了磁盘访问的速度,并降低了磁盘操作的综合性能。因此,用户应定期对磁盘碎片进行整理。

Windows 7 的系统工具中为用户提供了一个功能强大的磁盘碎片整理工具。磁盘碎片整理程序可以分析卷和合并碎片文件、文件夹,以便每个文件或文件夹都可以占用卷上单独而连续的磁盘空间。

启动磁盘碎片整理程序有以下两种方法。

(1) 打开"计算机"窗口,右击需要进行磁盘碎片整理的驱动器,选择"属性"→"工具"→"立即进行碎片整理"选项。

(2) 选择"开始"菜单→"所有程序"→"附件"→"系统工具"→"磁盘碎片整理程序"选项,打开如图 3-28 所示的"磁盘碎片整理程序"窗口。窗口由两部分组成:窗口的上部显示了安装在本地计算机上所有磁盘的信息,包括文件系统类型、磁盘总容量、可用空间等;窗口的下部是每个卷上碎片量的图形化表示,又分为整理前和整理后两部分,用户可以通过比

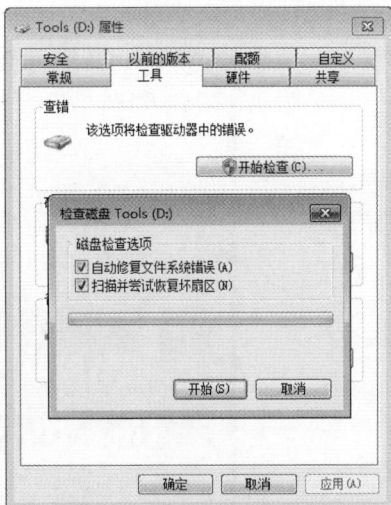

较,了解性能的改善程度。

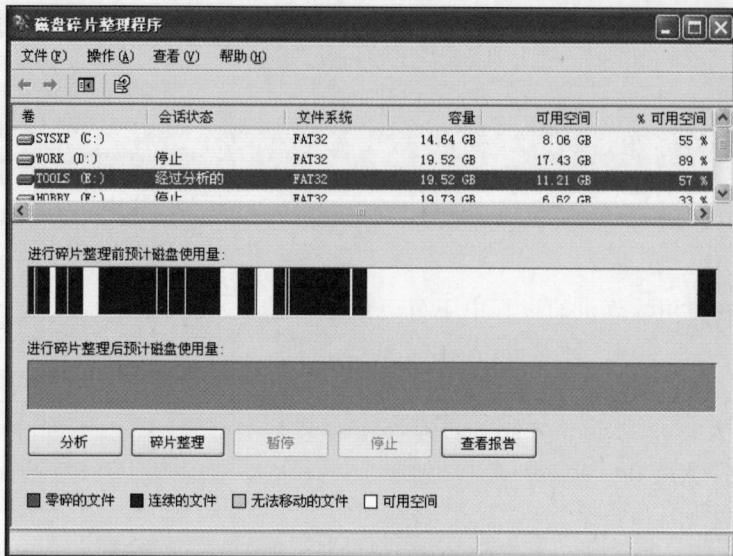

图 3-28　磁盘碎片整理程序

进行磁盘碎片整理的操作方法如下。

(1) 在顶部的磁盘卷列表中选择需要进行碎片整理的卷。单击"分析"按钮,系统将自动检查卷中的碎片量和分布情况,并且在分析过程中,将动态地显示磁盘碎片信息。用户也可以单击"查看报告"按钮,进行查看有关卷的详细信息。

(2) 在顶部的磁盘卷列表中选择需要进行碎片整理的卷。单击"碎片整理"按钮,系统自动进行磁盘碎片整理。在整理过程中,窗口下方的条形图会随着文件的移动而不断变化,以使用户了解磁盘碎片整理的进展情况。在碎片整理完成后,系统会弹出一个对话框来询问是否要查看关于本次磁盘整理的报告,用户可根据需要选择。

3.4.3　磁盘分区管理

1. 格式化磁盘

用户新使用的磁盘,即硬盘需先格式化后才能使用。磁盘格式化的实质是通过对磁盘划分磁道和扇区,建立电子标记,使磁盘驱动器能在磁盘上正确的位置进行读和写的操作。在这个过程中,该磁盘分区被设置成某个特定的文件系统,Windows 7 中支持的文件系统有三种,分别是 FAT、ExFAT(又称为 FAT64)和 NTFS。用户要注意:一旦选择了对磁盘的格式化操作,该分区中原有的数据将全部丢失,因此在进行格式化操作时需要格外慎重。除非磁盘发生严重逻辑错误或是系统完全崩溃,一般情况下不建议进行格式化操作。

通过在"计算机"窗口进行格式化有两种方法。

(1) 从窗口菜单栏的"文件"菜单中选择"格式化"选项。

(2) 在窗口中右击要格式化的磁盘驱动器,在快捷菜单中选择"格式化"选项。

格式化步骤如下。

(1) 打开"格式化"对话框,如图 3-29 所示。

（2）在对话框中可输入卷标名称、选择文件系统、指定
分配单元的大小以及是否使用快速格式化等。

（3）设置完参数后，单击"确定"按钮。

2．新建分区

物理硬盘在使用之前必须进行分区操作，每个分区都
能像物理上相互独立的磁盘一样工作。在 Windows 7 中
可以将基本磁盘中的未分配区域或扩展分区中的可用空
间创建成新的分区。用户可在向导的帮助下，使用"磁盘
管理"工具轻松地完成创建分区的任务。

磁盘分区的具体创建过程如下。

（1）在"计算机管理"窗口，选择"存储"→"磁盘管理"
选项。

（2）右击磁盘中未分配的区域，选择"新建分区"选项。

（3）选择所创建分区类型后，单击"下一步"按钮。

图 3-29 "格式化"对话框

（4）依据磁盘可用空间的大小，为新建的分区指定一个合适的磁盘容量，再单击"下一
步"按钮。

（5）为新建分区选择驱动器名，也可以选择将新建的分区装入一个已创建的 NTFS 卷
的空文件夹中，单击"下一步"按钮。

（6）在"向导"窗口中选择是否格式化新建的磁盘分区。如果选择格式化，必须设置相
关的格式化参数，也可以选择在以后使用此分区时再格式化，单击"下一步"按钮后，向导会
列出所有关于新建分区的信息。

（7）单击"完成"按钮，即完成磁盘分区操作。

3.5 控制面板的使用

3.5.1 控制面板概述

在 Windows 7 系统中，提供了一整套功能强大的系统设置程序，允许用户进行各种灵
活的设置。而在具体的设置中，主要是以"控制面板"的方式提供给用户，利用该窗口可以对
键盘、鼠标、显示、字体、区域选项、网络、打印机、日期/时间、声音等配置进行修改和调整。
进入的方法是，用户可以选择"开始"菜单→"控制面板"选项，打开如图 3-30 所示的"控制面
板"窗口。

Windows 7 的控制面板提供了两种视图方式：在默认状态下以类别视图方式显示，即
将具有类似功能的项目结合在一起，根据各自不同的功能，类别视图将所有设置项分成八大
类，这样的分类可以降低窗口的杂乱程度，便于用户使用。在图 3-30 所示窗口中，选中某个
类别的任务后，将会打开该类别的任务窗口，在此窗口再选择一个具体任务图标将启动有关
的设置程序。

图 3-30　控制面板

　　另一种视图方式是将所有任务以大图标或小图标的形式显示,选择"大图标"或者"小图标"将启动有关的设置程序,如图 3-31 所示。

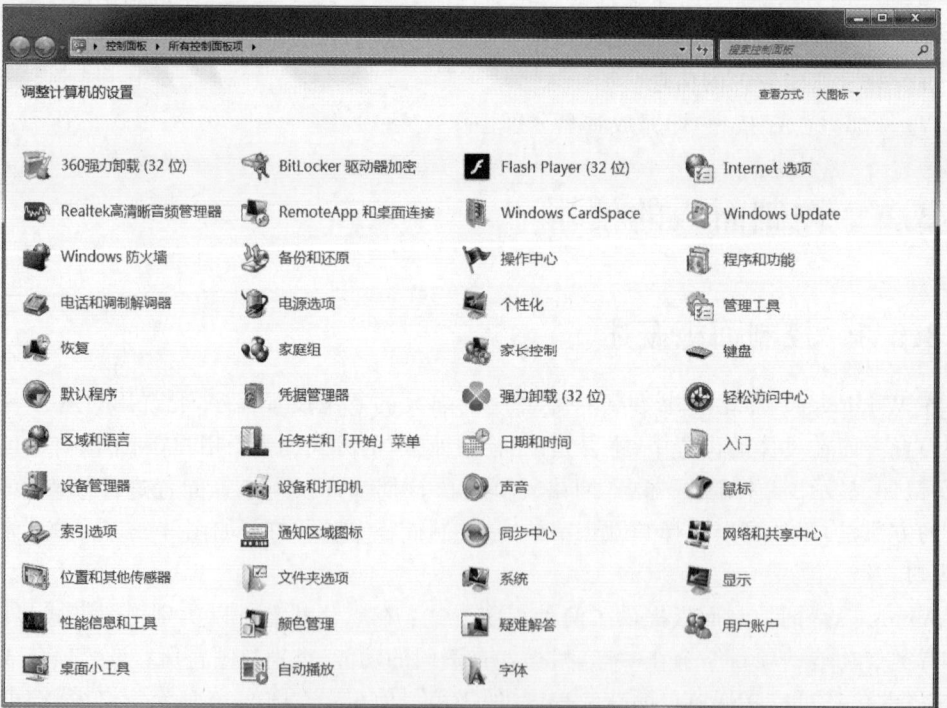

图 3-31　控制面板大图标显示视图

3.5.2　卸载/更改程序

系统安装完成以后,用户经常要安装和卸载各种应用程序,运行安装程序即可把应用程序安装到计算机中。如想要卸载程序,可以使用控制面板来完成。

更改程序设置或卸载程序时应尽量从"控制面板"中进行。这是因为大多数程序在安装程序中除了将安装本程序到硬盘后,还要对系统注册表进行改动。若仅仅从系统中删除该程序文件本身,它在系统注册表中和系统文件夹中留下了大量的无用项目和不能继续使用的链接文件。这样不能将其彻底删除,而且极有可能给系统造成破坏甚至崩溃。

卸载或更改程序的方法是,控制面板在类别视图下,选择"程序"→"程序和功能"选项,即可打开"程序和功能"窗口,如图 3-32 所示。选择某个应用程序,然后选择窗口中的"卸载/更改"选项,会弹出"卸载"对话框,单击"卸载"按钮即可确认卸载。在此窗口中,还可以改变所安装应用程序的显示方式。默认的显示方式是"详细信息",选择"更改您的视图"按钮旁的下拉箭头,可从弹出的菜单中选择其他的显示方式。

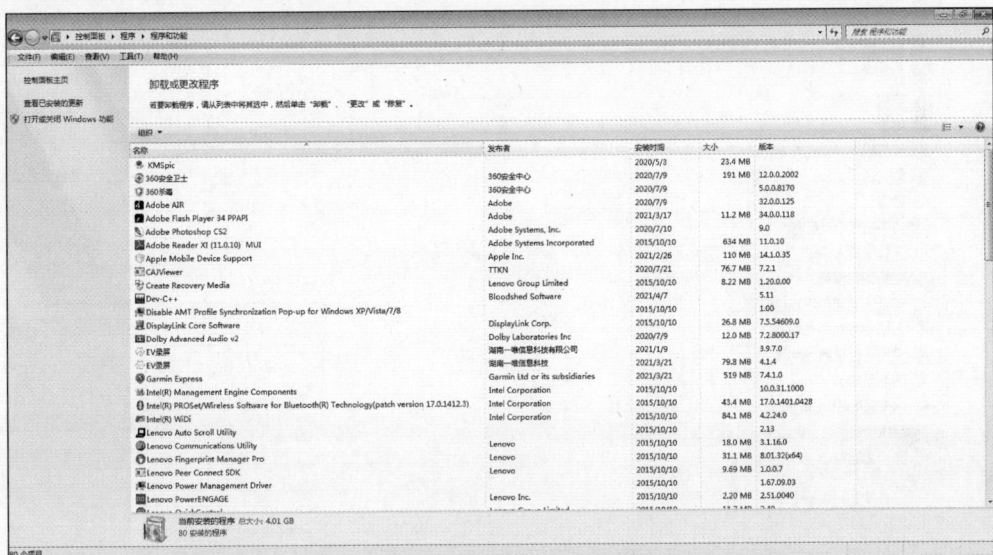

图 3-32　"程序和功能"窗口

3.5.3　设备管理器

每台计算机都配置了很多硬件设备,它们的性能和操作方式都不一样。但是在操作系统的支持下,用户可以通过控制面板极其方便地添加和管理硬件设备。

1.添加设备

目前,绝大多数设备都是 USB 设备,即通过 USB 电缆连接到计算机的 USB 端口。USB 设备支持即插即用(Plug-and-Play,PnP)和热插拔。即插即用并不是说不需要安装设备驱动程序,而是意味着操作系统能自动检测到设备并自动安装驱动程序。第一次将某个设备插入 USB 端口进行连接时,Windows 会自动识别该设备并为其安装驱动程序。如果找不到驱动程序,Windows 将提示插入包含驱动程序的光盘。

2. 管理设备

各类外部设备千差万别,在速度、工作方式、操作类型等方面都是有很大差别的。面对这些差别,确实很难有一种统一的方法管理各种外部设备。但是,现在各种操作求同存异,尽可能集中管理设备,为用户设计一个简洁、可靠、易于维护的设备管理系统。

在 Windows 中,对设备进行集中统一管理的是设备管理器。具体操作是,在控制面板类别视图下,选择"硬件和声音"→"设备管理器"选项,打开"设备管理器"窗口,如图 3-33 所示。

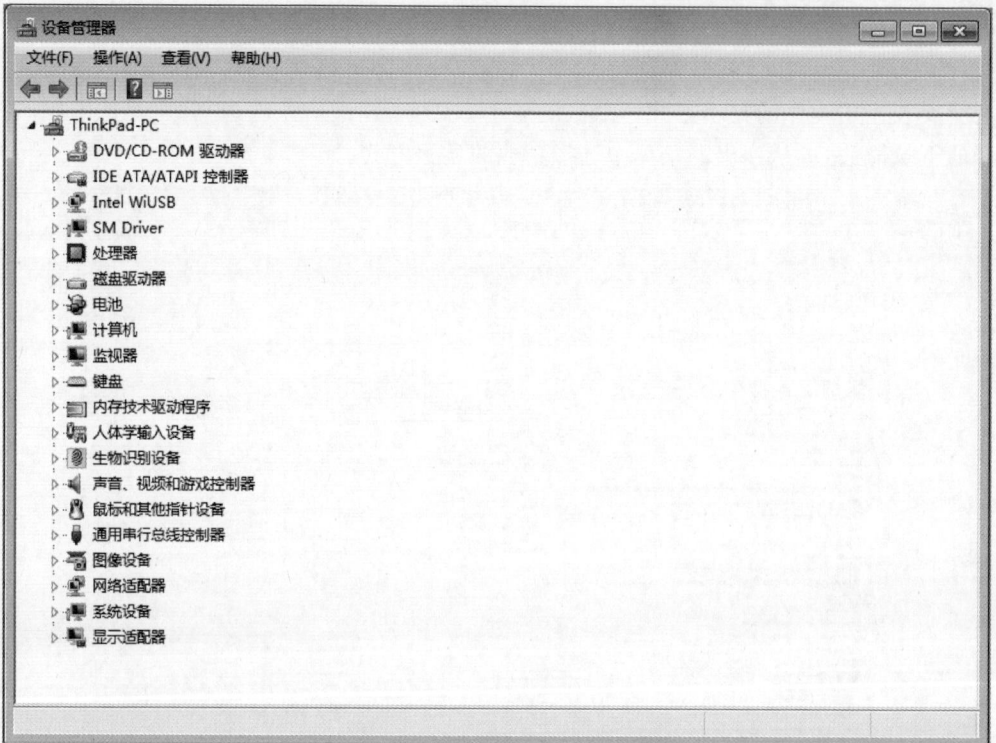

图 3-33 "设备管理器"窗口

在设备管理器中,用户可以了解计算机上的硬件如何安装和配置的信息,以及硬件如何与计算机程序交互的信息,还可以检查硬件状态,并更新安装在计算机上的硬件的设备驱动程序。

3.5.4 打印机和传真设置

现在的打印机型号虽然多种多样,但由于 Windows 7 支持"即插即用"功能,用户在安装打印机时仍会很轻松,具体步骤如下。

(1)在控制面板类别视图下,选择"硬件和声音"→"查看设备和打印机"选项,打开"设备和打印机"窗口。

(2)在打开窗口的上方单击"添加打印机"按钮,打开"添加打印机"对话框。

（3）在打开的对话框中可以选择"添加本地打印机"或"添加网络、无线或 Bluetooth 打印机"选项。当选择"添加本地打印机"后，进入"选择打印机端口"对话框，如图 3-34 所示。

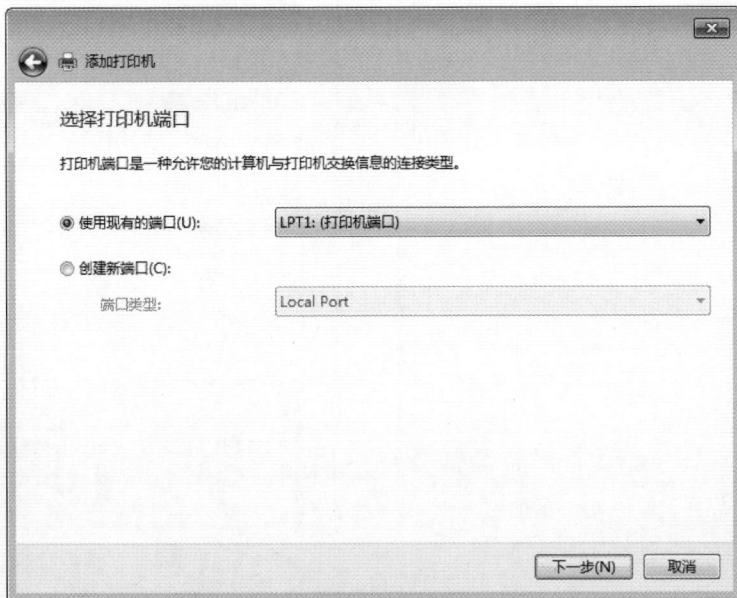

图 3-34　"选择打印机端口"对话框

（4）选择使用的打印机端口后，单击"下一步"按钮，选择打印机的厂商和型号。如果自己的打印机型号未在清单中列出，可以选择其标明的兼容打印机的型号。

（5）如果打印机有安装磁盘，则单击"从磁盘安装"按钮，否则单击"下一步"按钮。然后在"打印机名"文本框中输入打印机的名称，并选择是否将其设置为默认的打印机。

（6）单击"下一步"按钮，系统开始安装打印机。如果前面选择的是本地打印机，则在出现的对话框中选择是否与网络上的用户共享，然后单击"下一步"按钮。

（7）选择"打印测试页"选项，Windows 7 会打印一份测试页以验证安装是否正确无误。

3.5.5　调整声音

用户在操作计算机时，可以对声音进行设置，并为一些事件配置相应的声音提示。这样，在出现这些操作的时候，系统就会发出相应的提示声音，如打开、关闭窗口时提醒用户注意。

为事件配置声音提示的具体操作步骤如下。

（1）在控制面板的类别视图下，选择"硬件和声音"→"声音"选项，打开"声音"对话框，如图 3-35 所示。

（2）选择"声音"选项卡，如图 3-36 所示，在"程序事件"列表框中，选择要分配提示声音的事件，如选择"弹出菜单"选项。

（3）在"声音"下拉列表框中，选择要分配的提示声音文件，并可单击旁边的下三角按钮试听该声音。

（4）如果对"声音"列表框中所列声音都不满意，可单击"浏览"按钮，将弹出"浏览新的弹出菜单声音"对话框，从中选择一个声音文件后，单击"确定"按钮返回"声音"选项卡。

图 3-35　"声音"对话框　　　　　　　　图 3-36　"声音"选项卡

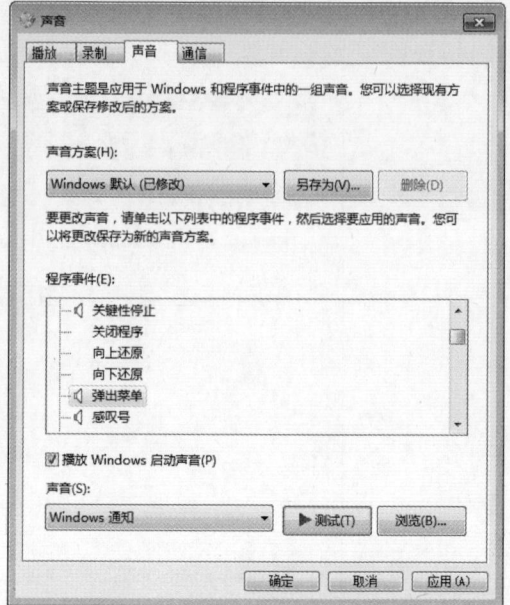

（5）对"程序事件"列表框中的其他需要配置提示声音的事件，按照上面的方法分别分配提示声音。

（6）单击"另存为"按钮可以对以上声音配置方案进行保存，该自定义的声音方案出现在"声音方案"下拉列表中。用户也可以从"声音方案"下拉列表中选择一种系统自带的声音配置方案来使用。

3.5.6　日期和时间

在控制面板类别视图下，选择"时钟、语言和区域"→"日期和时间"选项，可打开如图 3-37 所示的"日期和时间"对话框。该对话框包括"日期和时间""附加时钟""Internet 时间"3 个选项卡，用户可以通过该对话框查看和调整系统时间、系统日期及所在地区的时区。

在"日期和时间"选项卡中，单击"更改日期和时间"按钮，用户就可以在弹出的"日期和时间设置"对话框中调整系统日期和系统时间。选项卡中的钟表指针与其右边数字所显示的时间是一致的。用户还可以单击"更改时区"按钮，在打开的"时区设置"对话框中，单击"时区"栏下拉箭头，从下拉框中选择当前所在的时区。

在"附加时钟"选项卡中，用户还可以通过附加时钟显示其他时区的时间。在"Internet 时间"选项卡中，可设置使自己的计算机系统时间与 Internet 时间服务器同步。如果单击"更改设置"按钮，还可在弹出的"Internet 时间设置"对话框中选择其他的 Internet 时间服务器。

3.5.7　区域和语言

在控制面板类别视图下，选择"时钟、语言和区域"→"区域和语言"选项，可打开如图 3-38

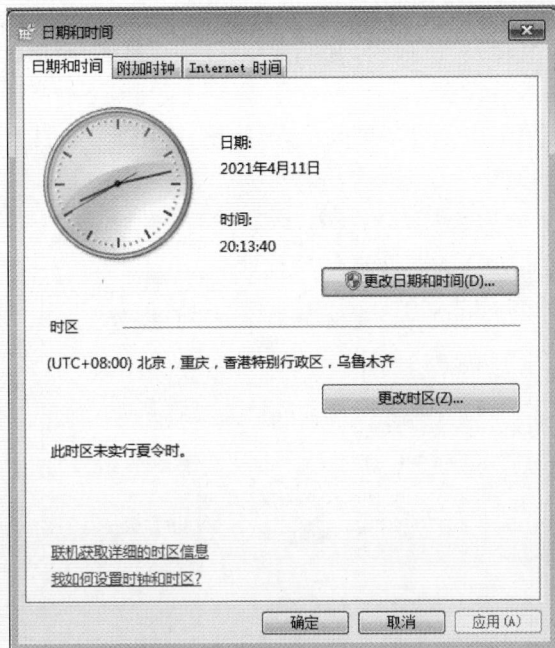

图 3-37　"日期和时间"对话框

所示的"区域和语言"对话框，可以更改 Windows 显示日期、时间、金额、大数字和带小数点数字的格式，也可以从多种输入语言和文字服务中进行选择和设置。

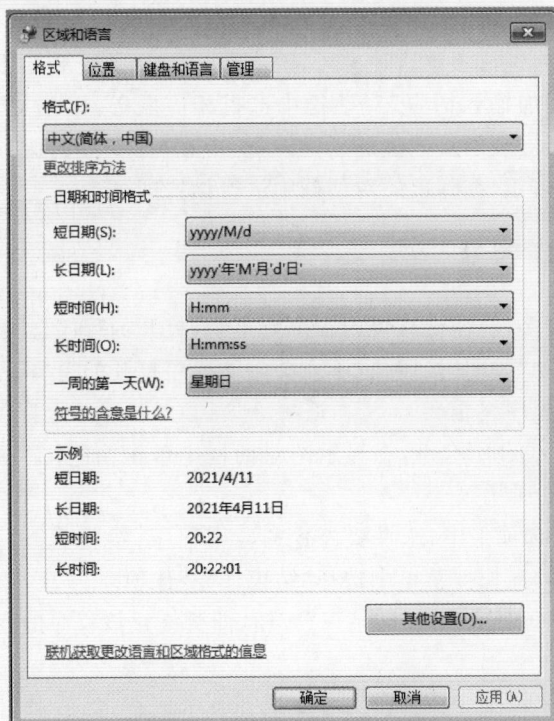

图 3-38　"区域和语言"对话框

在图 3-38 所示的"区域和语言"对话框的"格式"选项卡中,可更改日期的设置。如果还要更改其他设置,单击"其他设置"按钮,就可打开"自定义格式"对话框,可以在其中对数字、货币、时间、日期和排序进行设置。

在"键盘和语言"选项卡中,单击"更改键盘"按钮,弹出"文本服务和输入语言"对话框,如图 3-39 所示。

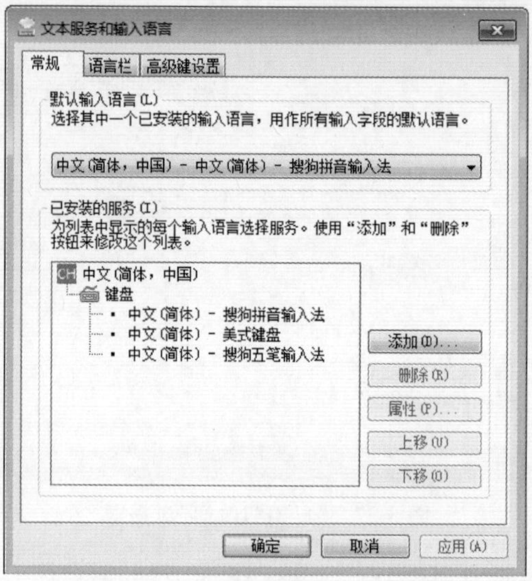

图 3-39   "文本服务和输入语言"对话框

在"默认输入语言"栏的下拉列表中,可选择设置计算机启动时的默认输入法。每种语言都有默认的键盘布局,但许多语言还有可选的版本。在"已安装的服务"栏单击"添加"按钮,则可在新弹出的"添加输入语言"对话框中选择相应服务,以添加其他键盘布局或输入法。如果要更改某种已安装的输入法的属性设置,可在"已安装的服务"栏列表中选择该输入法,然后单击"属性"按钮,在弹出的对话框中进行设置即可。

3.5.8   任务管理器

如果打开的程序太多,会使计算机内存严重不足,打开的程序会长时间不再响应用户的操作,即使单击窗口中的"关闭"按钮,也不能关闭该程序打开的窗口。这时,可以利用"任务管理器"窗口强制将该程序终止。

(1) 按 Ctrl+Alt+Del 组合键,在显示的对话框中单击"任务管理器"按钮,打开"任务管理器"窗口,如图 3-40 所示。

(2) 在"应用程序"选项卡中,选择要停止的应用程序,然后单击"结束任务"按钮,或者右击要结束的应用程序,在快捷菜单中选择"结束任务"选项。

(3) 在弹出的对话框中单击"立即结束"按钮,即可终止该程序的运行,计算机能够重新响应用户操作。

(4) 若要结束进程,则在"进程"选项卡中选择一个进程,然后单击"结束进程"按钮,如图 3-41 所示。如果右击该进程,在出现的快捷菜单中选择"结束进程"选项,可以结束所选进程和由它直接或间接创建的所有进程。

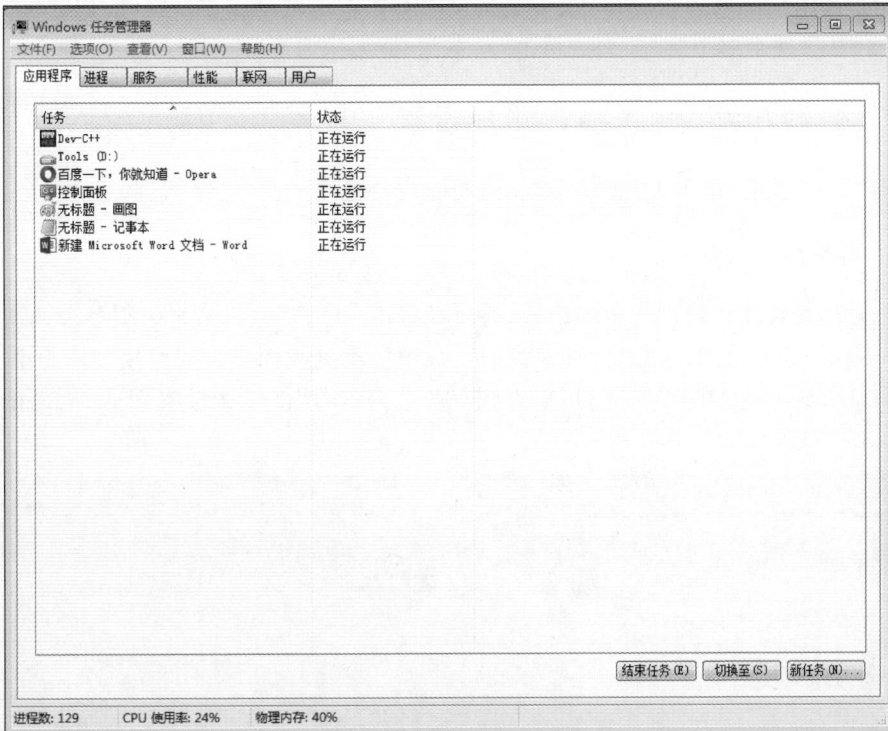

图 3-40　"任务管理器"窗口

图 3-41　"进程"选项卡

提示：利用任务管理器，也可以一次结束多个正在运行的程序。在"应用程序"选项卡中，按住 Ctrl 键选中多个程序，然后单击"结束任务"按钮即可。

3.5.9　Windows 7 用户账户设置

Windows 7 支持多用户注册和登录，这是它的特色之一。

1．计算机用户概述

用户管理是计算机管理的重要内容，通过设置用户账户与密码，来限制登录到计算机上的用户，达到保护的目的。用户管理在控制面板中的类别视图下，选择"用户账户和家庭安全"→"添加或删除用户账户"选项，可以看到有两个内置的用户账户：管理员（Administrator）和来宾（Guest）账户，如图 3-42 所示。

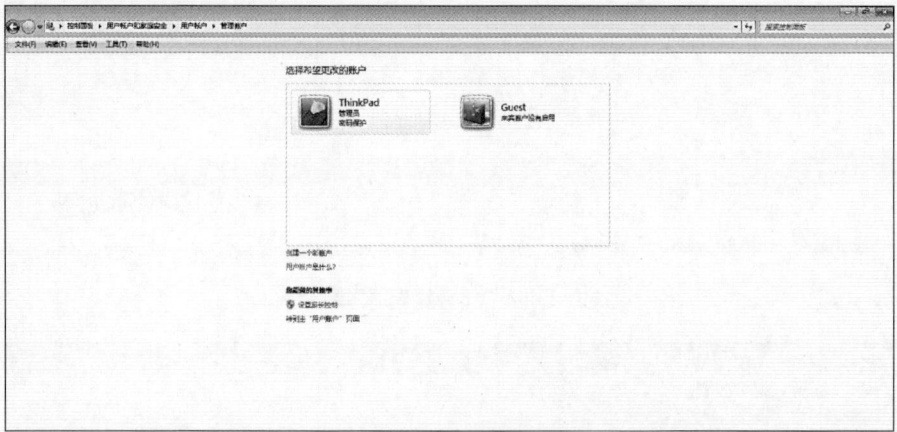

图 3-42　"管理账户"窗口

（1）管理员。第一次安装系统时所用的账户，管理员身份的用户还可创建任何用户账户，它永远不能被删除。

（2）来宾。给这台计算机上没有实际账户的人使用，它不需要密码，来宾账户可以选择禁用或启用。由管理员来设置来宾账户的权利和权限。

任何权限的用户都可以更改自己的账户，如设置新的用户名、密码、图标等。

2．添加新用户

在 Windows 7 刚安装完毕后，只有管理员账号，要想多个人都可使用计算机，而且每人都有自己的账号和个人设置，就需要添加新用户，添加方法如下。

（1）在控制面板中的类别视图下，选择"用户账户和家庭安全"→"添加或删除用户账户"→"创建一个新账户"选项，如图 3-43 所示。

（2）输入新的账户名。

（3）选择管理的权限，权限主要有两种：管理员和标准用户。其中管理员权限最高，有计算机的完全访问权，可全面进行管理，如安装程序、更改设置等，可以做任何需要的更改；标准用户可以使用大多数软件以及更改不影响其他用户或计算机安全的系统设置。

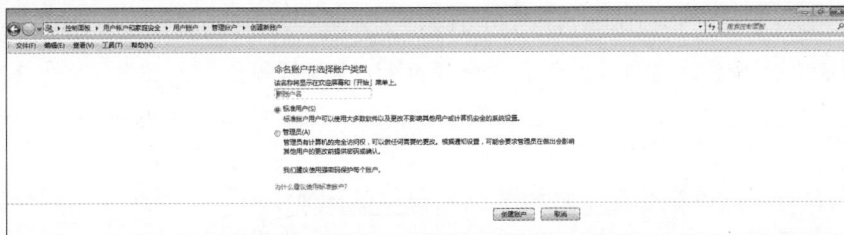

图 3-43　"创建新账户"窗口

（4）建立账户后，单击该用户可以更改此用户设置，如用户名、用户类别、用户图标等，还有删除此账号功能。

3.6　Windows 7 的附件

附件，是 Windows 7 系统中带有的一些常用系统工具和实用工具软件，如磁盘清理、磁盘碎片整理、画图、记事本、写字板、计算器、截图工具、放大镜等。Windows 7 的所有附件都可以通过选择"开始"菜单→"附件"找到。

3.6.1　画图

Windows 7 的"画图"是一个位图绘制程序，如图 3-44 所示。用户可以用它创建简单的图画，然后将其作为桌面背景，或者粘贴到另一个文档中。也可以使用"画图"查看和编辑已有的图，还可以将编辑好的图片打印出来。

图 3-44　"画图"窗口

"画图"窗口上方是绘制图画所需的工具箱,还有颜色框,使用它可选择绘画所需的前景色和背景色,默认的前景色和背景色显示在颜色盒的左侧,颜色1的颜色方块代表前景色,颜色2的颜色方块代表背景色。要将某种颜色设置为前景或背景色,只需先选择颜色1或颜色2,再选择该颜色框即可。

若要将处理好的图片设置为桌面背景,可执行以下操作。

(1)保存图片。

(2)打开窗口左上角的下拉列表,选择执行列表中的"设置为桌面背景"选项,并选择相应的图片位置选项即可。

3.6.2　记事本

"记事本"是一个用于编辑纯文本文件的编辑器。除了可以设置字体格式外,它几乎没有格式处理能力,但因为"记事本"运行速度快,用它编辑产生的文件占用空间小,所以在不要求文本格式的情况下,"记事本"是一个很实用的程序。

选择"开始"菜单→"附件"→"记事本"选项,系统会自动在其中打开一个名为"无标题"的文件,如图3-45所示。

图 3-45　"记事本"窗口

用户可直接在其中输入和编辑文字。编辑完成后,若要保存该文件,可选择"文件"菜单→"保存"选项进行保存。

若需在"记事本"窗口中打开一个已经存在的文件,可选择"文件"菜单→"打开"选项,此时将弹出一个"打开"对话框。用户可在"打开"对话框中选择准备打开的文件所在的文件夹,然后选定准备打开的文件,最后单击"打开"按钮即可。

3.6.3　写字板

"写字板"是 Windows 7 附件中提供的文字处理类的应用程序,在功能上较一些专业的文字处理软件来说相对简单,但比"记事本"要强大。

　　利用写字板可以完成大部分文字处理工作,例如格式化文档。在"写字板"中可以设置字体、字形、大小及颜色,也可以给文字添加删除线或下画线,还可以加入项目符号、采用多种对齐方式等。写字板还能对图形进行简单的排版,并且与微软公司的其他文字处理软件兼容。总的来说,写字板是一个能够进行图文混排的文字处理程序,如图 3-46 所示。

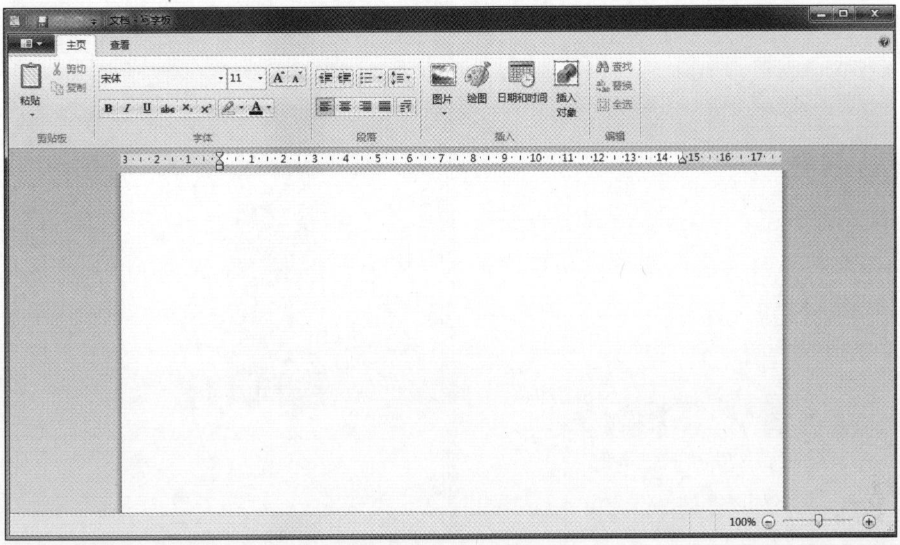

图 3-46　"写字板"窗口

　　在"写字板"文档中可以嵌入其他类型的对象,如图片、Excel 工作表、PowerPoint 幻灯片等。具体方法为:选择"插入对象"菜单,打开如图 3-47 所示的"插入对象"对话框,然后在对话框中选择需要插入的对象类型即可。

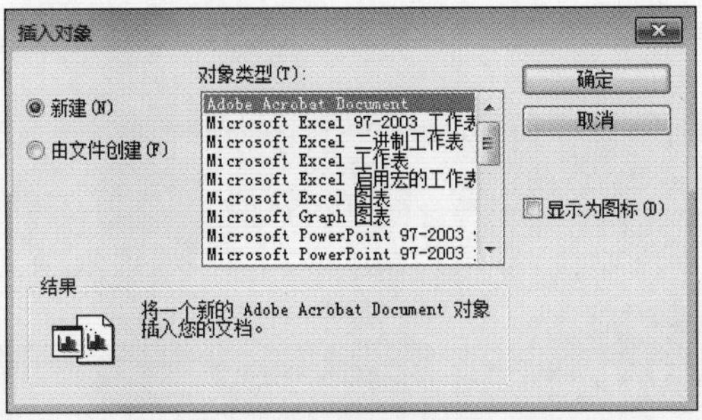

图 3-47　"插入对象"对话框

　　"写字板"默认文件格式为 RTF(Rich Text Format)格式,但是它也可以读取纯文本文件(* . txt)、Open Document(* . odt)文本及 Office Open XML(* . docx)文档。

3.6.4　截图工具

　　"截图工具"是 Windows 7 附件中提供的可以便捷、简单、清晰的截图工具,如图 3-48 所示。

　　启动"截图工具"后,进入截图的状态,按住鼠标左键,根据需要直接拖曳,然后松开鼠标,即进入图 3-49 所示窗口,可以在图片上添加注释,用各种颜色的笔,选取后直接在图片上书写即可,并且可以使用橡皮进行涂改,最后可以将截图保存为 HTML、PNG、GIF 或 JPEG 文件。

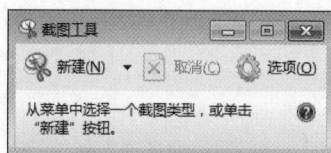

图 3-48　"截图工具"窗口 1

图 3-49　"截图工具"窗口 2

3.6.5　计算器

Windows 7 的"计算器"可以完成所有手持计算器能完成的标准操作,如加法、减法、对数和阶乘等。

选择"查看"菜单,可以选择使用"标准型""科学型""程序员""统计信息"计算器。

标准型计算器用于执行基本的运算,如加法、减法、开方等,如图 3-50 所示。

科学型计算器主要用于执行一些函数操作,如求对数,正弦、余弦等,如图 3-51 所示。

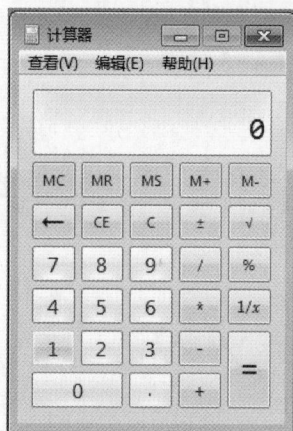

图 3-50　标准型计算器

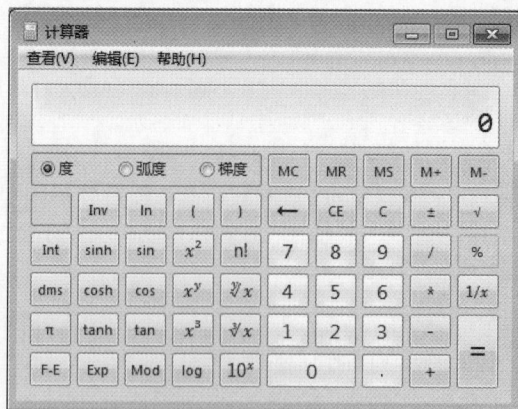

图 3-51　科学型计算器

　　程序员计算器主要用于多种进制之间的转换操作。例如，想求十进制数 24 对应的二进制数，可在"程序员"计算器中输入"24"，然后选择进制栏中的"二进制"，数字框中即可显示出等值的二进制数"11000"，如图 3-52 所示。

图 3-52　程序员计算器

第**4**章

数 据 处 理

CHAPTER **4**

习题 4

　　Microsoft Office 2010（以下简称 Office 2010）是 Microsoft 公司开发的办公软件套装，包含当前流行的办公软件。本章主要讲解 Microsoft Office 2010 专业版，介绍其中的 Microsoft Word 2010、Microsoft Excel 2010 和 Microsoft PowerPoint 2010 的基本操作。

🔑 4.1　Office 基本概述

4.1.1　Office 组件简介

Office 办公软件的多个版本中,尽管包含的组件有所差异,但几大核心组件始终保留。这些主要组件包括 Word、Excel、PowerPoint 等。下面以 Office 2010 为例,简要介绍 Microsoft Word 2010、Microsoft Excel 2010、Microsoft PowerPoint 2010。

(1) Microsoft Word 2010 是一个文本处理软件,可创建专业水准的文档,更能轻松、高效地组织和编写文档,其主要功能包括:强大的文本输入与编辑功能、各种类型的多媒体图文混排功能、精确的文本校对审阅功能,以及文档打印功能等。

(2) Microsoft Excel 2010 是一个功能强大的电子表格软件,它广泛应用于财务、金融、经济、审计及统计等众多领域。其主要功能包括:数据的输入、统计、分析和计算等。

(3) Microsoft PowerPoint 2010 是一款演示文稿制作与设计软件,演示文稿可简单地理解为可观看的具有动态演示性质的文稿。其主要功能包括:幻灯片的管理和编辑、多媒体对象的编辑、版式与主题风格的设计、切换效果与动画效果的设置,以及演示文稿的放映、打印、发送等。

除上述三大组件以外,Office 办公软件还包括 Access 数据库管理软件、Outlook 邮件收发与管理软件等组件。

4.1.2　启动与退出 Office 2010

启动与退出 Office 2010,实际上是指对其内部各组件如 Word、Excel、PowerPoint 等进行的操作。由于都是 Office 2010 的组件,因此其启动和退出方法是完全相同的,下面以启动 Word 2010 为例分别介绍启动和退出的具体操作。

1. 启动 Office 2010

(1) 通过"开始"菜单启动。单击桌面左下角的"开始"按钮,在弹出的"开始"菜单中选择 Microsoft Office→Microsoft Word 2010 选项,如图 4-1 所示。

(2) 通过桌面快捷图标启动。在"开始"菜单中的 Microsoft Office→Microsoft Word 2010 选项上右击"更多"→"打开文件位置",在出现的快捷方式图标上右击,选择"发送到"→"桌面快捷方式"选项。

(3) 通过双击文档启动。如果计算机中保存有某个组件生成的文档,双击该文档即可启动相应的组件并打开该文档。

2. 退出 Office 2010

(1) 通过操作界面退出。在 Word 2010 操作界面中选

图 4-1　"开始"菜单启动 Word 2010

择"文件"→"退出"选项。

（2）通过标题栏退出。单击标题栏右侧的"关闭"按钮。

（3）通过控制菜单退出。单击标题栏左端的"控制菜单"图标，在弹出的下拉列表中选择"关闭"选项，或直接双击控制菜单图标。

4.1.3　使用 Office 2010 帮助系统

Office 2010 提供了一套帮助系统，以解决在使用 Office 的过程中遇到的一些无法处理的问题。以 Microsoft Word 2010 为例，打开帮助系统的方法为：选择"文件"→"帮助"选项，并在右侧界面中选择"Microsoft Office 帮助"选项，此时将打开 Word 帮助窗口，如图 4-2 所示。

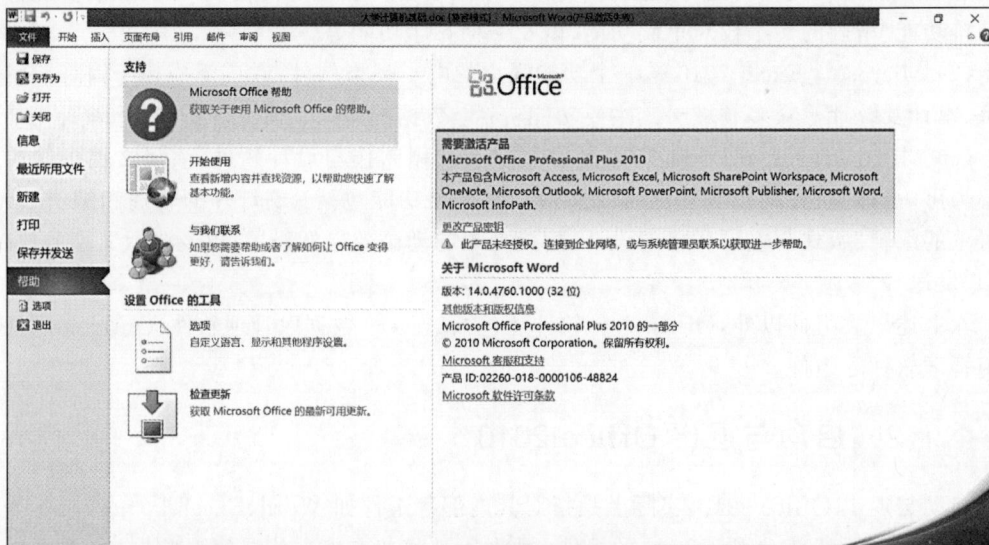

图 4-2　打开 Word 2010 帮助窗口

4.2　设置 Word 2010 操作界面

操作界面具有广义与狭义两层含义。广义操作界面指某事物对外展示其特点与功能的界面部分，涵盖范围广泛；狭义操作界面指软件中为操作者设计的，用于执行操作、接收指令及反馈信息的界面部分。本书所探讨的操作界面基于狭义概念。下面重点介绍 Word 2010 操作界面的组成和设置方法。

4.2.1　Word 2010 操作界面组成

Word 2010 的操作界面主要包括标题栏、功能区、文档编辑区、状态栏等组成部分。

1．标题栏

标题栏位于操作界面最上方，从左至右包括窗口控制图标、快速访问工具栏、文档标题显示区和窗口控制按钮组,如图 4-3 所示。

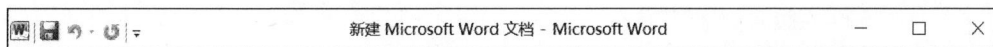

图 4-3　Word 2010 的标题栏

(1)窗口控制图标。窗口控制图标主要用于管理操作界面,用户单击图标后,会弹出一个下拉列表,从中可以选择相应选项以执行特定操作。

(2)快速访问工具栏。快速访问工具栏包含 3 个按钮,分别用于保存文档、撤销操作和恢复操作。快速访问工具栏的作用主要是集中显示常用的按钮,提升操作便捷性。

(3)文档标题显示区。文档标题显示区主要用于显示当前 Word 文档的名称。

(4)窗口控制按钮组。窗口控制按钮组用于管理操作界面。在操作界面未处于最大化和最小化状态时,按钮组从左至右依次为最小化操作界面、最大化操作界面和关闭操作界面。

2. 功能区

功能区位于标题栏下方,由若干功能选项卡组成,各功能选项卡又包含若干功能组,每个组是多个同类型功能按钮的集合,如图 4-4 所示。

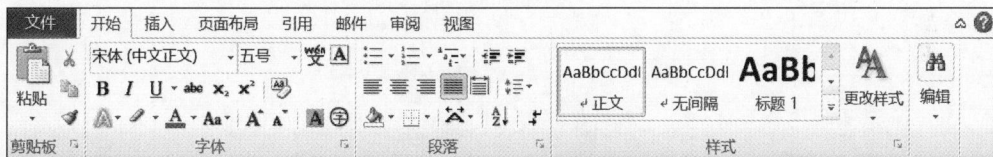

图 4-4　Word 2010 的功能区

3. 文档编辑区

文档编辑区位于功能区下方,默认显示为空白页面。文档编辑区主要用于对文档内容进行各种编辑操作,区域中光标闪烁的短竖线为文本插入点。

4. 状态栏

状态栏位于操作界面最下方,主要用于显示当前文档的相关信息和控制文档视图显示状态,如图 4-5 所示。其中左侧区域可显示当前文档的页数/总页数、字数、当前输入语言、输入状态等信息;偏右侧的 5 个按钮用于设置视图模式;最右侧的滑块用于调整视图显示比例。

图 4-5　Word 2010 的状态栏

4.2.2　自定义操作界面

操作界面可根据实际需求进行个性化调整,这包括对操作界面各组成部分的定制,例如快速访问工具栏中按钮的配置、功能区参数集合的设置,以及操作界面主题颜色的选择等。

1. 自定义快速访问工具栏

自定义快速访问工具栏主要是指对该工具栏的按钮进行添加和删除操作,以及调整该工具栏的位置。

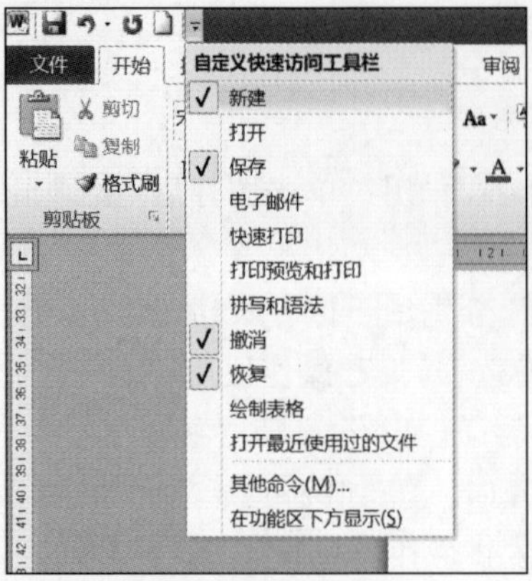

图 4-6　快速添加按钮

（1）快速添加和删除按钮。单击快速访问工具栏右侧的"下拉"按钮，在打开的下拉列表中选择某个按钮对应的选项，当选项左侧显示"对号"标记时，表示该按钮已添加至快速访问工具栏，如图 4-6 所示。若需删除某按钮，再次选择该按钮对应的选项，使左侧的"对号"标记消失，即可从快速访问工具栏中移除该按钮。

（2）添加任意命令按钮。单击快速访问工具栏右侧的"下拉"按钮，在打开的下拉列表中选择"其他命令"选项，将弹出"Word 选项"对话框，如图 4-7 所示。在对话框左侧的列表框中选定某个按钮选项，单击"添加"按钮，将其添加到右侧的列表中。完成确认操作后，所选按钮即成功添加至快速访问工具栏。

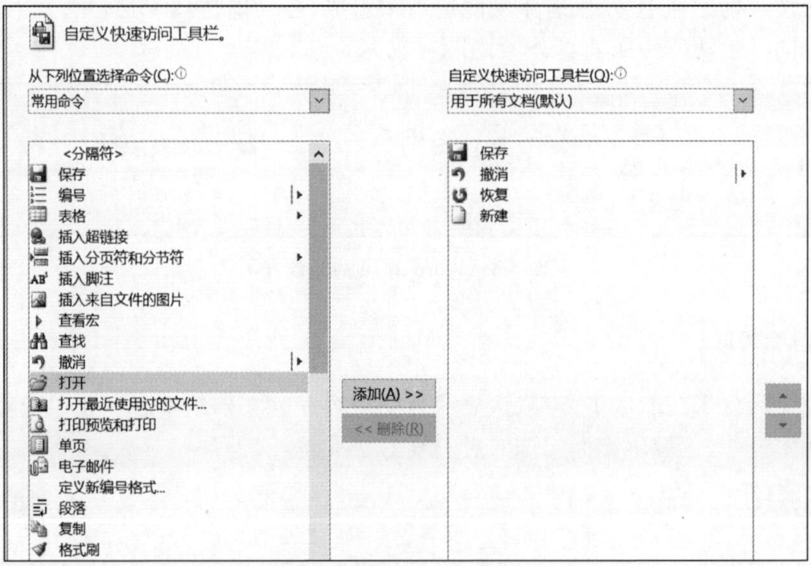

图 4-7　添加任意命令按钮

（3）调整位置。单击快速访问工具栏右侧的"下拉"按钮，在打开的下拉列表中选择"在功能区下方显示"选项，可将快速访问工具栏调整到功能区下方。

2. 自定义功能区

在功能区任意位置上右击，在弹出的快捷菜单中选择"自定义功能区"选项，将弹出如图 4-8 所示的自定义功能区对话框。根据需要，可将左侧列表框中的按钮添加到右侧选择的功能选项卡或组中。常用按钮的作用分别如下。

（1）"新建选项卡"按钮。单击该按钮可在功能区新建功能选项卡。

（2）"新建组"按钮。单击该按钮可在上方列表框中新建所选的功能组。

（3）"重命名"按钮。单击该按钮可重命名所选的新建功能选项卡或组。

（4）"上移"按钮和"下移"按钮。选择某个功能选项卡或组后，可通过单击这两个按钮调整其在功能区中的位置。

图 4-8 自定义功能区

4.3 管理 Word 文档

Word 文档作为文本及诸如表格、图形等多样化对象的承载平台，其有效管理对于充分利用这些资源至关重要。下面分别介绍 Word 文档的一些重要管理操作，包括新建文档、保存文档、打开与关闭文档、加密文档等。

4.3.1 新建文档

新建文档根据操作的不同，可分为新建空白文档和根据模板新建文档两种方式。

1. 新建空白文档

启动 Word 2010 后，软件会自动新建一个名为"文档 1"的空白文档，除此之外，新建空白文档还有以下几种方法。

方法 1：通过"新建"菜单新建。选择"文件"→"新建"选项，在界面右侧选择"空白文档"选项，然后单击"创建"按钮，或直接双击"空白文档"选项新建文档，如图 4-9 所示。

方法 2：通过快捷访问工具栏新建。单击快速访问工具栏中的"新建"按钮。

方法 3：通过快捷键新建。直接按 Ctrl＋N 组合键。

图 4-9　新建空白文档

2. 根据模板新建文档

根据模板新建文档,是指利用 Word 2010 提供的某种模板来创建具有一定内容和样式的文档,其具体操作如下。

(1)选择"文件"→"新建"选项,在界面右侧选择"样本模板"选项,如图 4-10 所示。

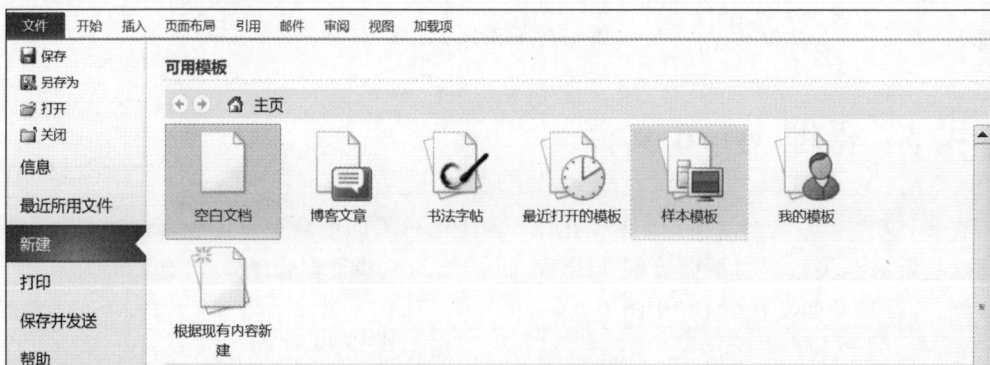

图 4-10　选择样本模板

(2)在下方的列表框中选择某种模板,如"基本信函"选项,单击"文档"单选按钮,然后单击"创建"按钮,如图 4-11 所示。

3. 输入文本

新建文档后,可以使用以下方法在 Word 2010 中输入文本。

(1)在文档编辑区中单击定位插入点,切换到需要的输入法后即可输入文本,所输文本将在文本插入点处开始逐一显示。

(2)在文档编辑区的空白位置双击,可将文本插入点定位到此处,然后可从此处开始输入所需文本。

(3)文本输入后,会根据页面大小自动换行,若需手动换行,可按 Enter 键来实现。

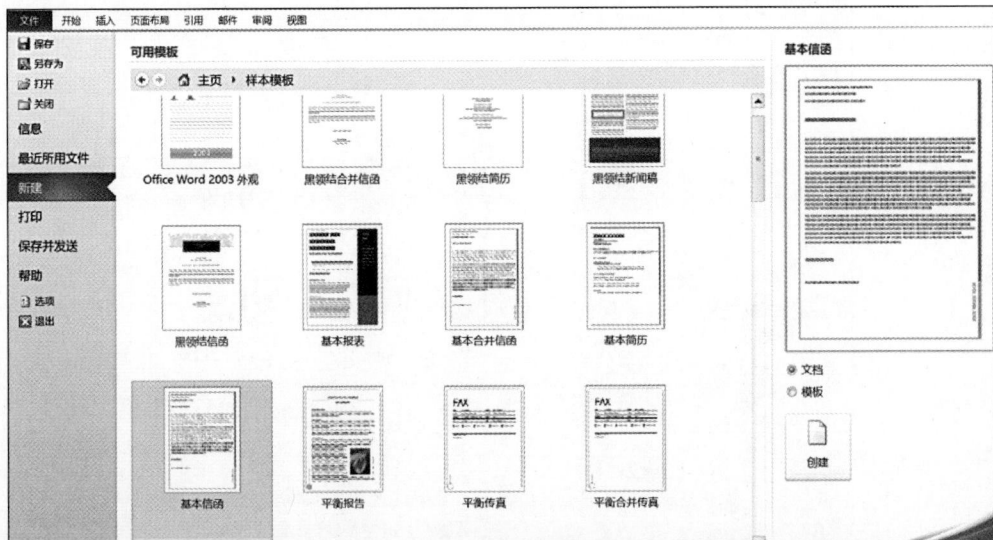

图 4-11　选择模板

注意：Word 提供有两种输入状态，即"插入"状态和"改写"状态。在"插入"状态下输入新文本后，原插入点右侧的文本将自动向右移动；而在"改写"状态下，输入的新文本将直接替换原插入点右侧的文本内容。"插入"状态是默认的输入模式，通过单击状态栏左侧的"插入"按钮，可以切换至"改写"状态，此时"插入"按钮将变为"改写"按钮。若需返回"插入"状态，再次单击该按钮即可完成切换。

4.3.2　保存文档

保存文档是指将新建或编辑过的文档存储到计算机中，以便日后能够重新打开并使用其中的信息。在 Word 2010 中，保存文档的操作可以分为几种类型：保存新建的文档、另存为文档、自动保存文档等。

1. 保存新建的文档

保存新建的文档方法主要有以下几种。

（1）通过"保存"菜单保存。选择"文件"→"保存"选项。

（2）通过快捷访问工具栏保存。单击快速访问工具栏中的"保存"按钮。

（3）通过快捷键保存。按 Ctrl＋S 组合键。

执行以上任意操作后，都将打开"另存为"对话框，通过双击右侧列表框中的文件夹来确认上方"路径"下拉列表框的保存位置，在"文件名"下拉列表框中可设置文档保存的名称，完成后单击"保存"按钮，如图 4-12 所示。

2. 另存为文档

如果需要将已保存的文档进行备份，则适用另存为操作，其方法为：选择"文件"→"另存为"选项，在打开的"另存为"对话框中按保存文档的方法操作即可。

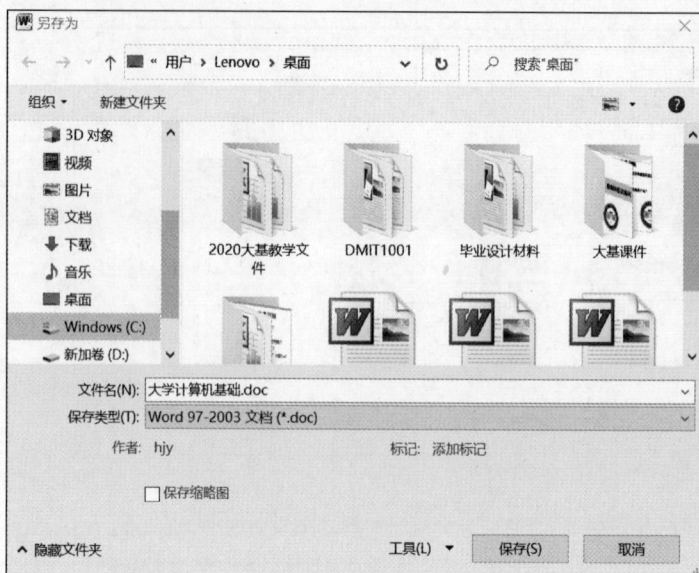

图 4-12　保存文档

3. 自动保存文档

设置自动保存后,Word 2010 会根据设定的间隔时间自动保存文档,以避免突然断电等意外情况发生时丢失文档数据,具体操作如下。

(1) 选择"文件"→"选项"选项。

(2) 打开"Word 选项"对话框,选择左侧列表框中的"保存"选项,单击选择"保存自动恢复信息时间间隔"复选框,并在右侧的数值框中设置自动保存的时间间隔,如"10 分钟",如图 4-13 所示。完成后确认操作即可。

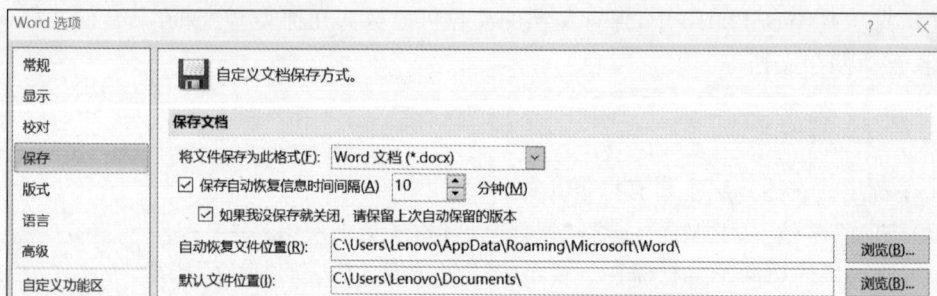

图 4-13　设置自动保存文档的时间间隔

4.3.3　打开与关闭文档

打开文档是指将 Word 软件生成的文件重建再打开进行浏览和编辑;关闭文档则是关闭当前的 Word 文档对象但不退出 Word。

1. 打开文档

打开文档有以下几种常用方法。

（1）通过"打开"菜单打开。选择"文件"→"打开"选项。

（2）通过快速访问工具栏打开。单击快速访问工具栏中的"打开"按钮。

（3）通过快捷键打开。按 Ctrl＋O 组合键。

执行以上任意操作后，都将打开"打开"对话框，在列表框中通过双击文件夹找到需打开的 Word 文档（也可利用上方的"路径"下拉列表框选择文档所在的位置），选择文档并单击"打开"按钮，如图 4-14 所示。

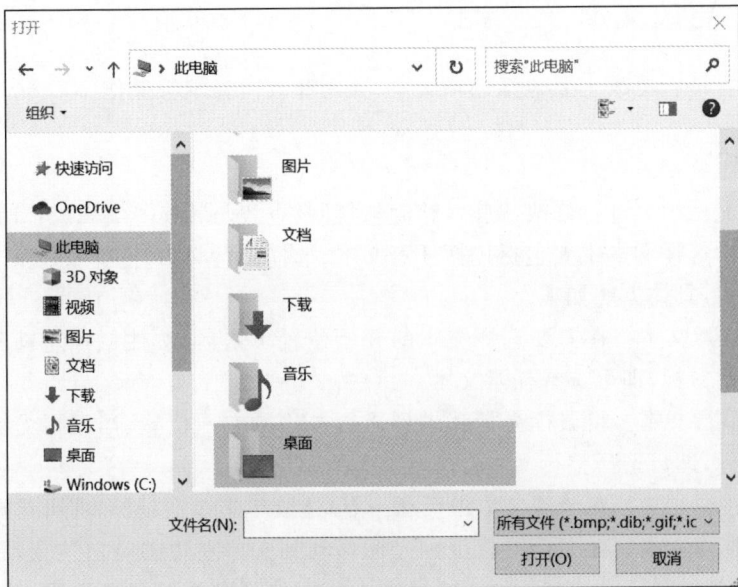

图 4-14　选择需打开的 Word 文档

2. 关闭文档

关闭文档是指在不退出 Word 2010 的前提下，关闭当前正在编辑的文档，其方法为：选择"文件"→"关闭"选项。

4.3.4　加密文档

加密文档的主要目的是，防止他人恶意修改或删除重要文档。当尝试打开一个加密的文档时，必须输入正确的密码才能打开文档，这一功能在一定程度上保障了数据的安全性。加密文档的具体操作如下。

（1）选择"文件"→"信息"选项，单击界面右侧的"保护文档"按钮，在打开的下拉列表中选择"用密码进行加密"选项。

（2）打开"加密文档"对话框，在"重新输入密码"文本框中输入打开此文档时需要输入的密码信息，单击"确定"按钮。

（3）打开"确认密码"对话框，在"重新输入密码"文本框中输入相同的密码信息，单击"确定"按钮。

（4）此后在打开该加密的文件时，会首先打开"密码"对话框，只有输入正确的密码后，单击"确定"按钮才能打开文档。

🔑 4.4 编辑 Word 文档

创建文档或打开文档后,可在其中对文档内容进行编辑,如更改文本、移动或复制文本、查找和替换文本等。

4.4.1 更改文本

对文档内容进行更改主要包括选择文本、插入和改写文本等操作。

1. 选择文本

当需要对文档内容进行修改、删除、移动与复制、查找与替换等编辑操作时,必须先选择要编辑的文本。选择文本主要包括选择任意文本、选择整行文本、选择整段文本和选择整篇文本等多种方式,具体方法如下。

(1)选择任意文本。在需要选择文本的开始位置单击后,按住鼠标左键不放并拖曳到文本结束处释放鼠标,即可选择任意文本。

(2)选择整行文本。将鼠标光标移动到该行左边的空白位置,当鼠标光标变成"箭头"形状时单击鼠标,即可选择整行文本。

(3)选择整段文本。在该段文本中任意一点,连续单击 3 次鼠标,即可选择整段文本。

(4)选择整篇文本。在文档中将鼠标光标移动到文档左边的空白位置,鼠标光标变成"箭头"形状时,连续单击 3 次鼠标;或将鼠标光标定位到文本的起始位置,按住 Shift 键不放,单击文本末尾位置;或直接按 Ctrl+A 组合键,可选择整篇文本。

2. 插入和改写文本

在文档中若忘记输入了相应的文本,或需修改输入错误的文本,可分别在插入和改写状态下插入并改写相应的文本。

(1)插入文本。默认状态下,在状态栏中可看到"插入"按钮,表示当前文档处于插入状态,直接在插入点处输入文本,该文本后面的内容随鼠标光标自动向后移动,如图 4-15 所示。

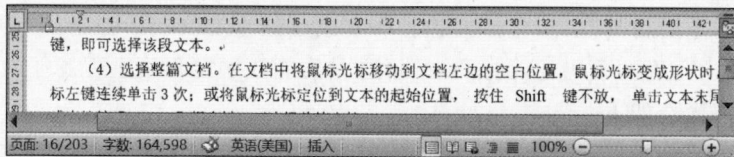

图 4-15 插入文本

(2)改写文本。在状态栏中单击"插入"按钮切换至改写状态,将文本插入点定位到需修改文本前,输入修改后的文本,此时原来的文本自动被输入的文本替换,如图 4-16 所示。

4.4.2 移动或复制文本

通过移动操作,可以将文档中的某部分文本内容转移到另一个位置,从而改变文本的排

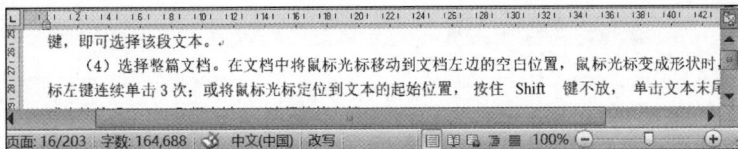

图 4-16　改写文本

列顺序。若需要保留原文内容在原位置不变,并同时将同一文本内容复制到其他位置,可以通过复制操作实现,这样可以在多个位置输入相同的文本,有效避免重复输入的操作。

1. 移动文本

移动文本是指将选择的文本移动到另一个位置,原位置将不再保留该文本,主要有以下几种方法。

(1) 通过右键菜单,选择文本后右击,在弹出的快捷菜单中选择"剪切"选项;或者通过剪切按钮,选择"开始"→"剪贴板"选项组→"剪切"选项。然后定位光标插入点,右击,在弹出的快捷菜单中选择"粘贴"选项。

(2) 通过快捷键,选择要移动的文本,按 Ctrl+X 组合键,将文本插入点定位到目标位置,按 Ctrl+V 组合键粘贴文本即可。

(3) 通过拖动,选择文本后,将鼠标移动到选择的文本上,按住鼠标左键部分移动即可。

2. 复制文本

选择所需文本后,选择"开始"→"剪贴板"组→"复制"选项,或按 Ctrl+C 组合键或者右击,在弹出的快捷菜单中选择"复制"选项,将文本插入点定位到需要粘贴的位置,右击,在弹出的快捷菜单中选择"粘贴选项"→"只保留文本"选项,或直接按 Ctrl+V 组合键,即可将复制的文本插入指定位置。

4.4.3　查找和替换文本

在处理长篇文档时,若需查找特定字词或将其全部替换为其他字词,逐个进行操作不仅耗时且易出错。此时,利用 Word 的查找与替换功能,可以高效、准确地完成快速查找与替换任务。

1. 查找文本

选择"开始"→"编辑"选项组→"查找"选项,或者直接按 Ctrl+F 组合键,在导航窗格中的"导航"文本框中输入需要查找的文本,如输入"选择"文本,按 Enter 键,文档中所有查找到的文本将被显示出来,如图 4-17 所示。

2. 替换文本

替换文本是指将原有的文本替换为更正后的文本,其具体操作如下。

(1) 选择"开始"→"编辑"选项组→"替换"选项,打开"查找和替换"对话框。

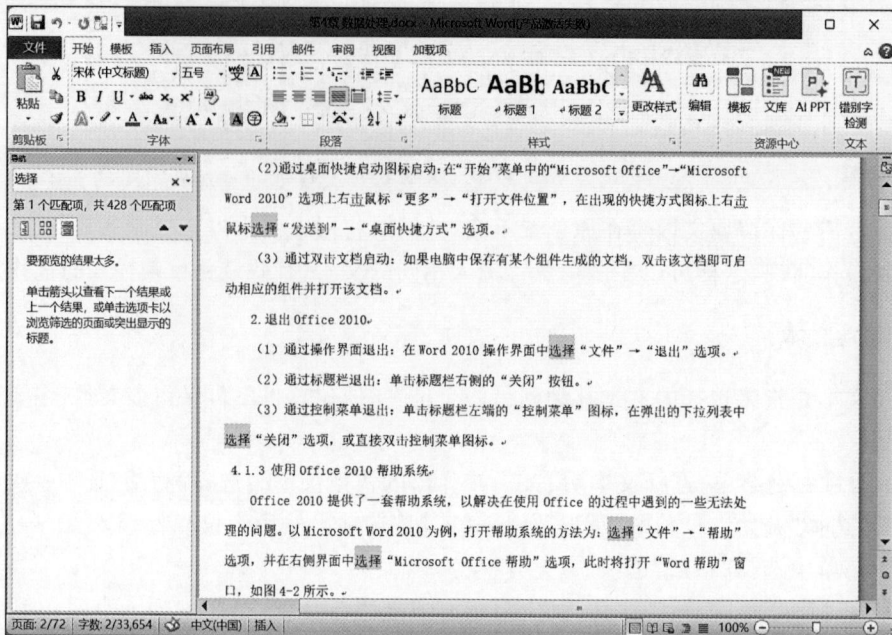

图 4-17　查找文本

（2）在"查找内容"下拉列表框中输入需要替换的文本，如输入"选择"文本，在"替换为"下拉列表框中输入"选中"文本，如图 4-18 所示。

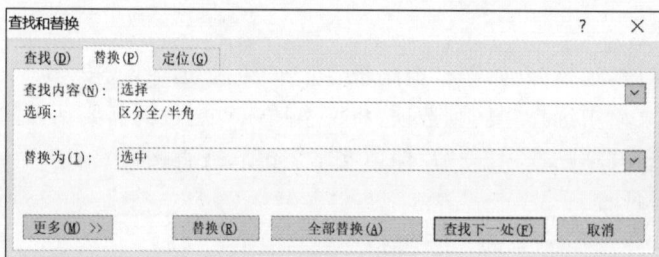

图 4-18　替换文本

（3）单击"替换"按钮，系统自动查找并替换插入点后面的第一个文本。如需替换文档中所有"选择"文本，单击"全部替换"按钮，完成后系统将打开如图 4-19 所示，单击"确定"按钮即可。

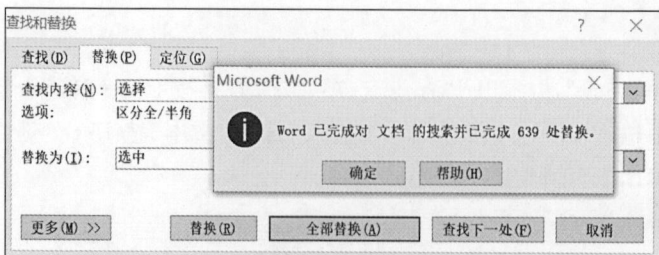

图 4-19　完成替换

4.5　设置 Word 文档格式

设置文档格式涉及多方面,包括设置字符格式、设置段落格式、设置项目符号和编号格式等,通过这些操作,可以提升文档的整体美观性和可读性。

4.5.1　设置字符格式

在 Word 文档中,文本内容包括文字、字母、数字和符号等。设置字体格式即更改文字的字体、字号及颜色等。Word 2010 中设置字符格式可通过以下方法完成。

1. 利用功能区设置

选择 Word 2010 默认功能区的"开始"→"字体"选项组,可以直接设置文本的字符格式,包括字体、字号、颜色及字形等字符格式,如图 4-20 所示。

选择需要设置字符格式的文本后,在"字体"选项组中选择相应的选项即可进行相应设置。

(1) 字体。指文字的外观,如黑体、楷体等字体,不同的字体,其外观也不同。Word 默认的中文字体为"宋体",英文字体为 Calibri。

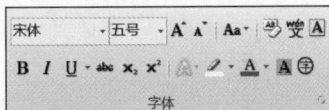

图 4-20　"字体"选项组

(2) 字号。指文字的大小,默认为五号。其度量单位有"字号"和"磅"两种,其中字号越大文字越小,最大的字号为"初号",最小的字号为"八号";当用"磅"作度量单位时,磅值越大文字越大。

(3) 文本效果。选择文本效果选项,在打开的下拉列表中选择需要的文本效果,如阴影、发光和映像等效果。

(4) 下标与上标。选择"下标"选项将选择的字符设置为下标效果;选择"上标"选项将选择的字符设置为上标效果。

(5) 更改大小写。在编辑英文文档时,可能需要对其大小写进行转换,选择"字体"选项组的"更改大小写"选项,在打开的下拉列表中提供了全部大写、全部小写及句首字母大写等转换选项。

(6) 清除格式。选择"清除格式"选项将清除所选字符的所有格式,使其恢复到默认的字符格式。

2. 利用"字体"对话框设置

选择"开始"→"字体"选项组→"字体"选项,或者选中文本右击选择"字体"选项,打开"字体"对话框。在"字体"选项卡中可设置字体格式,如字体、字形、字号、字体颜色和下画线等,还可即时预览设置字体后的效果,如图 4-21 所示。

在"字体"对话框中单击"高级"选项卡,可以设置字符间距、缩放大小和字符位置等,如图 4-22 所示。

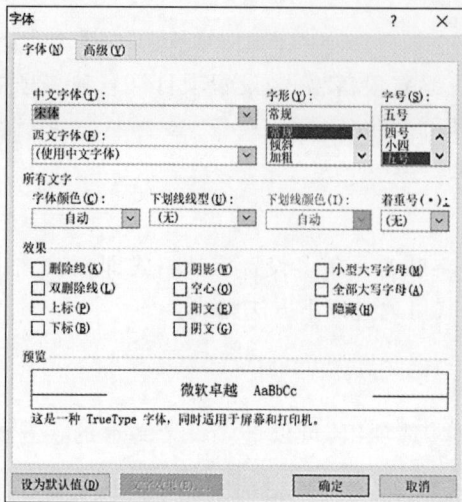

图 4-21　"字体"选项卡

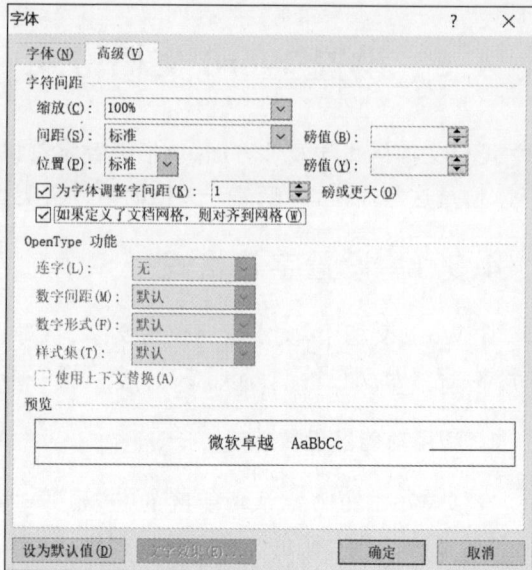

图 4-22　"高级"选项卡

（1）字符缩放。默认字符缩放是 100％,表示正常大小,比例大于 100％时得到的字符趋于宽扁,小于 100％时得到的字符趋于瘦高。

（2）字符位置。字符在文本行的垂直位置,包括"提升"和"降低"两种。

（3）字符间距。Word 中的字符间距包括"加宽"或"紧缩"两种,可设置加宽或紧缩的具体值。对于末行文字只有一至两个字符时可通过紧缩方法将其调到上一行。

4.5.2　设置段落格式

段落是指文字、图形及其他对象的集合。通过设置段落格式,如设置段落对齐方式、缩进、行间距和段间距等,可以使文档的结构更清晰、层次更分明。

1. 设置段落对齐方式

段落对齐方式主要包括左对齐、居中对齐、右对齐、两端对齐与分散对齐等。其设置方法有以下几种。

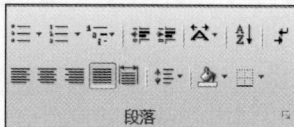

图 4-23　设置段落对齐方式

（1）选择要设置的段落,选择"开始"→"段落"选项组中选择相应的对齐选项,即可设置文档段落的对齐方式,如图 4-23 所示。

（2）选择要设置的段落,在浮动工具栏中单击相应的对齐按钮,可以设置段落对齐方式。

（3）选择要设置的段落,单击"段落"组右下方的"段落"按钮,打开"段落"对话框,在该对话框中的"对齐方式"下拉列表中进行设置。

2. 设置段落缩进

段落缩进包括左缩进、右缩进、首行缩进、悬挂缩进 4 种,一般利用标尺和"段落"对话框来设置,其方法分别如下。

(1)利用标尺设置。单击滚动条上方的"标尺"按钮在窗口中显示出标尺,然后拖动水平标尺中的各个缩进模块,可以直观地调整段落缩进。

(2)利用对话框设置。选择要设置的段落,单击"段落"组右下方的"显示段落对话框"按钮,打开"段落"对话框,在该对话框中"缩进"栏中进行设置。

3. 设置行和段落间距

合适的行距提升文档的阅读体验,包括设置行间距和段落前后间距,其方法如下。

(1)选择段落,打开"段落"对话框,在"间距"栏中的"段前"和"段后"数值框中输入值,在"行距"下拉列表框中选择相应的选项,即可设置行间距,单击"确定"按钮。

(2)选择段落,打开"段落"对话框,在"间距"栏中的"段前"和"段后"数值框中输入值,在"行距"下拉列表框中选择相应的选项,即可设置行间距,单击"确定"按钮,如图 4-24 所示。

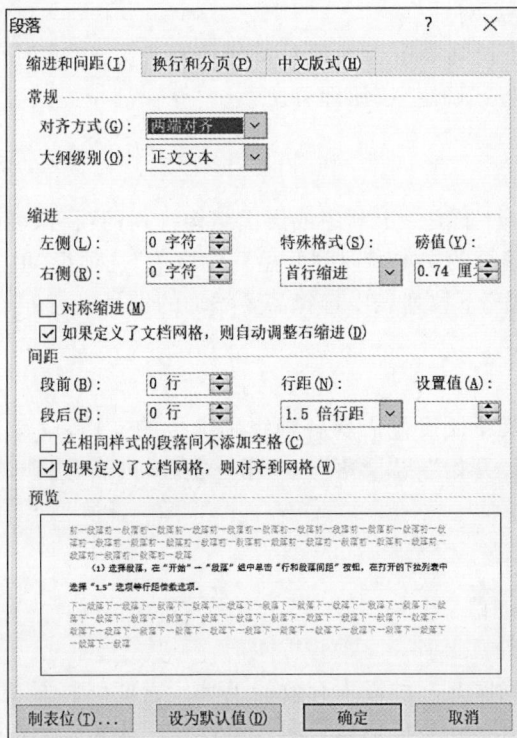

图 4-24 "段落"对话框

4.5.3 设置项目符号和编号格式

用项目符号和编号可以使文档内容结构层次简单明了、条理清楚,便于直观地阅读和理解文档的内容。

1. 添加项目符号

选择需要添加项目符号的段落,选择"开始"→"段落"选项组,单击"项目符号"选项右侧

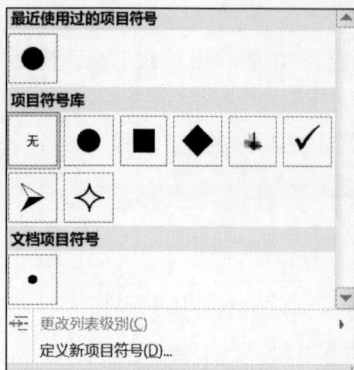

图 4-25　添加项目符号

的按钮,在打开的下拉列表中选择一种项目符号样式,如图 4-25 所示。

2.自定义项目符号

Word 2010 中默认的项目符号样式共 7 种,如果需自定义项目符号,其具体操作如下。

(1)选择需要添加自定义项目符号的段落,选择"开始"→"段落"选项组,单击"项目符号"选项右侧的按钮,在打开的下拉列表中选择"定义新项目符号"选项,打开"定义新项目符号"对话框。

(2)单击"项目符号字符"栏中单击图片按钮,打开"图片项目符号"对话框,在该对话框中的下拉列表中选择项目符号样式后,单击"确定"按钮,返回"定义新项目符号"对话框。

(3)在"对齐方式"下拉列表中选择项目符号的对齐方式,此时可以在下面的预览窗口中预览设置效果,最后单击"确定"按钮即可。

3.添加编号

在制作办公文档时,对于按一定顺序或层次结构排列的项目,可以为其添加编号。其操作方法为:选择要添加编号的文本,选择"开始"→"段落"选项组,单击"编号"选项右侧的按钮,即可在打开的"编号库"下拉列表中选择需要添加的编号。

4.设置多级列表

多级列表主要用于规章制度等需要各种级别编号的文档,设置多级列表的方法为:选择需要设置的段落,选择"开始"→"段落"选项组→"多级列表"选项,在打开的下拉列表中选择一种编号的样式即可。

🔑 4.6　编辑表格

表格在文本编辑中确实是一种极为有效的工具。它能够将复杂、无序的信息进行系统化的整理,使得数据更加清晰、条理更加分明。通过使用表格,不仅可以提高文档内容的可读性,还能使读者更快地理解和吸收信息。在制作表格时,可以设置表格的行数、列数、边框样式和单元格对齐方式等,以满足不同的展示需求。此外,表格还支持合并单元格、调整行高列宽等操作,进一步增强了信息展示的灵活性和美观性。

4.6.1　在文档中插入表格

1.插入表格

根据插入表格的行列数和个人的操作习惯,可使用以下两种方法来实现表格的插入操作。

（1）快速插入表格。选择"插入"→"表格"选项组→"表格"选项，在打开的下拉列表中将鼠标光标移至"插入表格"栏的某个单元格上，此时黄色边框显示的单元格为将要插入的单元格，拖曳鼠标即可完成插入操作，如图 4-26 所示。

（2）通过对话框插入表格。选择"插入"→"表格"选项组→"表格"选项，在打开的下拉列表中选择"插入表格"选项，此时将打开"插入表格"对话框，在其中设置表格尺寸和单元格宽度后，单击"确定"按钮即可，如图 4-27 所示。

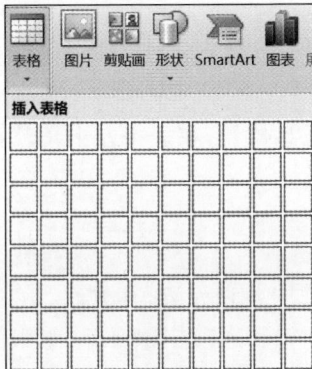

图 4-26　快速插入表格　　　　　图 4-27　"插入表格"对话框

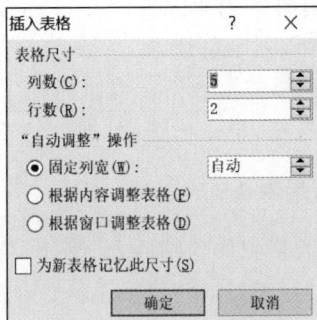

2. 绘制表格

对于一些结构不规则的表格，可以通过绘制表格的方法进行创建，其具体操作如下。

（1）选择"插入"→"表格"选项组→"表格"选项，在打开的下拉列表中选择"绘制表格"选项。

（2）此时鼠标光标将变为铅笔形状，在文档编辑区拖曳鼠标即可绘制表格外边框。

（3）在外边框内拖曳鼠标即可绘制行线和列线。

（4）表格绘制完成后，按 Esc 键退出绘制状态即可。

4.6.2　输入表格内容

创建表格后，可以在其中输入需要的内容。在相应的单元格中单击，将文本插入点定位到其中后，即可输入文本。除此之外，还可选择使用以下方法来定位单元格。

（1）使用方向键定位。利用键盘的上、下、左、右键可将文本插入点从当前单元格按相应方向定位到相邻的单元格。

（2）使用 Tab 键定位。按 Tab 键可将文本插入点从当前单元格向右定位到相邻的单元格中，当单元格处于最右侧时，会自动定位到下一行最左侧的单元格。

（3）使用 Shift＋Tab 组合键定位。按 Shift＋Tab 组合键可将插入点从当前单元格向左定位到相邻的单元格中，当单元格处于最左侧时，会自动定位到上一行最右侧的单元格。

4.6.3　调整表格结构

表格创建后，可根据实际需要对其现有的结构进行调整，其中将涉及表格的选择和布局等操作。

1．选择表格

选择表格主要包括选择单元格、行、列，以及整个表格等情况，具体方法如下。

（1）选择单个单元格。将鼠标光标移动到单元格左侧，当光标变为黑色箭头形状时，单击，即可选择该单元格。

（2）选择一行单元格。将鼠标光标移动到行的左侧，当光标变为白色箭头形状时，单击，即可选择该行全部单元格。

（3）选择一列单元格。将鼠标光标移动到列的上方，当光标变为黑色箭头形状时，单击，即可将该列全部选择。

（4）选择整个表格。将鼠标光标移动到表格的任意位置，在表格左上角就会显示一个十字形状按钮，单击该按钮，即可将整个表格全部选择。

2．布局表格

布局表格主要包括插入、删除、合并和拆分表格中的各种元素，其方法为：选择表格中的单元格、行或列，在"表格工具|布局"选项组中利用"行和列"组与"合并"组中的相关选项进行设置即可，如图 4-28 所示。

图 4-28　布局表格

（1）"删除"选项。选择该选项，可在打开的下拉列表中执行删除单元格、行、列或表格的操作，其中当删除单元格时，会打开"删除单元格"对话框，要求设置单元格删除后剩余单元格的调整方式，如右侧单元格左移、下方单元格上移等。

（2）选择"在上方/下方/左侧/右侧插入"选项，可在所选行或列的相应位置插入与所选行数或列数相等的新行或列。

（3）"合并单元格"选项。选择该选项，可将所选的多个连续的单元格合并为一个新的单元格。

（4）"拆分单元格"选项。选择该选项，将打开"拆分单元格"对话框，在其中可设置拆分后的列数和行数，单击"确定"按钮后即可将所选的单元格设置的尺寸拆分。

（5）"拆分表格"选项。选择该选项，可在所选单元格处将表格拆分为两个独立的表格。需要注意的是，Word 只允许对表格上下拆分，而不能进行左右拆分。

4.7　美化表格

美化表格主要是针对表格本身的格式进行设置，对于表格中的文本而言，可按照设置文本和段落格式的方法，在表格中选择相应文本或段落后进行设置即可。

1．应用表格样式

表格样式是表格格式的集合，包括表格边框、底纹格式，表格中的文本段落格式、表格中

单元格的对齐方式等。应用 Word 预设的表格样式可以快速美化表格,其方法为:将文本插入点定位到单元格中,也可选择单元格、行、列或整个表格,然后选择"表格工具|设计"→"表格样式"选项组→"样式"选项,然后选择某个样式选项即可,如图 4-29 所示。

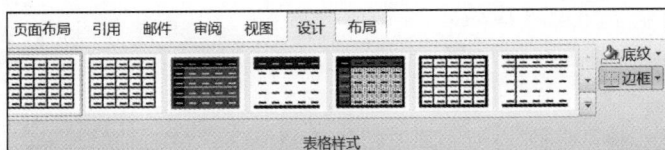

图 4-29　表格样式

2．设置单元格对齐方式

单元格对齐方式是指单元格中文本的对齐方式,其设置方法为:选择需设置对齐方式的单元格,选择"表格工具|布局"→"对齐方式"选项组中相应选项即可,如图 4-30 所示。

3．设置行高和列宽

设置表格行高和列宽的常用方法有如下两种。

(1)拖曳鼠标设置。将鼠标光标移至行线或列线上,拖曳鼠标即可调整行高或列宽。

(2)精确设置。选择需调整行高或列宽所在的行或列,选择"表格工具|布局"→"单元格大小"选项组,在其中的"高度"数值框或"宽度"数值框中设置精确的行高或列宽值,如图 4-31 所示。

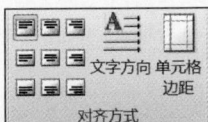

图 4-30　设置表格对齐方式

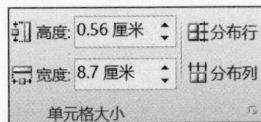

图 4-31　精确调整行高和列宽

4．设置单元格边框和底纹

设置表格边框和底纹的方法分别如下。

(1)设置单元格边框。选择需设置边框的单元格,选择"表格工具|设计"→"表格样式"选项组→"边框"选项,单击其右侧的下拉按钮,在打开的下拉列表中选择相应的边框样式。

(2)设置单元格底纹。选中需要设置底纹的单元格,选择"表格工具|设计"→"表格样式"选项组→"底纹"选项,单击其右侧的下拉按钮,在打开的下拉列表中选择所需的底纹颜色。

4.8　图文混排

4.8.1　插入图片和剪贴画

在 Word 中插入图片和剪贴画的方法分别如下。

(1)插入图片。将文本插入点定位到需要插入图片的位置,选择"插入"→"插图"→"图片"选项,打开"插入图片"对话框,在其中选择需要插入的图片后,单击"插入"按钮即可,如图 4-32 所示。

图 4-32　插入图片

(2) 插入剪贴画。将文本插入点定位到需要插入剪贴画的位置,选择"插入"→"插图"选项组→"剪贴画"选项,打开"剪贴画"任务窗格。在"结果类型"下拉列表框中选中剪贴画对应复选框,在"搜索文字"文本框中输入描述剪贴画的关键字和词组,单击搜索按钮,稍后所有符合条件的剪贴画都将显示在下方的列表框中,单击所需的剪贴画即可插入文档中,如图 4-33 所示。

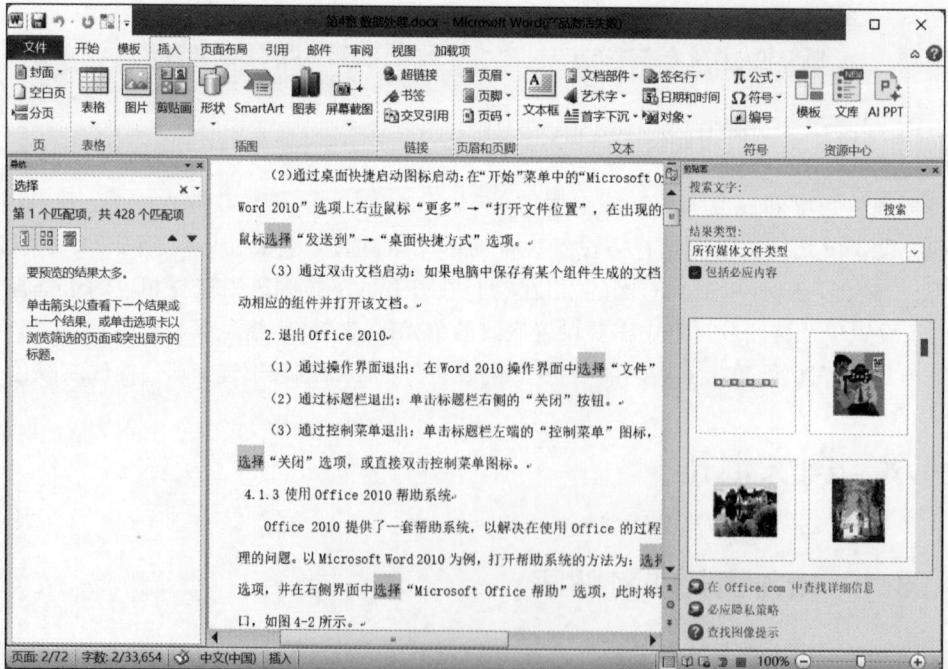

图 4-33　插入剪贴画

　　图片插入文档中以后,可根据需要对图片进行裁剪和排列,使其能更好地配合文本所要表达的内容。

　　(1) 裁剪图片。选择图片,选择"图片工具|格式"→"大小"选项组→"裁剪"选项,将鼠标光标定位到图片上出现的裁剪边框线上,按住鼠标左键不放并拖曳鼠标,释放鼠标后按Enter 键或单击文档其他位置即可完成裁剪,如图 4-34 所示。

　　(2) 排列图片。排列图片是指设置图片周围文本的环绕方式。选择图片,选择"图片工具|格式"→"排列"选项组→"自动换行"选项,在打开的下拉列表中选择所需环绕方式对应的选项即可,如图 4-35 所示。

图 4-34　裁剪图片的过程

图 4-35　图片环绕方式

4.8.2　插入与编辑各种形状

　　选择"插入"→"插图"→"形状"选项,在打开的下拉列表中选择某种形状对应的选项,此时可执行以下任意一种操作完成形状的插入,如图 4-36 所示。

　　(1) 单击鼠标。单击鼠标将插入默认尺寸的形状。

　　(2) 拖曳鼠标。在文档编辑区中拖曳鼠标,至适当大小释放鼠标即可插入任意大小的形状。

　　选择插入的形状,可按调整图片的方法对其大小、位置、角度进行调整。除此之外,还可根据需要改变形状或编辑形状顶点。

　　美化形状与美化图片的方法类似,选择形状后,在"绘图工具|格式"→"形状样式"组中即可进行各种美化操作。

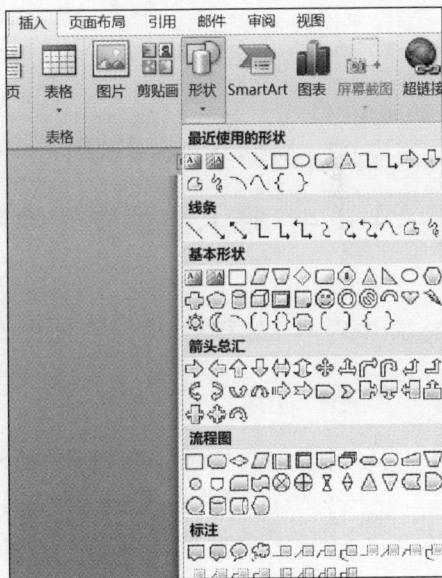

图 4-36　插入形状

　　除线条和公式类型的形状外,其他形状都可进行文本的添加,其具体操作如下。

　　(1) 选择形状,在其上右击,在弹出的快捷菜单中选择"添加文字"选项。

　　(2) 此时形状中将出现文本插入点,输入需要的内容即可。

4.8.3　插入与编辑 SmartArt

SmartArt 是一种高度专业化的图形对象,它集成了设计师级别的布局、统一的视觉主题以及清晰的层次结构等优势。使用 SmartArt 可以显著提升文档的专业水准,同时简化编辑过程,提高工作效率。

在 Word 文档中可轻松利用向导对话框插入所需的 SmartArt,其具体操作如下。

(1)选择"插入"→"插图"→SmartArt 选项,打开"选择 SmartArt 图形"对话框,在左侧的列表框中选择某种类型选项,如"流程",在右侧的列表框中选择具体的 SmartArt,单击"确定"按钮,如图 4-37 所示。

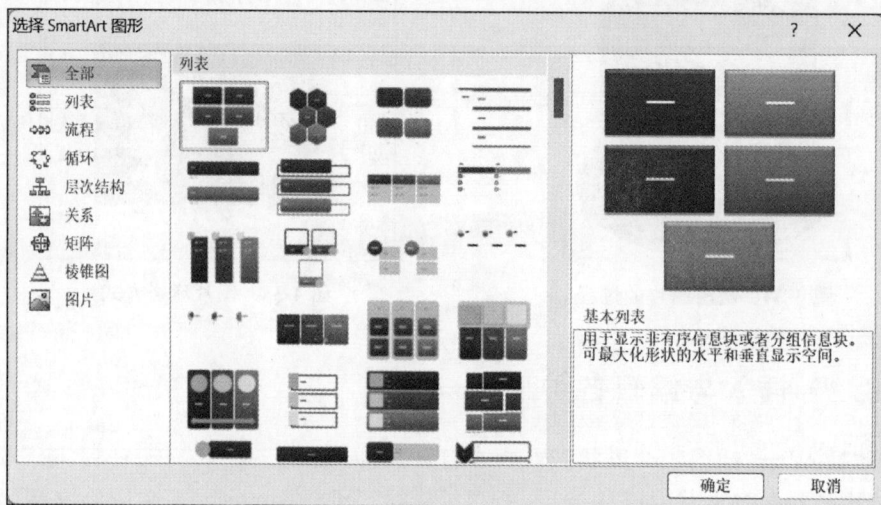

图 4-37　选择 SmartArt 图形

(2)此时即可在当前文本插入点的位置插入选择的 SmartArt。

4.8.4　插入与编辑艺术字

艺术字可以看作是预设了文本格式的文本框,由于其醒目的特性,经常用于制作突出的标题、关键词等易于吸引眼球的文本对象。

1. 插入艺术字

在 Word 2010 中可以方便快捷地插入艺术字,其方法为:选择"插入"→"文本"选项组→"艺术字"选项,在弹出的下拉列表中选择所需的艺术字样式,然后在文档编辑区中输入要插入的艺术字的内容即可,如图 4-38 所示。

2. 编辑与美化艺术字

选择艺术字,选择"绘图工具|格式"→"艺术字样式"选项组→"文本效果"选项,在打开的下拉列表中选择"转换"选项,再在打开的子列表中选择某种形状对应的选项即可,如图 4-39 所示。

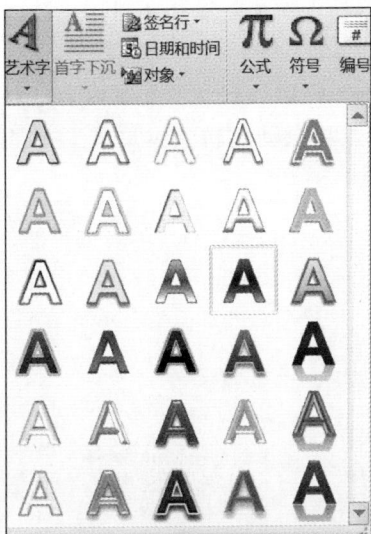

图 4-38　插入艺术字

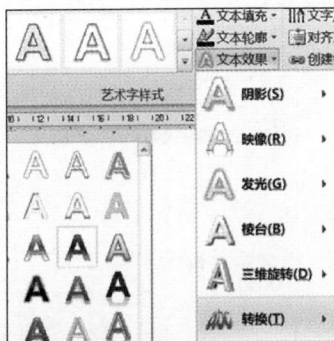

图 4-39　编辑与美化艺术字

🔑 4.9　编辑长篇 Word 文档

4.9.1　长篇文档常用编辑操作

由于 Word 文档可能存在篇幅很长的情况,为了提高办公效率,Word 2010 提供了一些特别的功能,以帮助用户处理这些长文档。

1. 使用大纲视图查看与编辑文档

大纲视图的特点是显示了文档所有级别的标题,使文档大纲结构清晰地显示出来。使用大纲视图来查看与编辑长篇文档,不仅思路清晰,而且能避免在编辑过程中出错。

使用大纲视图查看文档首先切换到该视图中,其方法为:选择"视图"→"文档视图"选项组→"大纲视图"选项,此时即可在大纲视图模式下查看文档。

2. 创建书签

书签是一种用于记录文档位置而插入的特殊符号,通过它能够方便地在长文档中定位需要的内容。使用书签定位需要首先在文档中添加书签,将文本插入点定位到需要插入书签的位置,选择"插入"→"链接"选项组→"书签"选项,打开"书签"对话框,在"书签名"文本框中输入书签的名称,单击"添加"按钮即可,如图 4-40 所示。

添加书签后,便可在打开文档后快速定位书签,或对已有书签进行其他编辑操作。

3. 插入脚注与尾注

脚注和尾注均用于对文档中的一些文本进行解释、延伸、批注,其中脚注一般位于每页的下方,尾注位于文档结尾。当文档中存在一些不易理解或需要注明引用出处的内容时,便可利用脚注和尾注功能来轻松实现。

在 Word 2010 中插入脚注的具体操作如下:选择需插入脚注的文本内容,选择"引用"→"脚注"选项组→"插入脚注"选项。此时文本插入点将自动跳转到本页最下方,输入需要的脚注内容即可,如图 4-41 所示。

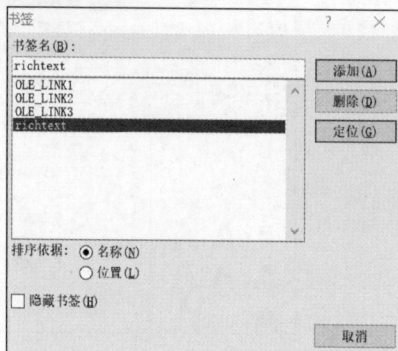

图 4-40　添加书签

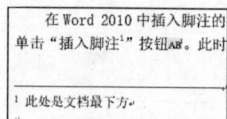

图 4-41　插入脚注

插入尾注的方法与脚注类似,不同的是尾注将会显示在文档结尾。

4.9.2　使用样式

1. 创建样式

在文档中为文本或段落设置需要的格式,选择"开始"→"样式"选项组→"样式"→"创建样式"选项,打开"根据格式化创建新样式"对话框,如图 4-42 所示,在"名称"文本框中输入样式的名称,单击"确定"按钮。

2. 应用样式

首先将文本插入点定位到要设置样式的段落中或选择要设置样式的字符或词组,选择"开始"→"样式"选项组→"样式"→"应用样式"选项,在打开的"应用样式"对话框(如图 4-43 所示),选择需要应用的样式对应的选项即可。

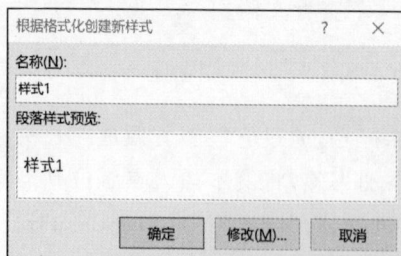

图 4-42　创建样式

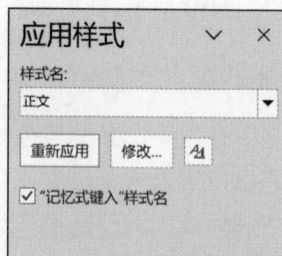

图 4-43　应用样式

3. 修改样式

在"开始"→"样式"选项组中右击,在打开的下拉列表中选择"修改"选项,打开"修改样式"对话框,如图 4-44 所示,在其中可重新设置样式的名称和各种格式。

4. 删除样式

删除样式的方法与修改类似,在"开始"→"样式"选项组中右击,如图 4-45 所示,在打开的下拉列表中选择"从样式库中删除"选项即可。

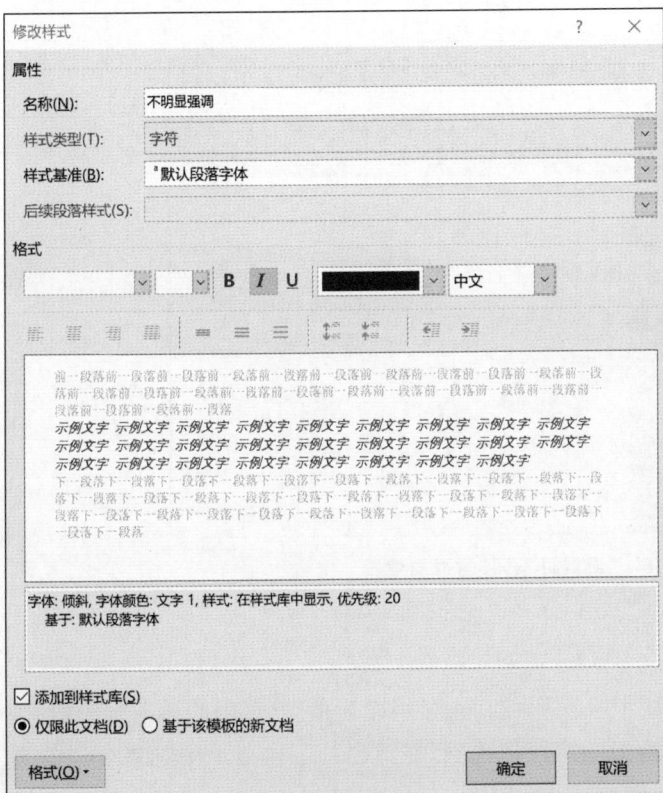

图 4-44 修改样式

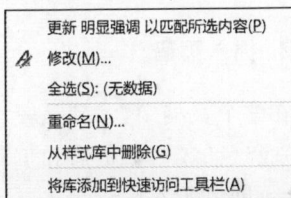

图 4-45 删除样式

4.9.3 高级排版

1. 设置页眉和页脚

页眉和页脚是每个页面顶部和底部的图形或文字,一般可以在页眉和页脚中插入文字和图形,如书名和章节名称等。

(1) 在整个文档中插入相同的页眉和页脚,设置方法如下。

选择"插入"→"页眉和页脚"选项组→"页眉"选项,在其下拉列表中选择一种页眉样式。此时,文档处在页眉的编辑状态下,在页眉位置输入相应的页眉信息。编辑完页眉后,选择"页眉和页脚工具"→"导航"选项组中的"转至页脚"选项,将切换到页脚编辑区域,然后输入相应的页脚信息。页眉与页脚信息输入并编辑完毕后,选择"页眉和页脚工具"→"关闭"选项组→"关闭页眉和页脚"选项,返回到正文编辑状态。

(2) 设置"奇偶页不同"的页眉和页脚,奇偶页上有时需要不同内容的页眉和页脚,如一本书奇数页是章节名称,偶数页是书的名称等。设置方法如下。

进入页眉或页脚的编辑状态。选择"页眉和页脚工具"→"选项"组→"奇偶页不同"复选框。此时,页眉或页脚编辑区下即提示是奇数页还是偶数页,直接输入页眉或页脚的信息即可,如图 4-46 所示。

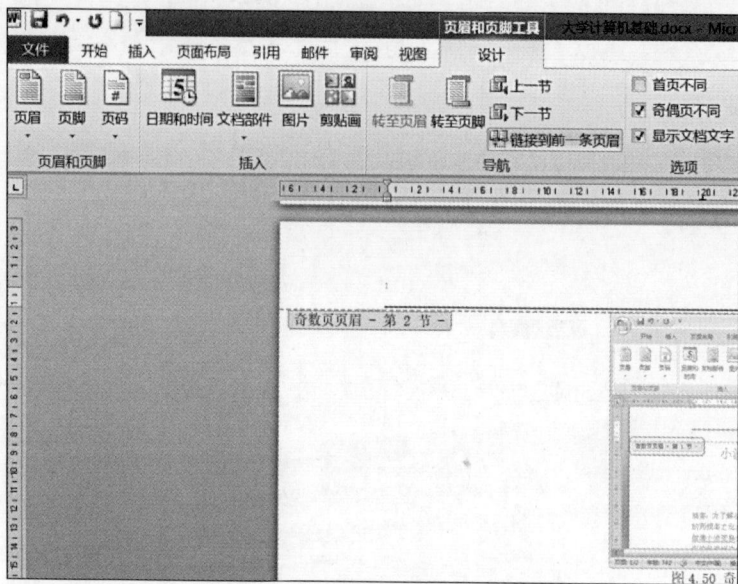

图 4-46　"奇偶页不同"的页眉编辑

2. 插入页码

在整个文档中,尤其是较长的文档中,页码的存在显得尤为重要,页码的插入方法如下。

选择"插入"→"页眉和页脚"选项组→"页码"选项,在弹出的下拉菜单中选择合适的页码格式,即可为文档插入页码。

3. 插入目录

目录是文档当中不可缺少的部分,Word 提供的自动生成目录功能,使插入目录变得非常容易。Word 一般是利用标题或者是大纲级别来创建目录。因此,在创建目录前应确保要出现在目录当中的标题应用了样式或大纲级别样式。创建目录的方法如下。

将光标定位到要创建目录的位置,选择"引用"→"目录"选项组→"目录"选项,在下拉列表中选择所需的目录,如内置目录样式不满足需要,可选择"插入目录"选项,打开"目录"对话框,在对话框中设置所需目录,如图 4-47 所示。

4. 使用模板

由于某些特殊需要,经常要编辑一些样式与框架大致相同的文档时,那么 Word 还可将这些文档制作成模板,每次需要的时候,只要向相应的模板中添加内容就可以了,而不需要再多次的设置文档的格式。Word 2010 提供了许多精美的模板,直接使用即可。使用已安装的模板方法如下。

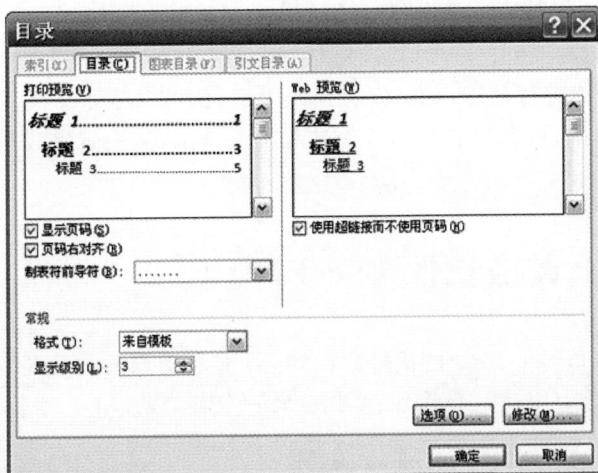

图 4-47　"目录"对话框

选择"文件"→"新建"选项,在打开的"新建文档"对话框的"模板"栏中单击"已安装的模板",在"已安装的模板"列表框中选择一个模板,然后单击"创建"按钮,即可套用打开的模板。

5. 页面设置与打印输出

文档在编辑完之后,一般需要打印,用来存档、上交或是传阅。此时,为了打印的效果更好,需要对页面边距、纸张大小和文档网格等项目进行设置。这些操作可以在创建文档时先进行设置,也可以在文档编辑完毕后再进行设置。

(1) 设置页面边距。页面边距是指文档内容与页面边缘之间的距离。调整页边距的方法有以下几种。

① 使用预设的页边距。Word 2010 中提供了多种页边距方案,选择"布局"→"页面设置"选项组→"页边距"选项,在弹出的列表中选择即可。

② 自定义设置页边距。在"页边距"菜单中选择"自定义边距"选项,打开"页面设置"对话框,在打开的对话框中输入相应的上、下、左、右边距值即可。同时可以选择纸张方向。

(2) 设置纸张大小。Word 2010 中预设了各种常用纸张的型号,如 A4、B5、信纸和 16 开等,要使用什么样的打印纸,只要选择"布局"→"页面设置"选项组→"纸张大小"选项,在弹出的下拉列表中进行选择即可。

如果打印机采用其他规格纸张,则可在"纸张大小"的下拉菜单中选择"其他页面大小"选项,打开"页面设置"对话框,在"纸张"选项卡中设置即可。

(3) 设置文档网格。在编辑文档时,还可以设置每一页文档的行数和每一行的字符数,设置方法如下。

打开"页面设置"对话框,选择"文档网格"选项卡,在"网格"组中,选择要设置的项目,然后在下面的"字符"组中填写每行的字符数,在"行"组中填写每页的行数,即可设置。

6. 打印文档

(1) 打印预览。打印文档之前,可以预览打印出来的效果,并对打印选项进行相应的设置,这样可以及时对文档中不合适的地方进行修改。预览操作方法如下。

选择"文件"→"打印"选项,弹出"打印"对话框,右侧即可显示打印预览,预览文档的打印效果。

(2) 打印。对文档进行预览,确定没有错误以后,就可以打印文档,打印操作方法如下。

在"打印"对话框中,可以设置打印的份数和页面范围等,设置完成后即可打印排好版的文档。

4.10   电子表格软件 Excel 2010

Excel 2010 作为 Office 2010 的组件之一,是目前最受欢迎的表格制作、编辑及管理的软件之一,因此被广泛应用在财会管理、税收、经济分析和成绩分析等多个领域。

4.10.1   Excel 2010 的基本操作

1. Excel 2010 的启动与退出

启动 Excel 2010 有三种方法。

(1) 单击"开始"按钮,在打开的菜单中选择"所有程序"选项,然后从弹出的子菜单中选择 Microsoft Office→Microsoft Office Excel 2010 选项。

(2) 双击桌面上 Excel 的快捷方式图标。

(3) 双击本机中存在的 Excel 文档。

启动 Excel 之后即可看到其操作界面,如图 4-48 所示。

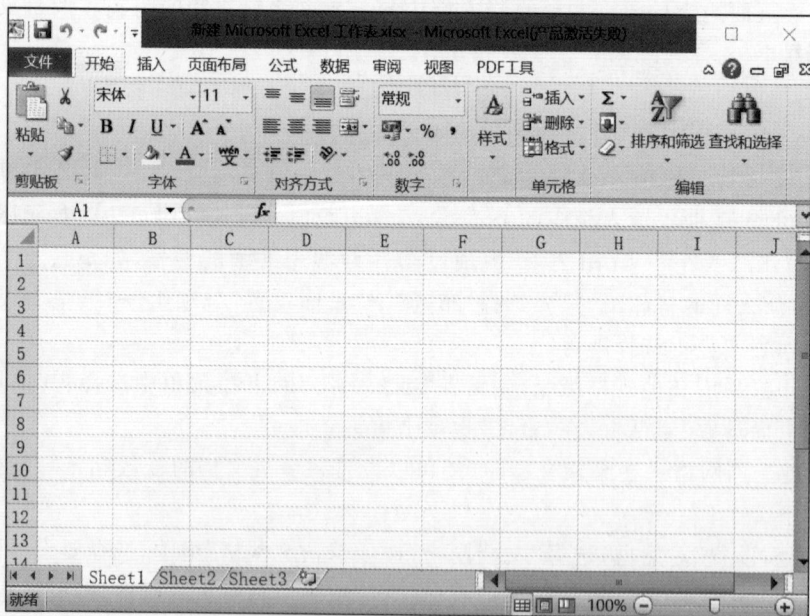

图 4-48   Excel 2010 操作界面

退出 Excel 2010 有两种方法。

(1) 单击 Excel 窗口左上角的 Excel 图标。

（2）选择"文件"→"退出"选项，或直接单击窗口右上角的关闭按钮 ×。

2. Excel 2010 的基本概念

工作簿、工作表、单元格、单元格地址和单元格区域是 Excel 2010 的基本组成元素。

（1）工作簿。当启动 Excel 2010 时，就自动创建一个新工作簿，命名为"Book1"，扩展名为.xlsx，工作簿名就是文件名。一个工作簿最多可包含 255 个工作表。在默认状态下，包含 3 个工作表，分别为 Sheet1、Sheet2、Sheet3，但在某一时刻，只能有一个工作表处于可编辑状态，通常把该工作表称为当前工作表。

创建新工作簿的操作方法如下。

选择"文件"→"新建"选项，打开"新建工作簿"对话框，如图 4-49 所示。在"新建工作簿"对话框的右边选择"空白工作簿"选项，单击"创建"按钮，即可创建一个新的工作簿。

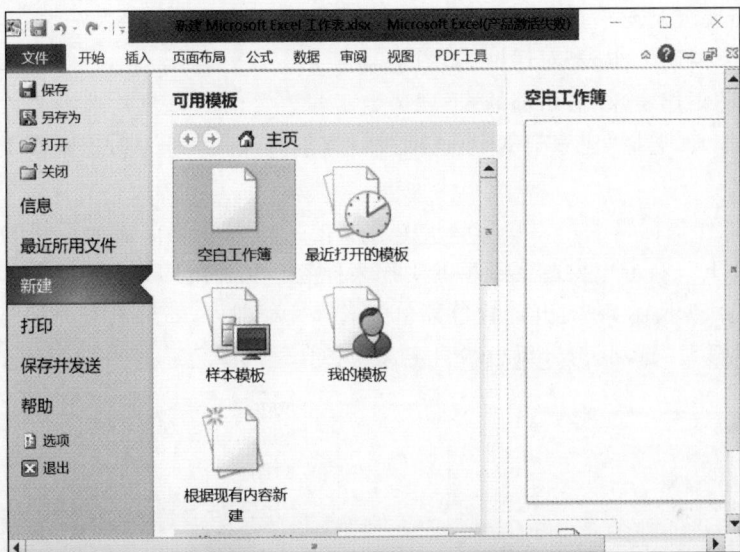

图 4-49　"新建工作簿"对话框

另外，退出 Excel 和关闭工作簿是两个概念，关闭工作簿是指将打开的工作簿关闭，而不退出 Excel。关闭工作簿的方法为选择窗口左上角的 Excel 选项，在下拉菜单中选择"关闭"选项即可。

（2）工作表。工作表主要由行坐标、列坐标和单元格等部分组成。在工作表的左边，看到的数字是行坐标。工作表可以有 1～1 048 576 行。在表的上边，看到的字母是列坐标，列坐标为 A～Z、AA～AZ、BA～BZ 这样按字母顺序直到 ZZZ，共有 16 384 列。

（3）单元格和单元格地址。工作表中行和列交叉的小格称为"单元格"。每个工作表最多有 1 048 576×16 384 个单元格。每个单元格有自己的列坐标和行坐标，这就是单元格的地址。例如，对于单元格 B5 来说，字母 B 是列坐标，而数字 5 就是行坐标。

（4）单元格区域。单元格区域是一组被选择的相邻或不相邻的单元格。所选范围内的单元格都会以高亮显示，取消时又恢复原样。在工作表所选区域外单击鼠标即可取消选择单元格区域。

4.10.2　工作表的编辑与操作

1．工作表操作

（1）添加和删除工作表。在 Excel 中默认有三个工作表，有时这些工作表是不够用的，这时，就需要添加工作表来满足工作或其他特殊的需要。添加工作表的方法如下。选择要插入工作表的位置，如 Sheet2，选择"开始"→"单元格"选项组→"插入"→"插入工作表"选项，这样就在 Sheet2 前插入了一张新工作表 Sheet4。

另外，还可以单击工作表标签最后面的"插入工作表"按钮，创建一个工作表。

删除工作表时，在要删除的工作表标签上右击，在弹出的菜单中选择"删除"选项即可。

（2）复制和移动工作表。在 Excel 2010 中，工作表内容的复制和移动可以在一个对话框中完成，右击要复制或移动的工作表标签，在弹出快捷菜单中选择"移动或复制工作表"选项，打开"移动或复制工作表"对话框，如图 4-50 所示。

如果要移动工作表，在对话框的"下列选定工作表之前"列表中，选择要移动的目的地。如果要复制工作表，选择"建立副本"复选框进行复制操作，否则为移动操作，单击"确定"按钮即可。

（3）更改工作表标签颜色。在 Excel 中可以把工作表标签设置为不同的颜色，以示区别，操作方法如下。右击想要改变颜色的工作表标签。从弹出的菜单中选择"工作表标签颜色"选项，如图 4-51 所示，在打开的颜色菜单中选择一种即可，如果没有满足要求的颜色，还可以单击"其他颜色"选项，打开调色板自定义一种合适的颜色。

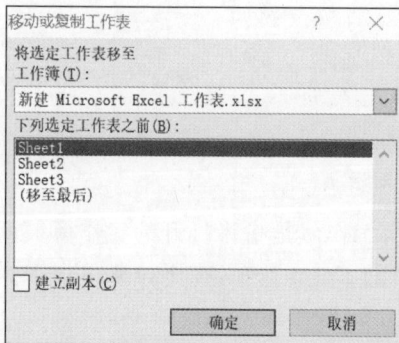

图 4-50　"移动或复制工作表"对话框　　　　图 4-51　"工作表标签颜色"选项

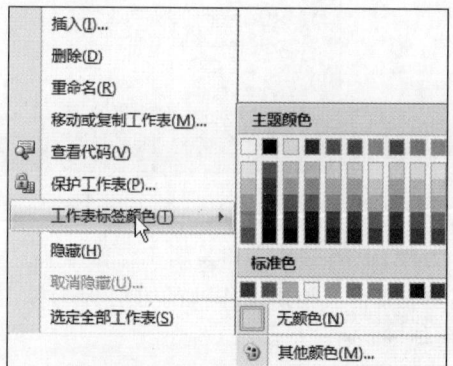

（4）重命名工作表。工作表标签可以重新命名。默认情况下，Excel 中的工作表以 Sheet1、Sheet2 等顺序命名。如果要为工作表修改名称，操作方法如下。

右击要重新命名的工作表标签，在弹出的快捷菜单中选择"重命名"选项，在标签中输入新名字，然后按 Enter 键，或单击工作表的其他部分即可。

2．工作表编辑

（1）选定单元格。要对某个单元格中的内容进行修改，首先要选定该单元格，而要对某个单元格区域中的内容进行修改，则需要选定该单元格区域。

① 选择整个单元格区域。单击单元格区域左上角的单元格,按住键盘上的 Shift 键,用键盘上的方向键进行操作(或拖动鼠标到指定的单元格),即可选择整个单元格区域。

② 选择整行或整列。单击要选择一行的行号,即可选定一行,单击要选择的列的列号,可选定一列。

③ 选择不连续的单元格。在按住 Ctrl 键的同时,单击要选择的单元格,就可以选择不连续的各个单元格。

(2) 插入行和列。选择要插入行的单元格,选择"开始"→"单元格"选项组→"插入"选项,可以插入单元格、行、列和工作表。选择"插入工作表行"选项,将在选择的单元格前添加一个空白行。还可以右击该单元格,在弹出的快捷菜单中选择"插入"选项,弹出"插入"对话框,选择"整行"选项,将在选择的单元格前添加一个空白行。

(3) 设置行高和列宽。由于工作表中数据的长度不同,所以行高和列宽就随时需要调整。

① 设置行高。将鼠标指针移至两个行号之间,它就变为黑色十字形状。这时,按住鼠标左键,向上或向下拖动,行高就会随着改变,变到合适的高度时,松开鼠标左键即可。

② 设置列宽。把鼠标指针移到两个列号之间时,它就会变为黑色十字形状。这时,按住鼠标左键,向左或向右拖动,列宽也会随之变化,变为需要的宽度时,松开鼠标左键即可。

③ 设置行高数值。单击要改变行高的单元格,选择"开始"→"单元格"选项组→"格式"选项,在下拉列表中选择"行高"选项,打开"行高"对话框。在"行高"对话框中的"行高"文本框中输入数值,单击"确定"按钮,被标记的这一行就会按所输入的数值改变行高。

④ 设置列宽数值。单击要设置列宽的单元格,选择"开始"→"单元格"选项组→"格式"选项,在下拉列表中选择"列宽"选项,打开"列宽"对话框。在"列宽"对话框中的"列宽"文本框中输入数值,单击"确定"按钮,被标记的这一行就会按所输入的数值改变列宽。

(4) 输入数据。Excel 可以自动识别输入内容的数据类型,输入的内容包括英文字符、中文字符、数字及其他字符。默认情况下,文本数据在单元格中左对齐,数字数据右对齐。

① 输入文本。在工作表中,单击一个单元格,输入所需的文本,然后按 Enter 键确认,即可完成输入。若要在一个单元格中另起一行,则需按 Alt+Enter 组合键。

② 输入数字。在工作表中,如果输入的数字为正数,则可省略数字前面的"+";如果输入的是负数,则要在数字前加"-"号。通常,单元格默认只能显示 11 个字符,超过 11 位数,将用科学记数法来显示该数字。

此外,有些数字数据有时也应当被当作文本输入,如电话号码、邮编、学号、身份证号等,在输入这些数据之前先输入一个英文状态下的"'"单引号,说明该单元格中的数据是文本形式的。

③ 输入日期和时间。对于日期,使用连字符分隔日期的各部分,如 2025-1-2,要输入当前日期则按 Ctrl 和;组合键。对于时间,使用冒号":"来分隔时间中的各个部分,如 9:10:23。如果使用 24 小时制则不必使用 AM 和 PM,如果使用 12 小时制,则应在时间后加一个空格,然后输入 AM 或 PM。

(5) 复制和移动。在 Excel 中,复制的操作与在 Word 中基本相似,也是先选择要复制的内容,然后复制,再粘贴。Excel 的复制操作的步骤如下。

首先,选择要复制的区域,如选择 B1:B9,这些选择的单元格在黑色方框内;然后,选择"开始"→"剪贴板"选项组→"复制"选项;最后,选择要复制的目标位置,如为 F1,然后单击"粘贴"按钮,得到如图 4-52 所示的结果。

粘贴之后,原来被复制的内容周围有个虚线框,按 Esc 键就可去掉这个虚框。

在 Excel 中的移动操作。首先,选择要移动的区域,如选择 C1:C9;然后,把鼠标指针放在所选择区域的边框上,当鼠标指针变为四方向箭头形状时,按住鼠标左键拖动鼠标,在移动的同时有虚框提示数据所到的位置;最后,把鼠标指针移动到目的地 F1 后,释放鼠标左键,C1:C9 的内容就移动到 F1:F5 中了,结果如图 4-53 所示。

	A	B	C	D	E	F	G
1	姓名	学号	数学	外语	计算机	学号	
2	吴华	170001	98	77	88	170001	
3	钱玲	170002	88	90	99	170002	
4	张家鸣	170003	67	76	76	170003	
5	杨梅华	170004	66	77	66	170004	
6	汤沐化	170005	77	55	77	170005	
7	万科	170006	88	92	100	170006	
8	苏丹平	170007	43	56	67	170007	
9	黄亚非	170008	57	77	65	170008	

图 4-52　复制后的结果

	A	B	C	D	E	F
1	姓名	学号		外语	计算机	数学
2	吴华	170001		77	88	98
3	钱玲	170002		90	99	88
4	张家鸣	170003		76	76	67
5	杨梅华	170004		77	66	66
6	汤沐化	170005		55	77	77
7	万科	170006		92	100	88
8	苏丹平	170007		56	67	43
9	黄亚非	170008		77	65	57

图 4-53　移动后的效果

(6) 清除和删除。在 Excel 中,清除是指把一个单元格、一行、一列或一个单元格区域内的内容清除掉,使这些单元格成为空单元格,操作方法有以下 3 种。

① 快速清除方法。选择要清除的单元格、行、列或单元格区域后,按 Delete 键可以快速清除这些单元格或单元格区域中的内容。

② 选择"开始"→"剪贴板"选项组→"剪切"选项。

③ 选择要清除的单元格,右击,在打开的菜单中选择"清除内容"选项。

在 Excel 中,清除和删除的意义有所不同。删除时,原有内容和内容所占据的单元格都被删掉,被删除部分下面或右边的内容会向上移动或向左移动。操作方法如下。

选择要删除的内容,选择"开始"→"单元格"选项组→"删除"选项,在打开的菜单中选择"删除工作表行"选项。用同样的方法可以删除单元格、列和工作表。

	A	B	C	D	E
1	1	1	001	2019/10/24	10月1日
2	1	2	002	2019/10/25	11月1日
3	1	3	003	2019/10/26	12月1日
4	1	4	004	2019/10/27	1月1日
5	1	5	005	2019/10/28	2月1日
6	1	6	006	2019/10/29	3月1日
7	1	7	007	2019/10/30	4月1日
8	1	8	008	2019/10/31	5月1日
9	1	9	009	2019/11/1	6月1日
10	1	10	010	2019/11/2	7月1日

图 4-54　自动填充数据

3. 数据的自动填充

Excel 为用户提供了自动填充数据功能,可以自动填充相同的数据或顺序数据。使用填充功能最常用的方法是拖动"填充柄"。"填充柄"是指选定单元格时右下角的小方块。当选定行或列时,鼠标变成实心的"十字形",此时按住鼠标左键拖动"填充柄"就可以实现填充。自动填充功能可以填充相同的数据和带有明显序列特征的数据,如图 4-54 所示。

4.10.3　单元格格式的设置

1. 设置文字和数据格式

单元格是工作表的最基本元素,掌握了对单元格的操作,就等于掌握了 Excel 中最重要的部分。

（1）设置文字格式。在默认情况下，单元格中的字体默认为"宋体"。这里的格式包括所用的字体、字形、字号和颜色等。

新建"学生成绩表"数据表 Excel 文档，如图 4-55 所示。用鼠标选择 A1：E1 单元格区域并右击，在弹出的快捷菜单中选择"设置单元格格式"选项，打开"设置单元格格式"对话框。

在"设置单元格格式"对话框中选择"字体"选项卡，设置"字体"为"楷体""字形"设置为"常规""字号"设置为"16"，效果如图 4-56 所示。

	A	B	C	D	E
1	姓名	学号	外语	计算机	数学
2	吴华	170001	77	88	98
3	钱玲	170002	90	99	88
4	张家鸣	170003	76	76	67
5	杨梅华	170004	77	66	66
6	汤沐化	170005	55	77	77
7	万科	170006	92	100	88
8	苏丹平	170007	56	67	43
9	黄亚非	170008	77	65	57

图 4-55　"学生成绩表"数据表

	A	B	C	D	E
1	姓名	学号	外语	计算机	数学
2	吴华	170001	77	88	98
3	钱玲	170002	90	99	88
4	张家鸣	170003	76	76	67
5	杨梅华	170004	77	66	66
6	汤沐化	170005	55	77	77
7	万科	170006	92	100	88
8	苏丹平	170007	56	67	43
9	黄亚非	170008	77	65	57

图 4-56　设置字体和字号的效果

（2）设置数字格式。在 Excel 中，可以设置单元格中的数字格式，默认情况是常规，此外还有数值型、百分比、日期、时间、分数等。操作方法如下。

打开"学生成绩表"文档。在"设置单元格格式"对话框中单击"数字"选项卡，在"分类"列表框中选择"数值"选项，在"小数位数"文本框中输入数值"2"，如图 4-57 所示。

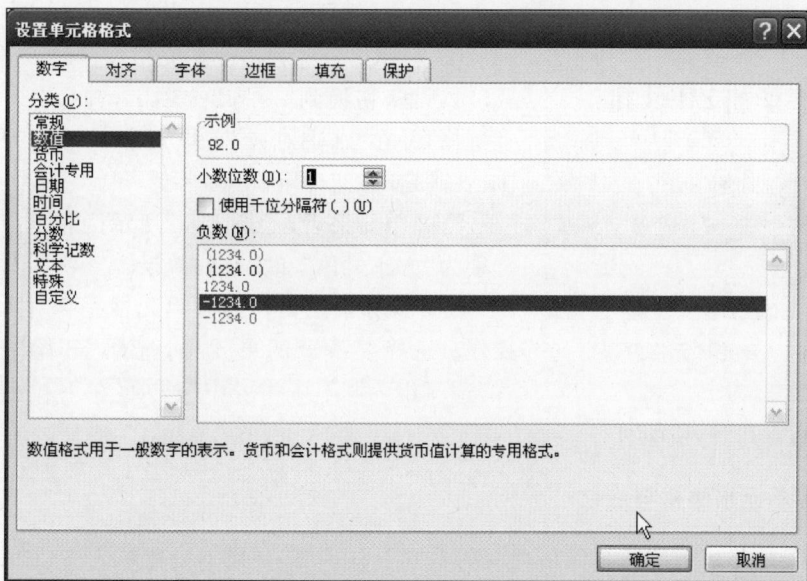

图 4-57　设置数字格式

单击"确定"按钮，效果如图 4-58 所示。

2. 设置单元格对齐方式

Excel 的对齐方式与 Word 的对齐方式在意义上不太相同，Excel 的对齐是指在单元格内的对齐。操作方法有两种。

方法1：命令方式。选择要设置对齐方式的单元格，选择"开始"→"对齐方式"选项组→"垂直居中"选项或"水平居中"选项，效果如图4-59所示。

方法2：对话框方式。选择要设置对齐方式的单元格，选择"开始"→"对齐方式"选项组的右下角单击对话框启动器，打开"设置单元格格式"对话框，切换到"对齐"选项卡，在"水平对齐"下拉列表框中选择"居中"，在"垂直对齐"下拉列表框中选择"居中"，单击"确定"按钮即可。

	A	B	C	D	E
1	姓名	学号	外语	计算机	数学
2	吴华	170001	77.00	88.00	98.00
3	钱玲	170002	90.00	99.00	88.00
4	张家鸣	170003	76.00	76.00	67.00
5	杨梅华	170004	77.00	66.00	66.00
6	汤沐化	170005	55.00	77.00	77.00
7	万科	170006	92.00	100.00	88.00
8	苏丹平	170007	56.00	67.00	43.00
9	黄亚非	170008	77.00	65.00	57.00

图4-58 数字格式设置效果

	A	B	C	D	E
1	姓名	学号	外语	计算机	数学
2	吴华	170001	77.00	88.00	98.00
3	钱玲	170002	90.00	99.00	88.00
4	张家鸣	170003	76.00	76.00	67.00
5	杨梅华	170004	77.00	66.00	66.00
6	汤沐化	170005	55.00	77.00	77.00
7	万科	170006	92.00	100.00	88.00
8	苏丹平	170007	56.00	67.00	43.00
9	黄亚非	170008	77.00	65.00	57.00

图4-59 单元格数据的水平及垂直居中效果

3. 合并与拆分单元格

（1）合并单元格。合并单元格就是将多个单元格合并为一个单元格，但是，合并的单元格必须是连续的。操作方法有两种。

① 选择要合并的单元格。选择"开始"→"对齐方式"选项组→"合并并居中"选项，就可合并选择的单元格。

	A	B	C	D	E
1	计算机20-1班				
2	姓名	学号	外语	计算机	数学
3	吴华	170001	77.00	88.00	98.00
4	钱玲	170002	90.00	99.00	88.00
5	张家鸣	170003	76.00	76.00	67.00
6	杨梅华	170004	77.00	66.00	66.00
7	汤沐化	170005	55.00	77.00	77.00
8	万科	170006	92.00	100.00	88.00
9	苏丹平	170007	56.00	67.00	43.00
10	黄亚非	170008	77.00	65.00	57.00

图4-60 合并单元格效果

② 选择要合并的多个单元格，打开"设置单元格格式"对话框，切换到"对齐"选项卡，选择"合并单元格"复选框，并在"水平对齐"下拉菜单中选择"居中"选项，单击"确定"按钮即可。

合并单元格后，如图4-60所示为指定字体和字号分别为"方正姚体"和"28"的效果。

（2）拆分单元格。拆分单元格是合并单元格的逆操作。选择要拆分的单元格，选择"开始"→"对齐方式"选项组→"合并并居中"选项，在下拉列表中选择"取消单元格合并"选项即可。

4. 设置单元格边框与底纹

（1）设置单元格边框。单元格边框的设置十分重要，如果不设置单元格边框，打印工作表时将无任何边框形式。

打开"设置单元格格式"对话框，切换到"边框"选项卡，根据需要选择边框的样式、颜色、外边框及内部，单击"确定"按钮即可。

（2）设置单元格底纹。打开"设置单元格格式"对话框，切换到"填充"选项卡，根据需要选择图案颜色和图案样式等，单击"确定"按钮即可。

4.10.4 图表的使用

图表是一种强大的数据可视化工具,能够以清晰、直观的方式展示各组数据之间的关系和趋势。在 Excel 2010 中,用户可以选择多种图表类型,如柱状图、折线图、饼图与散点图等,以满足不同的数据展示需求。

1. 创建图表

Excel 2010 为用户提供了各种图表类型,包括柱形图、折线图、饼图、条形图、面积图、XY 散点图、股价图、曲面图、圆环图、气泡图和雷达图等类型,创建图表的一般步骤如下。

(1)选择要创建图表的数据的区域。如果只选择一个单元格,则 Excel 自动将紧邻该单元格的包含数据的所有单元格绘制在图表中。如果要绘制在图表中的数据不在连续的区域中,那么还可以选择不相邻的数据区域。

(2)选择数据后,选择"插入"→"图表"选项组,从中选择要使用的图表子类型,即可添加相应的图表。

选择数据如图 4-61 所示,选定文档中要创建图表的数据区域 A1:A9,C1:E9。

选择"插入"→"图表"选项组,选择一种图表类型,这里选择"柱形图"。单击"圆柱图"按钮,在打开的菜单中选择"簇状圆柱图",图表即创建完成。效果如图 4-62 所示。创建好的图表,可以根据实际需要放到某个单元格区域中。

	A	B	C	D	E
1	姓名	学号	外语	计算机	数学
2	吴华	170001	77.00	88.00	98.00
3	钱玲	170002	90.00	99.00	88.00
4	张家鸣	170003	76.00	76.00	67.00
5	杨梅华	170004	77.00	66.00	66.00
6	汤沐化	170005	55.00	77.00	77.00
7	万科	170006	92.00	100.00	88.00
8	苏丹平	170007	56.00	67.00	43.00
9	黄亚非	170008	77.00	65.00	57.00

图 4-61 选择数据

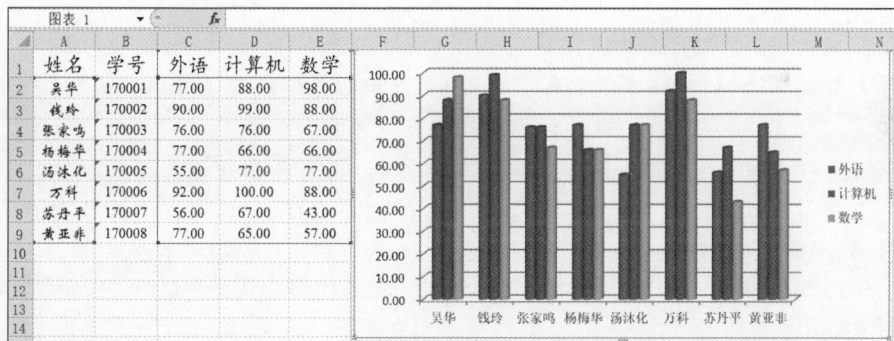

图 4-62 创建图表

2. 应用预定义图表样式

单击要设置格式的图表,将会在功能区显示"图表工具"选项卡,并添加"设计""布局""格式"三个子选项卡。选择"设计"→"图表样式"选项组,从中选择要使用的图表样式,即可应用预定义的图表样式,如图 4-63 所示。

3. 应用预定义图表布局

单击要设置格式的图表,选择"设计"→"图表布局"选项组,从中选择要使用的图表布局

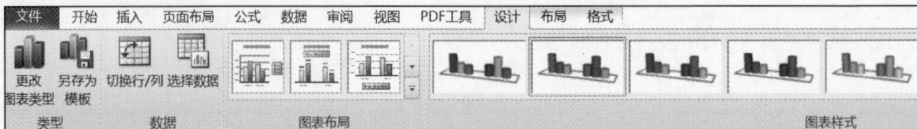

图 4-63   "图表设计"选项卡

即可应用预定义的图表布局。

例如,选择"图表工具|设计"→"图表样式"选项组→"样式 18",选择"图表布局"选项组→"布局 2"选项,创建图表的效果如图 4-64 所示。

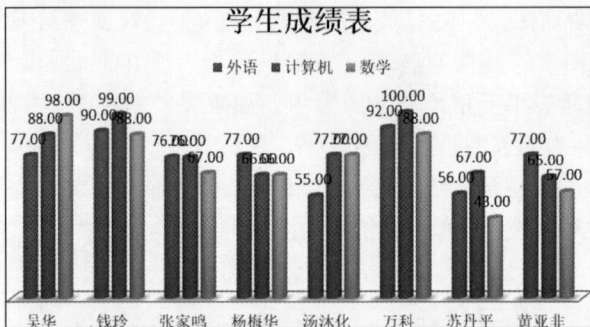

图 4-64   设计图表布局效果

此外,还可以在设置图表格式时,选择"图表工具布局"→"标签"选项组,给图表添加各种标签,用来更清楚地说明图表的各个项目。

4.10.5   公式和函数的使用

在工作场景中,经常需要处理大量的数据,例如成绩计算、销售统计等。Excel 作为一个功能强大的电子表格软件,不仅擅长表格处理,其核心功能还在于数据计算。用户可以在单元格中输入公式或函数,以完成各种复杂的计算任务。

在 Excel 中,公式是一种用于对工作表中的数据进行计算和处理的等式,它可以根据用户定义的规则对数据进行运算。而函数则是 Excel 预先内置的、具有特定计算功能的公式,它们可以简化复杂的计算过程。

1. 公式

在 Excel 中,公式既可以直接对数值进行运算,还可以对单元格地址进行运算。公式以"="开始,后面输入要计算的数值或单元格地址。

在 Excel 中有多种运算符,如算术运算、比较运算符、文本运算符和逻辑运算符等。各种运算符之间的优先级如表 4-1 所示。表中所示的运算符按优先级是由高到低的顺序而排列的。对同一优先级的运算,是按从左到右的顺序进行的。

表 4-1   各种运算符的优先级排序

优 先 级	运 算 符	说 明	优 先 级	运 算 符	说 明
1	:(冒号)	区域运算符	3	_(空格)	交叉运算符
2	,(逗号)	联合运算符	4	-(负号)	数值取反

续表

优　先　级	运　算　符	说　　明	优　先　级	运　算　符	说　　明
5	%（百分号）	百分比	8	＋和−	加和减
6	^（托字符）	乘幂	9	&（连字符）	运算符
7	*和/	乘和除	10	= , < , > , <= , >= , <>	运算符

向当前活动单元格中输入由数字和运算符组成的数学公式，有如下规则。

（1）在输入的公式前面，先输入一个"＝"。例如，要计算"15.8＋16.45"的值，应该输入"＝15.8＋16.45"，确认输入后，Excel 会自动计算出结果，并把结果显示在当前活动单元格中。

（2）输入数学公式时，可以使用加、减、乘、除和乘方等运算符号。在 Excel 中，乘号用"*"表示，除号用"/"表示，乘方号用"^"表示。例如，数学中的表达式"$5^2 \times 9 \div 3 + 6$"，可输入为"＝5^2*9/3＋6"。

（3）Excel 规定数学公式中一律使用小括号，不能使用中括号和大括号，并且在运算时所使用的符号均应是英文状态下的标点，否则系统不识别。

计算公式一般形式为 A3＝B3＋C3，表示 A3 单元格的数据是 B3 和 C3 单元格中数据的和。又如 H2 单元格的值为 E2＋F2＋G2，那么在输入时就在 H2 单元格或编辑栏中输入"＝E2＋F2＋G2"，如图 4-65 所示。

图 4-65　公式的创建

在输入过程中，如在编辑栏中输入"＝"以后，可继续在编辑栏中输入相应的单元格名称，也可用鼠标选择相应的单元格，输入完后按 Enter 键，或按"输入"按钮即可求得各单元格的和。

在一个单元格中输入公式后，如果要在其他单元格中也应用同样的公式就可以对公式进行复制。如在 H2 单元格中已经输入了计算公式，这样只得到了第一个学生的总分，其他学生的总分也都要算出来，需要使用公式的复制。操作方法如下。

（1）在 H2 单元格中右击，从弹出的快捷菜单中选择"复制"选项。

（2）将鼠标定位在 H3 单元格中，右击，从弹出的快捷菜单中选择"选择性粘贴"选项，打开如图 4-66 所示的"选择性粘贴"对话框。选择"公式"单选按钮，最

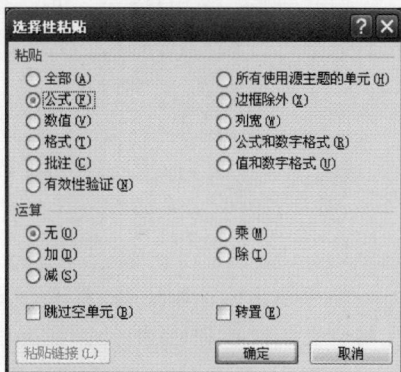

图 4-66　"选择性粘贴"对话框

后单击"确定"按钮,效果如图 4-67 所示。

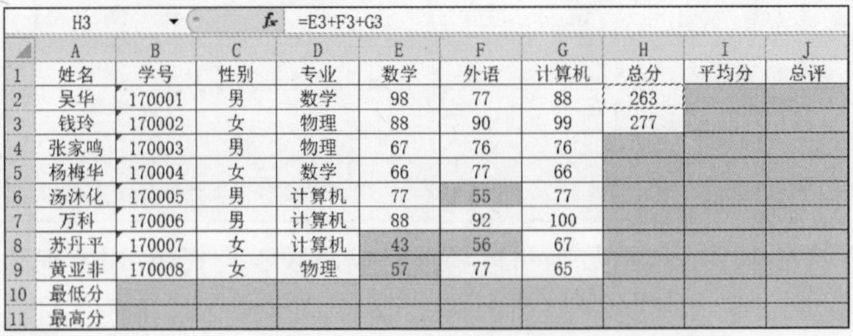

	A	B	C	D	E	F	G	H	I	J
								=E3+F3+G3		
1	姓名	学号	性别	专业	数学	外语	计算机	总分	平均分	总评
2	吴华	170001	男	数学	98	77	88	263		
3	钱玲	170002	女	物理	88	90	99	277		
4	张家鸣	170003	男	物理	67	76	76			
5	杨梅华	170004	女	数学	66	77	66			
6	汤沐化	170005	男	计算机	77	55	77			
7	万科	170006	男	计算机	88	92	100			
8	苏丹平	170007	女	计算机	43	56	67			
9	黄亚非	170008	女	物理	57	77	65			
10	最低分									
11	最高分									

图 4-67　公式复制后的效果

2. 单元格的引用

单元格的引用可以分为相对引用、绝对引用和混合引用三种方式,这三种引用方式在公式和函数中经常用到。

(1) 相对引用。相对引用指单元格引用会随公式所在单元格位置的改变而改变。例如,公式的复制过程中用到的就是相对引用,公式创建时在 H2 中是"=E2+F2+G2",但是粘贴到 H3 单元格中就变成了"=E3+F3+G3",这就是相对引用。

(2) 绝对引用。绝对引用是指引用指定位置的单元格,即单元格引用不随公式所在单元格位置的改变而改变。如果公式中的引用是绝对引用,则复制公式后单元格引用不会改变。绝对引用的样式是在列字母和行数字前面加上符号"$",例如 B3 和 F3 即为绝对引用。

(3) 混合引用。如果对于一个单元格的引用,需要固定某行而改变某列,或者固定某列而改变某行,可以使用混合引用,例如 $H2 和 E$2 等都是混合引用。

3. 常用函数

在使用函数时,首先要将光标定位在函数的运算结果所存储的单元格内,然后,单击"数据编辑栏"中的"插入函数"按钮,在弹出"插入函数"对话框内,可以选择函数的类型、函数的名称或查看函数的作用、函数的使用格式等,如图 4-68 所示。下面介绍运算过程中常用到的函数。

(1) 求和函数 SUM。求和函数 SUM 用于对多个数值进行求和计算。可以使用三种方法对数值进行求和,分别为"自动求和"按钮、直接输入函数和使用"插入函数"对话框。例如,在"学生成绩表"中要计算出一个学生的总成绩。

① 使用"自动求和"按钮。选择 H2 单元格,选择"公式"→"函数库"选项组→"自动求和"选项的下拉箭头,然后在下拉菜单中选择"求和"选项,这时 H2 单元格显示"=SUM(E2:G2)",如图 4-69 所示,它表示 SUM 函数默认当前求和的范围是 E2 到 G2 单元格区域。

如果给出的范围正确,单击"数据编辑栏"的"输入"按钮,Excel 会自动求出 E2 到 G2 单元格中数值的总和,并把计算结果显示在 H2 单元格中。

使用"自动求和"按钮进行计算时,则存储求和结果的单元格应放在进行求和的单元格区域的后面。即如果是对行求和,存储结果的单元格应位于求和数值区域后的第一个空白

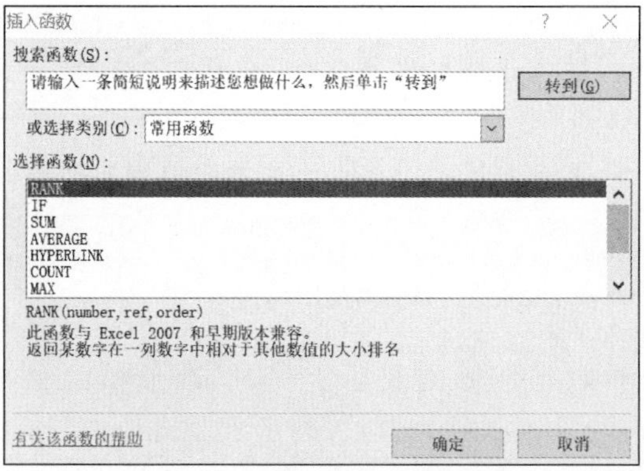

图 4-68　"插入函数"对话框

图 4-69　给出求和范围

单元格。如果是对列求和,此单元格应位于求和数值区域下面的第一个空白单元格。

② 直接输入函数。利用求和函数求一个矩形区域中的数据之和,函数的使用格式是:

= SUM(首地址:尾地址)

其中,首地址指的是求和数据区域的起始坐标,尾地址指的是数据区域的结束坐标。

选择 H3 单元格。在数据编辑栏中输入"= SUM(E3:G3)"后,在求和的单元格区域就会有蓝色的框线,标识求和的区域。

单击"输入"按钮,Excel 就会求出 E3 到 G3 单元格中数值的总和,并把计算结果显示在 H3 单元格中,如图 4-70 所示。

图 4-70　直接输入函数的计算结果

③ 使用"插入函数"对话框。选择 H8 单元格,单击数据编辑栏中的"插入函数"按钮,打开"插入函数"对话框。在对话框中,选择求和函数 SUM,单击"确定"按钮,打开"函数参数"对话框。

在"函数参数"对话框中的 Number1 文本框中为默认的求和范围,如果范围正确,单击"确定"按钮;如果不正确,输入正确的数据区域,再单击"确定"按钮,即可将结果存入 H8 单元格中。

(2) 求平均数函数 AVERAGE。AVERAGE 函数可以对所有参数计算平均值(算术平均值)。其语法格式为:

```
AVERAG(首地址:尾地址)或 AVERAGE(number1,number2,…)
```

其中,首地址指的是求和数据区域的起始坐标,尾地址指的是数据区域的结束坐标。number1,number2,…指的是该函数的参数,表示求 number1,number2 等数值平均值,如果数据区域中包含文本、逻辑值或空白单元格,那么,这些值将被忽略,但包含零值的单元格会被计算在内。

(3) 求最大值 MAX 和最小值 MIN。用最大值函数 MAX 或最小值函数 MIN 可以求出数据区域内的最大值或最小值。其常用语法格式为:

```
MAX(首地址:尾地址)和 MIN(首地址:尾地址)
```

或

```
MAX(number1,number2,…)和 MIN(number1,number2,…)
```

返回数据区域内的最大值和最小值,忽略逻辑值和文本。参数的意义与前面相同。

(4) 条件判断函数(IF)。判断一个条件是否满足,如果满足返回一个值,如果不满足返回另一个值。其常用语法格式为:

```
IF(logical_test,value_if_true,value_if_false)
```

其中,logical_test 表示计算结果为 TRUE 或 FALSE 的任意值或表达式;value_if_true 表示 logical_test 为 TRUE 时返回的值;value_if_false 表示 logical_test 为 FALSE 时返回的值;IF 函数可以嵌套七层,用 value_if_false 及 value_if_true 参数可以构造复杂的检测条件。

另外,在 Excel 2010 中还有很多常用的函数,在"插入函数"对话框中选择要使用的内部函数,在对话框的预览区域可以看到该函数的使用格式、参数以及该函数的功能。

4.10.6　数据的管理

1. 数据排序

当对一个工作表作数据分析时,称工作表的一列为一个字段,一个列的名称被称为字段名,而工作表中的一行称为一个记录。在数据录入时,记录没有排序的,会给数据分析带来一定的不便,尤其是在数据量很大的情况下,排序的问题更有解决的必要。

在 Excel 2010 中可以按数据表中每个字段进行排序,排序方法可以按照字母的升序或降序来排,也可以按照数值大小来排序。

如图 4-71 所示,在"工资表"中,按"工资"字段降序排列所有的员工,工资相同的员工按年龄升序的进行排列。操作步骤如下。

	A	B	C	D	E	F
1	序号	部门	性别	年龄	籍贯	工资
2	001	财务部	女	30	山西	￥2,000.00
3	002	财务部	男	24	江西	￥1,600.00
4	003	财务部	男	35	湖北	￥1,200.00
5	004	技术部	男	30	湖南	￥1,700.00
6	005	技术部	女	26	山西	￥2,400.00
7	006	技术部	女	27	广东	￥2,500.00
8	007	技术部	男	28	上海	￥1,600.00
9	008	市场部	男	22	山西	￥1,400.00
10	009	市场部	女	26	湖北	￥2,500.00
11	010	市场部	男	35	湖北	￥2,500.00
12	011	市场部	女	31	广东	￥2,300.00
13	012	测试部	女	32	上海	￥2,500.00
14	013	测试部	女	27	黑龙江	￥1,400.00
15	014	测试部	男	28	黑龙江	￥1,600.00
16	015	人事部	女	26	辽宁	￥1,430.00
17	016	人事部	男	24	辽宁	￥1,600.00

图 4-71　工资表

（1）在数据表中选择的任意一个单元格，选择"数据"→"排序和筛选"选项组→"排序"选项，打开"排序"对话框。

（2）在"排序"对话框中，"主要关键字"选"工资"，在"次序"下拉列表框中选择"降序"。

（3）单击"添加条件"按钮，此时，在对话框中增加一个"次要关键字"项，在"次要关键字"下拉列表框中选择"年龄"，"排序依据"为"数值"，"次序"为"升序"，如图 4-72 所示。

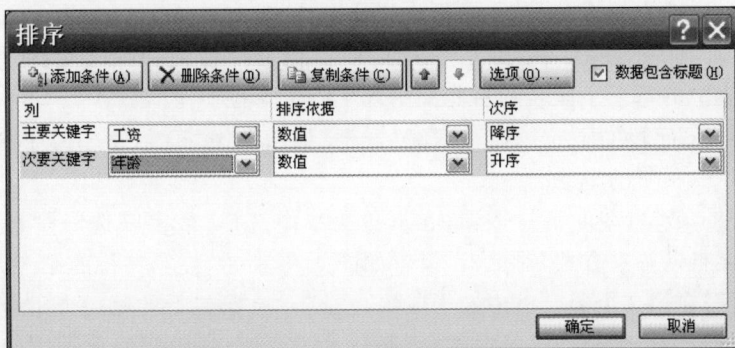

图 4-72　"排序"对话框

（4）单击"确定"按钮，工作表中的数据就会按照设置的条件进行排序，排序结果如图 4-73 所示。

2. 数据筛选

筛选可以用来查找数据表中满足某个或某些条件的记录。在 Excel 2010 中有两种筛选的操作。一种是自动筛选，即按照选定内容进行筛选，较适合于简单条件的筛选；另一种是高级筛选，比较适用于复杂条件的筛选。但是，与排序不同，筛选并不是重新排列数据表，而是暂时隐藏不在筛选条件范围的记录，只显示满足条件的记录。

	A	B	C	D	E	F
1	序号	部门	性别	年龄	籍贯	工资
2	009	市场部	女	26	吉林	￥2,500.00
3	006	技术部	女	27	北京	￥2,500.00
4	012	测试部	女	32	吉林	￥2,500.00
5	010	市场部	男	35	山西	￥2,500.00
6	005	技术部	女	26	上海	￥2,400.00
7	011	市场部	女	31	广东	￥2,300.00
8	001	财务部	女	30	山西	￥2,000.00
9	004	技术部	男	30	广东	￥1,700.00
10	002	财务部	男	24	湖北	￥1,600.00
11	016	人事部	男	24	广东	￥1,600.00
12	007	技术部	男	28	黑龙江	￥1,600.00
13	014	测试部	男	28	河北	￥1,600.00
14	015	人事部	女	26	河北	￥1,430.00
15	008	市场部	男	22	辽宁	￥1,400.00
16	013	测试部	女	27	湖南	￥1,400.00
17	003	财务部	男	35	江西	￥1,200.00

图 4-73　排序的结果

（1）自动筛选。

举例说明自动筛选的方法。例如，在"工资表"中找出工资为 1600 元的员工。

① 选择要进行筛选的数据表中的任意单元格。

② 选择"数据"→"排列和筛选"选项组→"筛选"选项,此时,数据表中的每个字段名的右侧都出现了一个下拉按钮,单击"工资"字段的下拉按钮,选择"1600"的复选框,单击"确定"按钮,那么在工资表中只显示工资为 1600 元的员工,如图 4-74 所示。

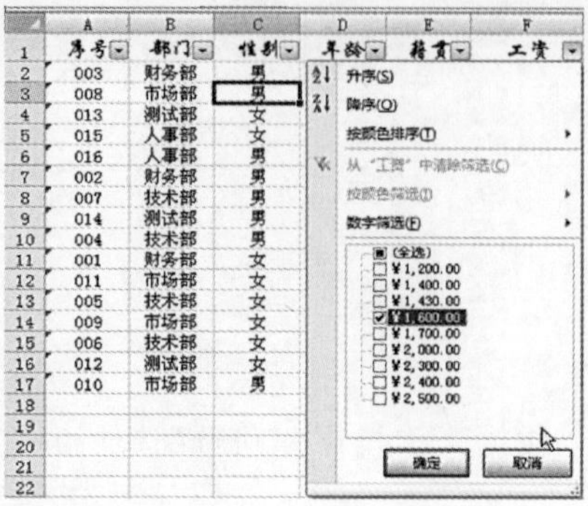

图 4-74　自动筛选数据前后的效果

(2) 自定义筛选。自定义筛选适合于在比较复杂条件下筛选数据表中的记录,如果想要增加筛选的条件,可以使用自定义筛选来完成筛选记录的操作。例如,要在"工资表"中筛选年龄为 27 岁至 35 岁的男性员工,操作步骤如下。

① 单击数据表中的任意一个单元格。选择"数据"→"排列和筛选"选项组→"筛选"选项,此时,数据表中的每个字段名的右侧都出现了一个下拉按钮。

② 单击"性别"字段的下拉按钮,选择复选框"男",单击"确定"按钮。这样数据表中只显示性别为"男"的员工的记录。

③ 再单击"年龄"右端的下拉按钮,在下拉菜单中选择"数字筛选"→"自定义筛选"选项,打开"自定义自动筛选方式"对话框,设置如图 4-75 所示,在第一行的第一个组合框中选择"大于或等于",在第二个组合框中选择或填写"27";在第二行的第一个组合框中选择"小于或等于",在第二个组合框中选择或填写"35"。两行组合框中间的单选按钮,选择"与"来连接上下两个条件。

④ 填写完毕后,单击"确定"按钮,数据表就将符合条件的记录显示在工作表中,如图 4-76 所示,其中,设置了筛选条件的两个字段的下拉按钮会用别的颜色显示。

图 4-75　"自定义自动筛选方式"对话框

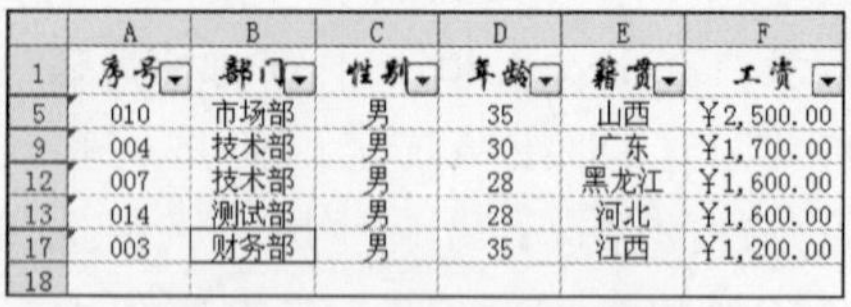

图 4-76　自定义筛选结果

3. 数据分类汇总

可以对数据表中的数据在分类的基础上进行汇总,这对某些会计或统计工作来说是十分方便的。分类汇总和分级显示是两个紧密联系的功能。

(1) 分类汇总。在执行汇总之前要对数据进行分类,即先将要处理的数据按照分类项进行排序,并且要保证进行分类汇总的数据表中每列都有字段名,数据表中不能有空行或者是空列,否则 Excel 会认为该数据表是两个数据表,而只对其中一个进行操作。

例如,求按"部门"字段对"工资"进行"求和"的汇总结果,操作方法如下。

① 单击数据表中任意一个单元格,选择"数据"→"排序和筛选"选项组→"排序"选项,打开"排序"对话框,"主要关键字"为"部门",次序"升序",单击"确定"按钮,先按"部门"进行排序。

② 单击"数据"选项卡,"分级显示"组中"分类汇总",打开"分类汇总"对话框,"分类字段"选择"部门","汇总方式"选择"求和","选定汇总项"为"工资",如图 4-77 所示。单击"确定"按钮后,结果如图 4-78 所示。

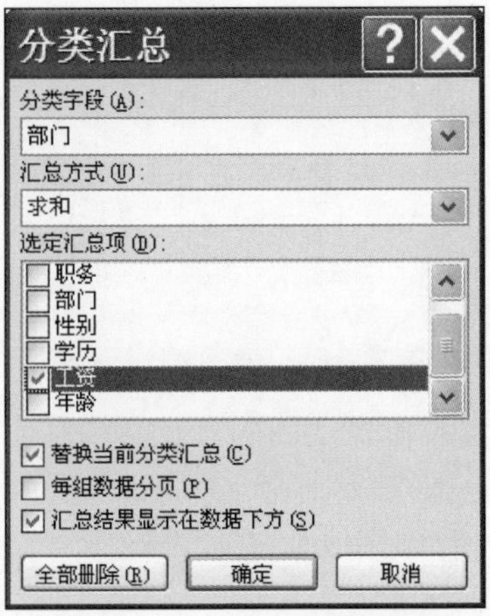

图 4-77　"分类汇总"对话框

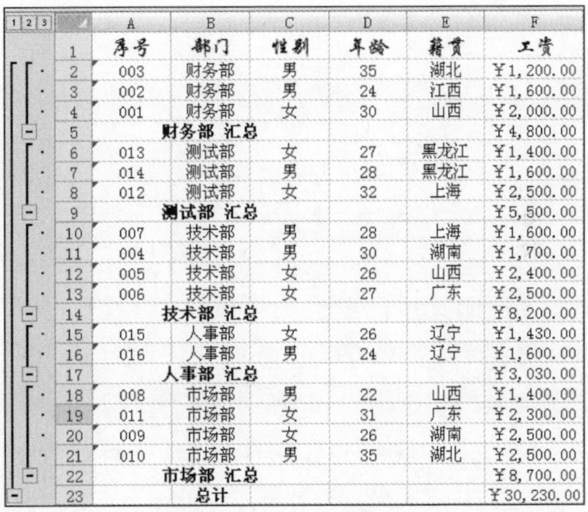

	A	B	C	D	E	F
1	序号	部门	性别	年龄	籍贯	工资
2	003	财务部	男	35	湖北	¥1,200.00
3	002	财务部	男	24	江西	¥1,600.00
4	001	财务部	女	30	山西	¥2,000.00
5		财务部 汇总				¥4,800.00
6	013	测试部	女	27	黑龙江	¥1,400.00
7	014	测试部	男	28	黑龙江	¥1,600.00
8	012	测试部	女	32	上海	¥2,500.00
9		测试部 汇总				¥5,500.00
10	007	技术部	男	28	上海	¥1,600.00
11	004	技术部	男	30	湖南	¥1,700.00
12	005	技术部	女	26	山西	¥2,400.00
13	006	技术部	女	27	广东	¥2,500.00
14		技术部 汇总				¥8,200.00
15	015	人事部	女	26	辽宁	¥1,430.00
16	016	人事部	男	24	辽宁	¥1,600.00
17		人事部 汇总				¥3,030.00
18	008	市场部	男	22	山西	¥1,400.00
19	011	市场部	女	31	广东	¥2,300.00
20	009	市场部	女	26	湖南	¥2,500.00
21	010	市场部	男	35	湖北	¥2,500.00
22		市场部 汇总				¥8,700.00
23		总计				¥30,230.00

图 4-78　分类汇总结果

(2) 分级显示。在对数据进行了分类汇总之后,原数据表就会变得有些大,那么利用分级显示功能就可以单独查看数据汇总后的汇总结果。操作方法如下。

在创建数据分类汇总后,就会在数据表的左侧出现列表的分级显示窗口,并在左侧出现分级显示按钮。

如果单击 1、2 和 3 按钮,则可显示一、二和三级汇总的结果;如果单击 2 按钮,则工作表显示二级汇总结果,如图 4-79 所示。

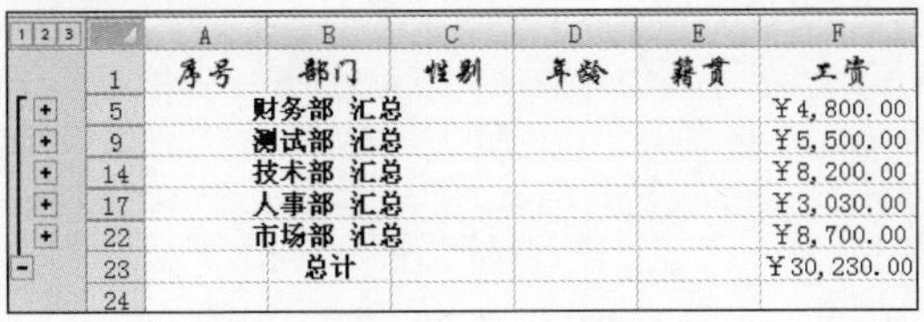

	A	B	C	D	E	F
1	序号	部门	性别	年龄	籍贯	工资
5		财务部 汇总				¥4,800.00
9		测试部 汇总				¥5,500.00
14		技术部 汇总				¥8,200.00
17		人事部 汇总				¥3,030.00
22		市场部 汇总				¥8,700.00
23		总计				¥30,230.00
24						

图 4-79　二级汇总结果

4.10.7　打印工作表

工作表创建好后,一般需要打印出来,以供查阅。打印工作表一般可以分成 4 步,操作步骤如下。

(1) 页面设置。为了使打印出来的效果美观、符合要求,要对打印的页面、页边距以及页眉和页脚等进行设置。选择"页面布局"选项卡,单击右下角的按钮,打开"页面设置"对话框,如图 4-80 所示,在该对话框里可以进行相应的设置。

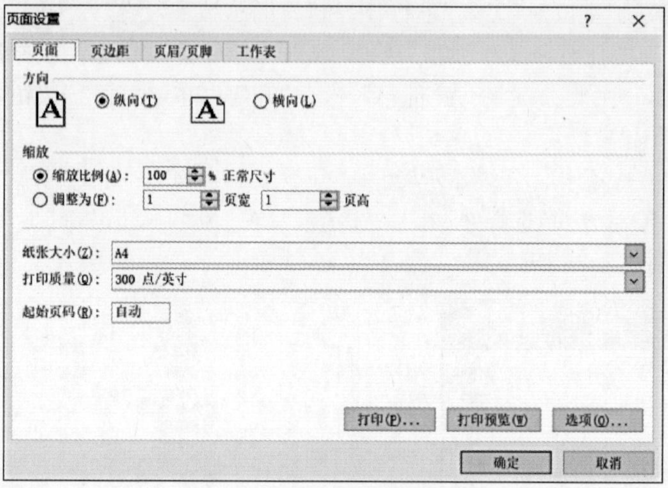

图 4-80 "页面设置"对话框

(2) 打印区域设置。如果用户只需要打印工作表中的某个区域,则可以设置打印区域。首先选择需要打印的区域,然后选择"页面布局"→"打印区域"选项,在下列菜单中选择"设置打印区域"选项,在工作表中的选择区域就被黑线框包围,表示打印区域已设置好。打印时只有被选定区域中的数据被打印,并且保存工作表时,打印区域也将被保存。

(3) 打印。

如果用户对所设置的工作表满意,即可打印输出工作表了。选择"文件"→"打印"选项,弹出打印界面,如图 4-81 所示。根据需要设置好后即可打印。

图 4-81 "打印"界面

4.11　幻灯片制作软件 PowerPoint 2010

PowerPoint 作为当前广受欢迎的演示文稿制作工具之一,凭借其丰富的功能和直观的操作界面,深受用户喜爱。它能够帮助用户制作出具有渲染力和专业感的幻灯片,适用于多种场合,如讲课、作报告、总结和演讲等。

4.11.1　PowerPoint 2010 的基本操作

1. PowerPoint 2010 的操作界面

按照启动 Word 2010 的方法即可启动 PowerPoint 2010,其操作界面的总体布局也与 Word 2010 相似,主要包括标题栏、功能区、"幻灯片/大纲"窗格、幻灯片编辑区、备注区和状态栏等,如图 4-82 所示。

图 4-82　PowerPoint 2010 的操作界面

(1)"幻灯片/大纲"窗格主要用于显示演示文稿中幻灯片的数量和详细内容,通过它可以更加方便地掌握演示文稿的结构。PowerPoint 默认显示的是"幻灯片"窗格,其中显示了整个演示文稿中幻灯片的编号和缩略图,在其中可对幻灯片进行管理;单击"大纲"选项卡则可切换至"大纲"窗格,在其中可以查看演示文稿中各张幻灯片的详细内容,如图 4-83 所示。

(2)幻灯片编辑区是制作演示文稿的主要操作平台,在其中可以实现添加文本、插入图

图 4-83 "幻灯片/大纲"窗格的显示内容

形图像、添加动画效果等各种操作。在"幻灯片"窗格选择任意一张幻灯片缩略图后,该幻灯片的内容便将显示在幻灯编辑区中。

(3) 备注区主要用于对当前幻灯片的作用、特征、内容等进行补充说明。添加备注的方法很简单,在幻灯片编辑区中显示需添加备注的幻灯片,然后在备注区中输入备注内容即可。拖曳幻灯片编辑区和备注区之间的分隔线,可控制备注区的大小。

2. 管理演示文稿

(1) 新建空白演示文稿。启动 PowerPoint 2010 后,会自动新建一个名为"演示文稿 1"的空白演示文稿。

(2) 通过模板创建演示文稿。为提高工作效率,可根据 PowerPoint 提供的模板来新建演示文稿,其方法为:选择"文件"→"新建"→"样本模板"选项,在下方的列表框中选择某种模板,如"培训"选项,单击"创建"按钮即可。

(3) 保存演示文稿。选择"文件"→"保存"选项;也可以通过快速访问工具栏保存或者通过 Ctrl+S 组合键保存。

(4) 打开演示文稿。选择"文件"→"打开"选项;也可以通过快速访问工具栏打开或者通过 Ctrl+O 组合键打开。

(5) 关闭演示文稿。关闭演示文稿是指在不退出 PowerPoint 2010 的前提下,关闭当前正在编辑的对象,选择"文件"→"关闭"选项即可。

3. PowerPoint 2010 的基本概念

(1) 演示文稿。一个 PowerPoint 文件就是一个演示文稿,其扩展名为.pptx,用于存储将要演示的文字、图片信息、演示动画等内容,是演示内容的载体。

选择 Office→"新建"选项,打开"新建演示文稿"对话框,选择"空白演示文稿"选项,如图 4-84 所示,单击"创建"按钮,完成了一个名为"演示文稿 1",扩展名为.pptx 的演示文稿的创建。

(2) 幻灯片。幻灯片是演示文稿中的每页存储演示信息的单位,演示文稿中可以包含 0 张或多张幻灯片。

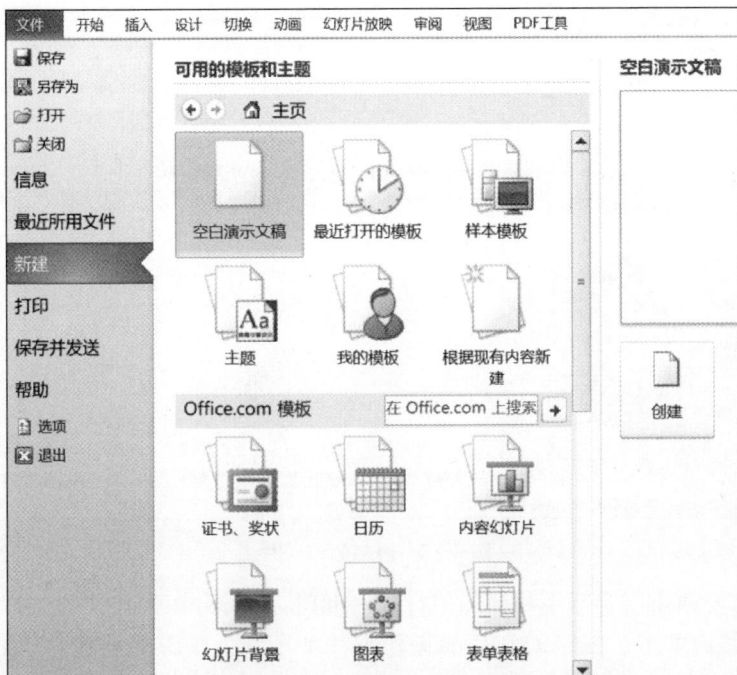

图 4-84　"新建演示文稿"对话框

（3）幻灯片的版式。每张幻灯片都有存放信息的布局方式，PowerPoint 为幻灯片设计了多种版式，如"标题版式""自定义版式""节标题""两栏内容""内容与标题"等，供不同的设计使用，如果没有恰当的版式，用户还可以自由创建新版式。

（4）占位符。"占位符"指幻灯片上带有虚线或影线标记边框的框，里面有提示性的文字，如"单击此处添加标题""单击图标添加内容"等。单击"占位符"可输入文字和幻灯片内容。

4.11.2　幻灯片操作与编辑

1. 添加、移动、复制和删除幻灯片

（1）添加幻灯片。在 PowerPoint 中，新建的空白演示文稿只有一张幻灯片，当制作完一张幻灯片后，需要添加其他的幻灯片。添加新幻灯片的方法如下。

选择"开始"→"幻灯片"选项组→"新建幻灯片"选项，然后在下拉列表中选择一种版式（版式是指幻灯片上标题、副标题、正文文本、列表、图片、表格、图表、形状或视频等元素的排列方式），此时即可增加一张幻灯片，如图 4-85 所示。

如果新增的幻灯片与当前幻灯片的版式一样，则可以采用快速方法添加幻灯片。操作方法为：在普通视图模式下，单击左侧"幻灯片"列表（或者"大纲"列表）中的最后一张幻灯片，每按一下 Enter 键就增加一张相同版式的幻灯片。

（2）移动幻灯片。移动幻灯片即更改幻灯片在演示文稿中的位置，在"幻灯片/大纲"窗格中，拖曳某张幻灯片缩略图，当插入线出现在所需的目标位置时，释放鼠标即可。

（3）复制幻灯片。PowerPoint 支持以幻灯片整体为对象的复制操作。在制作演示文

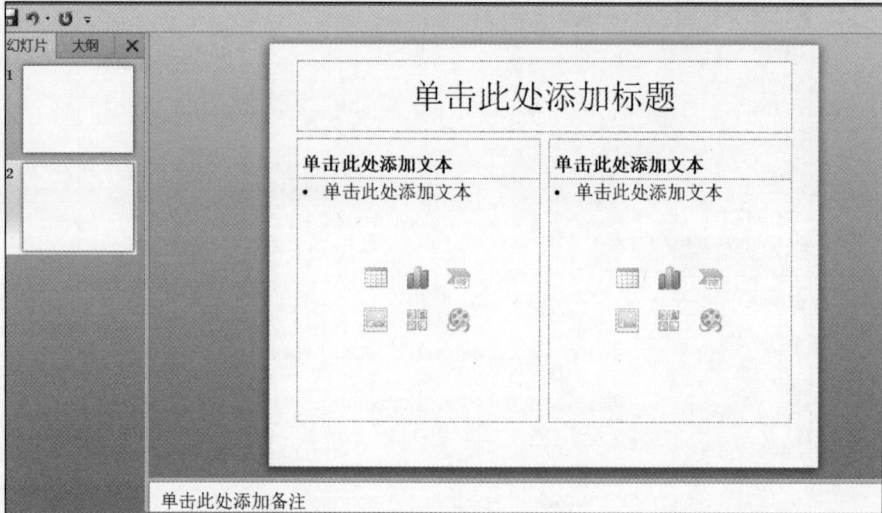

图 4-85　添加新幻灯片

稿时,有时会需要两张内容基本相同的幻灯片。此时,复制出一张相同的幻灯片,然后再对其进行适当的修改即可。复制幻灯片的操作方法如下:选择需要复制的幻灯片,选择"开始"→"剪贴板"选项组→"复制"选项。在需要插入幻灯片的位置单击,然后选择"开始"→"剪贴板"选项组→"粘贴"选项。或者在普通视图下,在左侧的"幻灯片"列表中选择一张幻灯片,先按 Ctrl+C 组合键,再将光标定位到要插入幻灯片的位置,按 Ctrl+V 组合键,也可完成同样的操作。

(4) 删除幻灯片。想要删除演示文稿中无用的幻灯片,可在"幻灯片/大纲"窗格中选择该幻灯片缩略图,按 Delete 键,或按 Backspace 键,或在该缩略图上右击,在打开的快捷菜单中选择"删除幻灯片"选项。

2. 编辑文本

(1) 输入文字和编辑文本。将光标定位到占位符中,即可输入文本信息。

(2) 设置文字格式。字体、字号和颜色等设置在演示文稿里面显得特别的重要,可以通过 PowerPoint 中的工具,修改幻灯片中文本的字体、字号和颜色等,设置方法同 Word 基本一致。

3. 插入剪贴画和图片

Office 2010 提供了一个庞大的剪辑库,里面包含了上千种剪贴画、图片、数十种声音和影片剪辑,可以方便地插入各类的多媒体对象。另外,也可以从系统中插入图片。

(1) 插入剪贴画。剪贴画是一种矢量图形,统一保存在剪贴画库中,可以随时查看并插入幻灯片的任意位置。它的插入方法与在 Word 的中插入方法相似,操作方法如下。

① 选择"插入"→"插图"选项组→"剪贴画"选项。

② 此时,在窗口的右侧出现"剪贴画"任务窗格,设置好"搜索范围"和"结果类型"后单击"搜索",即可查找出要找的剪贴画。

③ 在剪贴画列表中单击需要的一幅(或者右击后选择快捷菜单中的"插入"选项)就可

将其插入当前幻灯片中。

（2）插入来自文件的图片。来自文件的图片是指保存在存储介质中的图片文件，在幻灯片中可以插入多种格式的图片（如 bmp、jpg、gif、jpeg、tiff 等格式）。其操作方法如下。

① 选择"插入"→"插图"选项组→"图片"选项。

② 随后打开"插入图片"对话框，在"搜索位置"框中选择保存图片的文件夹，双击某个图片文件或单击后再单击"插入"命令即可将图片插入当前幻灯片中来，如图 4-86 所示。图片格式的设置与在 Word 中的操作相似。

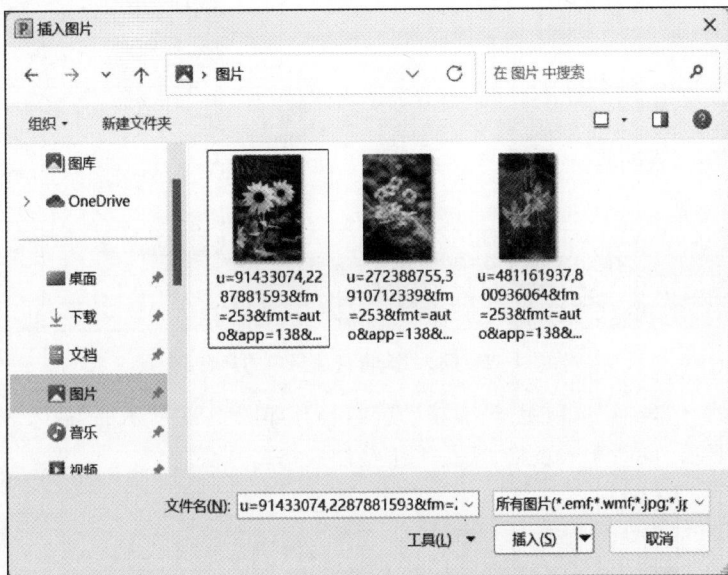

图 4-86　在幻灯片中插入图片

4. 插入影片和声音

在幻灯片中可以插入各种声音，例如声音文件、现场播放的 CD 乐曲和旁白等。其操作方法与插入图片相似。操作方法如下。

（1）选择要插入声音的幻灯片，选择"插入"→"媒体"选项组→"音频"选项，在其后的列表中选择一种声音源。

（2）在随后打开的对话框或者任务窗格中选择要插入的声音对象，如图 4-87 所示，随即出现"音频工具"选项卡，可以选择"播放"选项卡，在其中可以进行多项设置。例如"音频选项"→"自动"播放或者"在单击时"播放。若选择前者则放映到该幻灯片时即开始播放声音。

插入影片与声音插入的方法类似，选择"插入"→"媒体剪辑"选项组→"影片"选项，选择影片的来源即可。

5. 插入表格

在 PowerPoint 中，表格也同样可以很清楚地表达出演讲者要说明的问题。插入表格的方法也很简单。

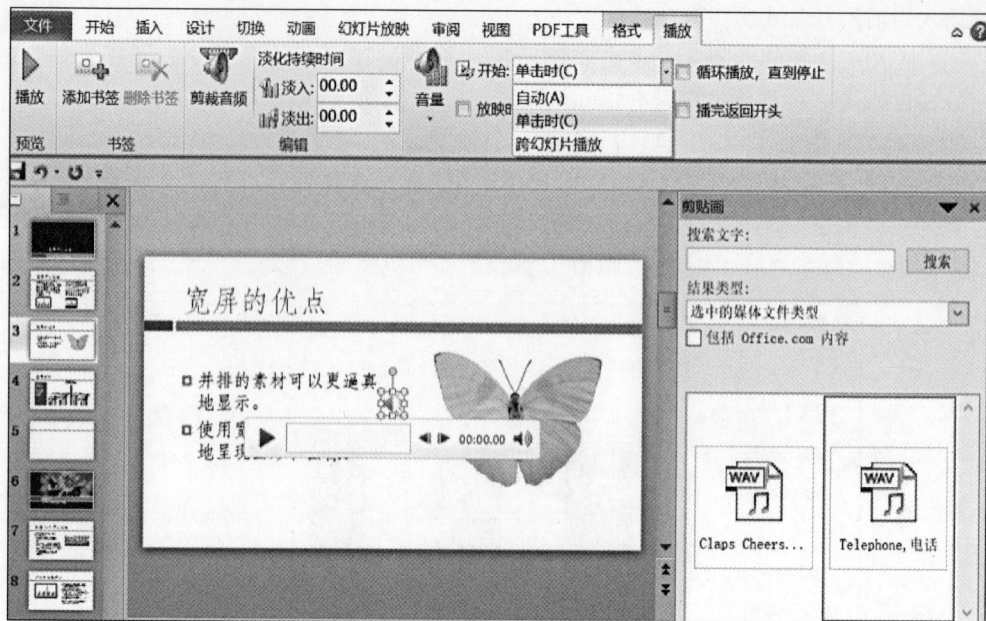

图 4-87   插入"剪辑管理器中的声音"

选择"插入"→"表格"选项组→"表格"选项，打开如图 4-88 所示的"插入表格"菜单。可以按照自己的要求，自动插入表格，或是手工绘制表格。

图 4-88   "表格"菜单

6. 插入 SmartArt 图形

PowerPoint 2010 新增了 SmartArt 图形的功能，内置了 7 类 100 余幅图形供用户使用。这些图形色彩鲜艳、创意新颖、使用方便，应用到幻灯片上更能渲染幻灯片的效果，并且说明问题。其插入的方法也很简单，步骤如下。

（1）打开"选择 SmartArt 图形"对话框，如图 4-89 所示。

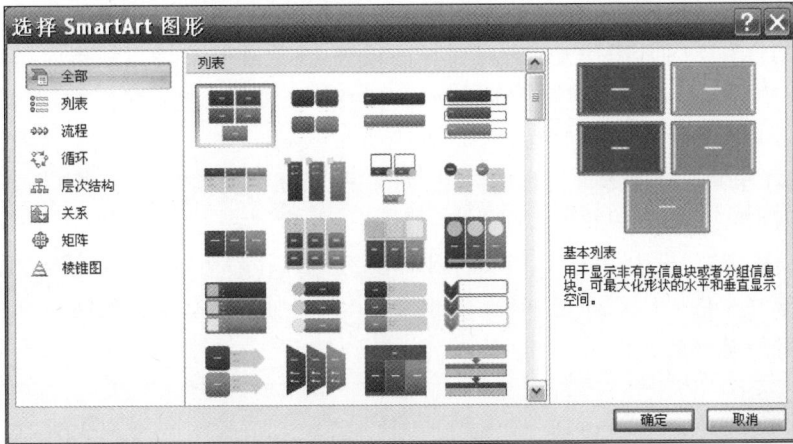

图 4-89　"选择 SmartArt 图形"对话框

（2）在左侧选择某类图形标题后，到右侧选择需要的图形再单击"确定"按钮，即可在幻灯片中插入该图形，插入后可以在该图形中编辑相应的文本内容。

7. 插入动作按钮与超链接

（1）插入动作按钮。PowerPoint 提供了一组预定义的导航按钮，如返回、帮助、上一张、下一张、开始、结束等，在演示过程中可通过这些按钮跳转到其他幻灯片上，也可播放影像、声音等，这些按钮被称为动作按钮，有了这些按钮可以使演示文稿的播放顺序更加灵活，更能表现演讲者的意图。插入动作按钮方法如下。

① 选择"插入"→"插图组"选项组→"形状"选项，弹出如图 4-90 所示的菜单。单击所需的按钮，此时，在幻灯片上鼠标指针变为"十"字形状，单击并拖动鼠标，即可绘制出该动作按钮。

② 绘制完按钮后，弹出"动作设置"对话框，单击"单击鼠标"选项卡，如图 4-91 所示，选择"超链接到"单选按钮，单击打开列表框的"下拉列表"，在其中选择单击鼠标时要发生的动作，单击"确定"按钮。在放映幻灯片时，即可使用设置的动作按钮。

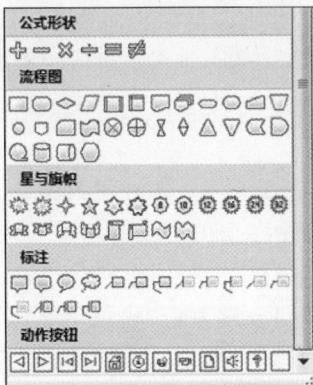

图 4-90　动作按钮

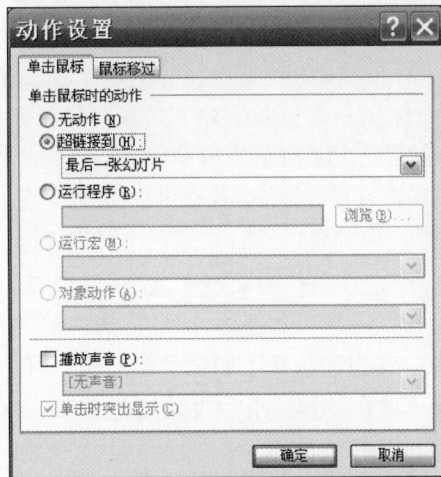

图 4-91　"动作设置"对话框

（2）为对象添加超链接。幻灯片中的超级链接就是指将幻灯片中的按钮或某些对象链接到其他的幻灯片、文档、图片或影片等目标的设置，在放映时鼠标指针指向这些按钮或对象时，会变成"手指"形，此时，用鼠标单击该处，就能使演讲稿从当前幻灯片跳转到其他的幻灯片、文档、图片或影片上。添加超链接的方法如下。

① 在幻灯片上选择要添加链接的对象，如文字、按钮或是图片等，选择"插入"→"链接"选项组→"超链接"选项，打开"插入超链接"对话框。

② 在"链接到"列表中单击"现有文件或网页"选项，在右侧的"查找范围"中，打开文件所在文件夹选择文件，单击"确定"按钮即可，如图 4-92 所示。这样在放映幻灯片时单击该链接即可打开所链接的文件。

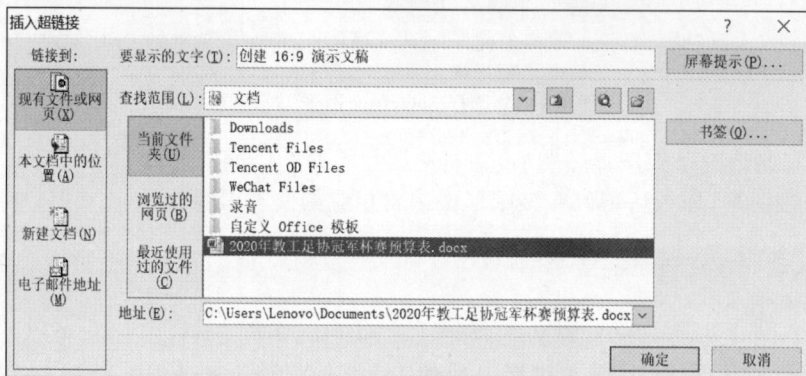

图 4-92　"插入超链接"对话框

4.11.3　幻灯片设计与动画

制作好的幻灯片，可以进行外观设置，而且该项工作在整个演示文稿的创建过程中也比较重要，如设置主题、应用配色方案、背景、应用母版、动画效果和幻灯片的切换方式等。该项操作可以较好地表达出演讲者的演讲风格，体现演讲内容、烘托演讲气氛。

1. 幻灯片的设计

（1）设计主题。PowerPoint 2010 中的主题，实际上对应于以前版本中的模板。在一个主题中，字体、项目符号和配色方案等都是预先设置好的，只要往里面添加相应的内容就可以了。将主题应用于演示文稿中，可以增强演示文稿的美术效果，使演示文稿的整体效果更加专业。PowerPoint 2010 有许多内置的主题，另外，主题也可以在网上下载，或是自己制作。幻灯片应用内置的设计主题的方法如下。

① 选择"设计"→"主题"→"其他"选项，打开如图 4-93 所示的主题素材菜单。

② 在其中选择一个主题，即可将选择的主题应用到演示文稿中。如果只想应用于当前幻灯片，可以在当前选择主题的位置右击选择"应用于选定幻灯片"。

③ 还可以在"主题"组中设置配色方案、字体和效果，即分别单击"颜色""字体""效果"按钮，就可进行相关设置。

（2）设计背景样式。单击要添加样式的幻灯片，选择"设计"→"背景"选项组→"背景样式"选项，在下拉菜单中有内置的背景样式，当鼠标放到相应的样式上时，可在幻灯片中预览

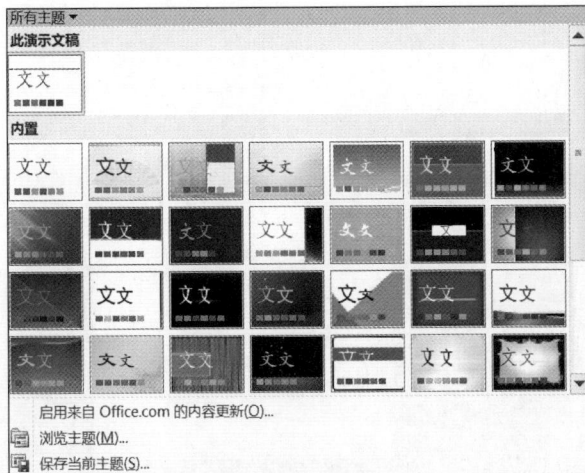

图 4-93　"主题"素材

应用后的效果，如图 4-94 所示。

图 4-94　背景样式预览效果

如内置的效果不合适，可另外进行高级设置，选择"背景样式"→"设置背景格式"选项，打开"设置背景格式"对话框，选择要应用的图片或者背景即可。

2．母版的设置

在 PowerPoint 2010 中，母版是存储有关格式和应用信息的模板幻灯片，其信息包括字形、占位符大小或位置、背景设计和配色方案等。母版分为幻灯片母版、讲义母版和备注母版。其中幻灯片母版是最常用的母版，它包含了已经设定的格式，如标题、文本和背景图片等设置。任何改变都会影响演示文稿中的所有幻灯片。

设置母版的方法如下：选择"视图"→"演示文稿视图"选项组→"幻灯片母版"选项，打开"幻灯片母版"选项卡，如图 4-95 所示。可以通过它对母版进行编辑操作。

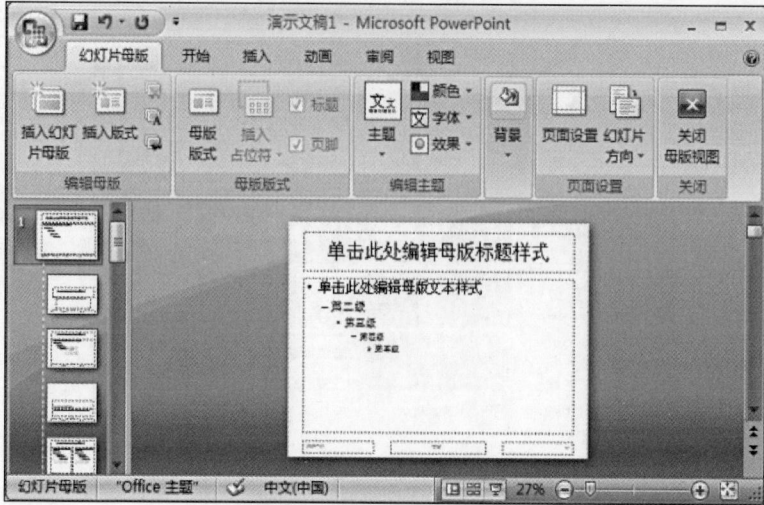

图 4-95　"幻灯片母版"选项卡

3. 幻灯片切换

在 PowerPoint 2010 中，可直接应用内置的幻灯片切换方案。在这些内置的幻灯片切换方案中，通常已经包含了"淡出和溶解""擦除""推进和溶解"等切换效果。应用切换效果方法如下。

选择要设置动画方案的幻灯片，选择"切换"→"切换到此幻灯片"选项组→"其他"选项，打开如图 4-96 所示的"幻灯片切换"菜单。当鼠标放在要设置的效果上时，就可在幻灯片上预览设置后的效果，在菜单中单击需要的幻灯片切换方式，即可将选择的动画方案应用于该幻灯片。设置完毕后，系统将自动播放所设置的效果。

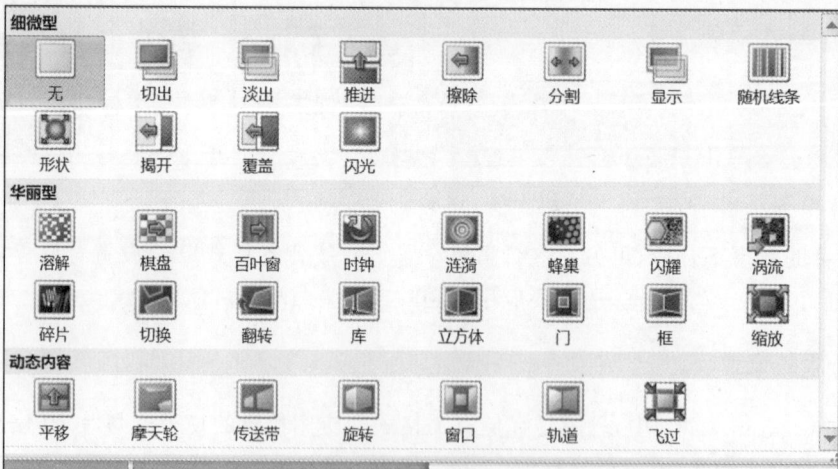

图 4-96　幻灯片切换

4. 自定义动画

对于幻灯片上的各个对象（如文本框、图片等）将随着幻灯片一起出现在屏幕上。如果

也想对这些对象添加动画效果,就要用到自定义动画,
设置方法如下。

(1) 选择要添加动画效果的对象,选择"动画"→
"添加动画"选项,打开"动画"任务窗格,如图 4-97
所示。

(2) 单击任务窗格中的效果。PPT 中的添加效果
分为四大类:进入、强调、退出和动作路径,每一类中又
有很多不同的动画效果,可以根据需要进行选择。

(3) 在"动画"组中选择动画项目后,可修改动画项
目的相关属性(如开始、方向和速度),设置其动画
效果。

对于不满意或多余的动画效果,可以选择它,然后
单击任务窗格中的删除按钮进行删除。

图 4-97 "动画"任务窗格

4.11.4 幻灯片放映

1. 设置幻灯片放映方式

在放映幻灯片之前,可以对其进行放映方式的设置。选择"幻灯片放映"→"设置"选
项→"设置幻灯片放映"选项,弹出"设置放映方式"对话框,如图 4-98 所示。

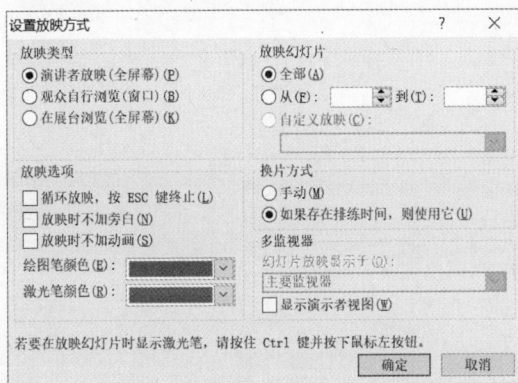

图 4-98 "设置放映方式"对话框

在该对话框中的"放映类型"选区中可以设置幻灯片放映的类型;在"放映幻灯片"选区
中可以设定具体放映哪几张幻灯片;在"放映选项"选区中选择是否让幻灯片中所添加的旁
白和动画在放映时出现;在"换片方式"选区中可以设置幻灯片的切换方式。

2. 幻灯片放映

(1) 从头开始放映。选择"幻灯片放映"→"开始放映幻灯片"→"从头开始"选项,这时
在屏幕上出现整屏的幻灯片,即从第一张幻灯片开始播放。也可按 F5 键播放。

(2) 自定义幻灯片放映。自定义放映就是根据已经做好的演示文稿选择要放映的幻灯
片,并设置放映的顺序。选择"幻灯片放映"→"开始放映幻灯片"→"自定义幻灯片放映"→

"自定义放映"选项,打开"自定义放映"对话框,如图 4-99 所示。在此对话框中可以选择要播放的幻灯片,并设置播放顺序。

(3)排练计时。在一些特殊场合,需要进行自动放映幻灯片,那么就需要确定每张幻灯片的放映时间,排练计时功能给用户提供了记录每张幻灯片放映时间的功能。选择"幻灯片放映"→"设置"选项组→"排练计时"选项,进入录制状态,如图 4-100 所示。此时幻灯片放映开始,同时计时系统启动,继续可以单击"下一项"按钮,暂停可以单击"暂停"按钮,当放映完最后一张幻灯片后,系统会自动弹出一个提示框,给出幻灯片放映的总时间,并询问是否保存新的排练计时。如果选择"是",将会保留所记录的时间;单击"否",将会取消时间设置。

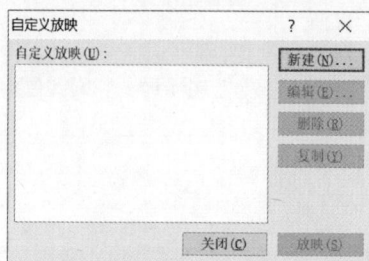

图 4-99 "自定义放映"对话框   图 4-100 "排练计时"预演工具栏

(4)结束幻灯片放映。按 Esc 键可以结束幻灯片放映。

第5章

数据库技术基础

CHAPTER **5**

数据库技术是一门研究如何存储、使用和管理数据的技术，是计算机科学的一个重要分支。它是通过研究数据库的结构、存储、设计、管理以及应用的基本理论和实现方法，并利用这些理论来实现对数据库中的数据进行处理、分析和理解的技术。

数据库技术研究和解决了计算机信息处理过程中大量数据有效地组织和存储的问题。随着计算机应用的不断发展，在计算机应用领域中，数据处理越来越占主导地位，数据库技术的应用也越来越广泛。

本章主要以 Microsoft Access 2010 为操作平台，对数据库系统进行介绍。

习题 5

🔑 5.1 数据库系统概述

数据库系统的核心是数据管理,数据库技术是计算机数据管理技术发展到一定阶段的产物。下面对数据管理的发展、数据库系统、数据模型以及流行的关系数据库进行介绍。

5.1.1 数据管理的发展

数据管理是指对数据分类、组织、编码、存储、检索和维护。随着计算机硬件和软件的不断发展,数据管理经历了人工管理、文件系统、数据库技术、高级数据库四个阶段。

1. 人工管理阶段

20世纪50年代中期以前,计算机主要用于科学计算。外存储器还只有卡片、纸带、磁带,没有像硬盘这样可以快速、随机存取的外部设备;软件方面没有专门的数据管理软件,每个应用程序都需要使用自己的数据文件和应用程序,也就是说数据由程序自行携带。这一阶段数据管理的特点是:数据不保存,没有专用的软件对数据进行管理,没有文件概念,数据是面向程序的,不共享,不具有独立性。

2. 文件系统阶段

20世纪50年代末至20世纪60年代中后期,计算机开始大量应用于数据处理工作中,需要进行大量的数据存储、检索和维护等工作。直接存取的磁鼓、磁盘成为联机主要外存。出现了高级语言和操作系统。操作系统中的文件系统就是专门管理外存的数据管理软件。在这个阶段的数据还是面向应用程序的,数据文件基本上与各自的应用程序相对应。

此时数据管理有以下特点:

(1) 数据以"文件"形式长期保存在外部存储器的磁盘上。

(2) 数据的逻辑结构与物理结构有了简单的区别。程序与数据之间具有"设备独立"的特点,即程序只需用文件名就可与数据打交道,不需要知道数据存放在哪里,由操作系统中的文件系统进行存取。

(3) 文件组织形式多样,有索引文件、链接文件和直接存取文件等。但文件之间相互独立、缺乏联系,数据之间的联系要通过程序去构造。

(4) 数据不再属于某个特定的程序,可以被重复使用,即数据面向应用。因此程序与数据结构之间的依赖关系并没有发生根本性的改变。

(5) 对数据的操作以记录为单位。这是由于文件中只存储数据,不存储文件记录的结构描述信息。文件的建立、存取、查询、插入、删除、修改等所有操作,都要用程序来实现。

3. 数据库技术阶段

从20世纪60年代末开始,计算机应用于管理的范围进一步扩大,需要计算机管理的数据也迅速增多,同时要求数据共享。随着大容量磁盘系统的使用,增加了使计算机联机存取大量数据的可能性;软件价格不断上升,硬件价格相对下降,增加了独立开发系统和维护软件的成本。文件系统的数据管理方法已无法满足人们的需求。为了实现数据统一管理,最大限度地实现数据共享,必须发展数据库技术。

数据库是通用的相关数据集合,它包含数据本身以及相关数据之间的联系。数据库中的数据通常是整个信息系统全部数据的汇集,面向所有合法用户,其数据结构独立于使用数据的程序。数据库的建立、使用和维护等操作由专门的软件系统即数据库管理系统统一进行。

现在,数据库已成为各类信息系统的核心。数据库系统弥补了文件系统的缺陷,为用户提供了更加高级、更为有效的数据管理方式。概括起来,数据库阶段的数据管理具有以下特点。

(1) 采用数据模型表示复杂的数据结构。数据模型可以描述数据本身的特征以及数据之间的联系。减少了数据冗余,实现了数据共享。

(2) 有较高的数据独立性。数据的逻辑结构与物理结构之间可以存在很大的差别,用户不需要考虑数据的物理结构,仅用简单的逻辑结构操作数据,数据与程序实现了相互的独立,称为数据独立性。

(3) 为用户提供方便的用户接口。用户需要操作数据库时,可以使用查询语言或终端命令,也可以用如 C 语言等一类高级语言和数据库语言联合编制的程序方式来操作数据库。

(4) 提供数据控制功能。包括对数据库的并发控制(是指对程序的并发操作加以控制,防止数据库被破坏);数据库的恢复(是指在数据库被破坏或数据不可靠时,系统可以把数据库恢复到最近某个正确的状态);数据的完整性(是指保证数据库中的数据始终是正确的);数据的安全性(是指保证数据的安全,防止数据丢失或被窃、损坏)。

(5) 增强了系统的灵活性。对数据的操作不一定以记录为单位,可以以数据项为单位。从文件系统发展到数据库系统是信息处理领域的一个重大变化。

4. 高级数据库阶段

(1) 分布式数据库系统。在文件系统阶段,数据分散在各个文件中,文件之间缺乏联系。集中式数据库把数据集中在一个数据库中进行集中管理,减少了数据冗余和不一致性,而且数据联系比文件系统强得多。但随着数据量的增加,系统越来越庞大,操作越来越复杂,开销越来越大;同时,数据集中存储,大量的通信都要通过主机来完成,容易造成拥挤。

分布式数据库系统在系统结构上的真正含义是指物理上分布、逻辑上集中的数据库结构,数据由系统统一管理,用户感觉不到数据的分布,用户看到的似乎是一个全局数据模式的集中式数据库。

(2) 面向对象数据库系统。面向对象数据库系统的研究始于 20 世纪 80 年代中后期,它借鉴了面向对象程序设计的思想和成果,将数据与操作方法一体化为对象的概念、数据和过程一起封装。面向对象数据库系统是面向对象的程序设计技术与数据库技术相结合的产物。其主要特点是具有面向对象技术的封装性和继承性,提高了软件的可重用性。面向对象数据库系统将面向对象的能力赋予了数据设计人员和数据库应用开发人员,从而大大扩展数据库系统的应用领域,提高开发人员的工作效率和应用系统质量。

(3) 网络数据库系统。网络数据库是指把数据库技术引入计算机网络系统中,借助于网络技术将存储于数据库中的大量信息及时发布出去；而计算机网络借助于成熟的数据库技术对网络中的各种数据进行有效管理，并实现用户与网络中的数据库进行实时动态数据交互。从最初的网站留言簿、论坛等到远程教育和电子商务等，这些系统几乎都是采用网络数据库这种方式来实现的。网络数据库系统的组成元素为：客户端、服务器端、连接客户端及服务器端的网络。这些元素是网络数据库系统的基础。

5.1.2　数据库系统

1. 数据库系统的组成

数据库系统(DataBase System,DBS)，是指在计算机系统中引入数据库后的系统，是由数据库(数据)、数据库管理系统(软件)、数据库管理员(人员)、系统平台(包括硬件平台和软件平台)组成完整的运行实体。

(1) 数据(Data)。数据是描述事物的符号记录，如文字、图形、声音等都是数据。数据的形式本身不能完全表达其内容，需要经过语义的解释。数据库是一个数据集合，由一个单位或组织以某种特定方式存储在计算机内。数据是数据库中存储的基本对象。运行数据库系统的计算机要有足够大的内存储器、大容量磁盘等联机存储设备和速度较高的传输数据的硬件设备，以支持对外存储器的频繁访问。还需要有足够数量的脱机存储介质，如优盘、外接式硬盘、可擦写式光盘等存放数据库备份。

(2) 数据库(DataBase,DB)。数据库是数据的集合，将数据按一定的数据模型组织、描述和存储，具有较小的冗余度、较高的数据独立性和易扩展性，并可被多个用户、多个应用程序共享。具有"集成"和"共享"的特点。其数据结构独立于使用数据的应用程序，对于数据的增加、删除、修改、检索由数据库管理系统进行统一管理和控制，用户对数据库进行的各种操作都是由数据库管理系统实现的。

(3) 数据库管理系统(Database Management System,DBMS)。数据库管理系统是指帮助用户建立、使用和管理数据的软件系统。它可以完成数据库的一切操作。数据库管理系统一般是由专门的厂家提供的通用软件，负责数据库中的数据组织、数据操作、数据维护、数据控制及保护和数据服务等，并将执行的结果提供给用户或应用系统。数据库管理系统是数据库系统的核心。

数据库管理系统是在操作系统或某些实用程序的支持下工作的。因此，当数据库管理系统进行分配内存、创建或撤销进程、访问磁盘等操作时，必须通过系统调用请求操作系统为其服务。而操作系统从磁盘取出来的是物理块，由数据库管理系统来对物理块进行解释。

数据库应用程序通过数据库管理系统访问数据库中的数据，并向用户提供服务。它允许用户插入、删除和修改并报告数据库中的数据。这种程序是由程序员按照用户的需求，通过程序设计语言或某些软件开发工具(如 PowerBuilder、Delphi、Visual Basic、Visual C++等)来编写的。

(4) 数据库管理员(Database Administrator,DBA)。对于较大规模的数据库系统来说，必须由数据库管理员来全面负责建立、维护和管理数据库系统。数据库管理员控制数据库整体结构，保护和控制数据，使数据库能为任何有权使用的人所共享。数据库管理员的职责包括定义并存储数据库的内容，监督和控制数据库的使用，负责数据库的日常维护，必要时重新组织和改进数据库等。

同时,开发、管理和使用数据库系统的人员除数据库管理员外,还包括系统分析员、数据库设计人员、应用程序员和最终用户。

系统分析员负责应用系统的需求分析和规范说明,要与用户及数据库管理员配合,确定系统的软件和硬件配置,并参与数据库的概要设计。

数据库设计人员负责确定数据库中的数据,调查用户需求和进行系统分析,设计出适用于各种不同种类的用户需求的数据库。多数情况下,数据库设计人员是由数据库管理员担任的。

应用程序员具备一定的计算机专业知识,可以编写用来存取并处理数据库中数据的应用程序。

最终用户指的是为了查询、更新以及产生报表而访问数据库的人,数据库主要是为他们的使用而存在的。最终用户可分为偶然用户、简单用户和资深用户。典型的数据库管理系统会提供多种存取数据库的工具。简单用户很容易掌握它们的使用方法;偶然用户只会用一些经常用到的工具即可;资深用户则应尽量理解大部分数据库管理系统工具的使用方法,以满足自己的复杂需求。

(5) 数据库系统平台。数据库系统硬件平台包括计算机、网络。软件平台包括操作系统(如 Linux、Windows)、数据库系统开发工具(如 C++、VB、Delphi 以及与 Internet 有关的 HTML 等)、接口软件(如 ODBC、JDBC、COM 等)。

2. 数据库系统的特点

数据库中的数据与数据之间是相互关联的,不是孤立的。也就是说,在数据库中不仅能够表示数据本身,还能够表示数据与数据之间的联系。如在学籍管理中,有学生和课程两类数据,在数据库中除了要存放这两类数据之外,还要存放哪些学生选修了哪些课程或哪些课程由哪些学生选修这样的信息,这就反映了学生数据和课程数据之间的联系。同时,数据库还能够根据不同的需要按不同的方法组织数据,如顺序组织法、索引组织法、倒排数据组织法等。这样做可以最大限度地提高用户或应用程序访问数据的效率。数据库中的数据可以实现共享共用,从而降低数据的冗余度,节省存储空间的同时更重要的是保证了数据的一致性。

数据库技术可以使数据的组织和存储方法与应用程序互不依赖,能够保证数据库中的数据是安全可靠的,从而大大降低应用程序的开发代价和维护代价。

因此,数据库系统具有数据共享、冗余度低、数据结构化、数据独立性、完整性、灵活性和安全性等特点。

5.1.3　数据模型

计算机不能直接处理现实世界中的具体事物,必须将这些具体事物转换成计算机能够处理的数据。在数据库技术中用数据模型(Data Model,DM)来抽象、表示和处理现实世界中的数据和信息。数据模型是数据库系统的核心和基础,各种机器上实现的数据库管理系统软件都是基于某种数据模型。

1. 数据模型的分类

数据模型按应用目的的不同可分为两类:概念数据模型(也称概念模型或信息模型)和

逻辑数据模型(又称为结构数据模型或逻辑模型)。概念模型是按用户的观点对数据和信息建模。逻辑模型是按计算机系统观点对数据建模。

(1) 概念模型。是一种面向客观世界和面向用户的模型,是一种独立于计算机系统的数据模型,完全不涉及数据在计算机中的表示,只是用来描述某个特定组织所关心的信息结构,即按用户的观点对数据和信息建模。

概念模型是理解数据库的基础,也是设计数据库的基础。概念模型的出发点是有效地、自然地模拟现实世界,给出数据的概念化结构。广泛使用的概念模型是 E-R 模型(Entity-Relationship Model,实体联系模型)。

(2) 逻辑模型。按计算机系统的观点对数据建模,有层次模型、网状模型、关系模型和面向对象模型。层次模型和网状模型统称为格式化模型,是构造型的。这种模型使用了有向图的概念。每种数据管理系统都基于某种逻辑模型,基于层次模型和网络模型的数据库系统在 20 世纪 70 年代初非常流行,但这两种模型的主要缺点是表示对象与表示对象间的联系用不同的方法,操作复杂,现在已基本被关系模型的数据库系统所取代。

2. 关系模型

关系模型以关系理论为基础,它将数据模型看成关系的集合,是目前最重要的数据模型。数据库领域当前的研究工作也都是以关系方法为基础。

关系模型用表结构来表示实体以及实体之间的关系。关系模型的数据操纵是建立在关系上的数据操纵,一般包括查询、插入、删除及修改。关系模型具有结构简单、操作简便、理论严谨和表示能力强等优点。用关系模型所设计的数据库称为关系数据库。例如一个"学生信息登记表"的关系模型如表 5-1 所示。

表 5-1　学生信息登记表

学　　号	姓　　名	性　　别	出 生 年 月	学　　院
20200501	王　鑫	男	2002-01-08	计算机
20200608	王荣华	女	2001-10-16	电气
20200104	刘远航	男	2002-02-28	理学
20200210	李海洁	女	2002-05-26	人文

在关系模型中有以下一些常用术语。

(1) 实体(Entity)。现实世界中的事物抽象称为实体。实体是概念世界中的基本单位,可以是具体的人、事、物,也可以是抽象的概念。例如表 5-1 中的每个学生就是一个实体,一门课、一次订货也都是实体。

(2) 关系(Relation)。一个关系是一个没有重复行、重复列的二维表格。如表 5-1"学生信息登记表"即为一个关系。

(3) 属性(Attribute)或字段(Field)。实体所具有的某一特性称为属性。一个实体可以由若干属性来描述。关系表中的一列即为一个属性或一个字段,每一列都有一个名称即属性名或字段名。每一列中数据属于同一类型。在一个关系中不允许有相同的属性名。在表 5-1 中有 5 个属性,属性名分别为学号、姓名、性别、出生年月、学院。

(4) 元组(Tuple)或记录(Record)。表中的一行即为一个元组或一条记录。在一个关系中不能存在两个完全相同的记录,在表中记录的顺序可以任意排列。表 5-1 每一行即为一条记录。

（5）域（Domain）。属性的取值范围。例如，性别的值域是男、女；专业的值域是学校所有专业的集合。

（6）主码（Key）或主关键字。表中的某个属性或属性组可以唯一确定一个记录，就称这个属性或属性组为码（关键字）。在一个关系中码可能不止一个，选取其中的一个为主码（主关键字）。例如表 5-1 中的"学号"可以唯一确定一个学生，也就是"学生信息登记表"中不可能出现学号相同的记录，因此学号是一个主码（主关键字）。

（7）外码或外关键字。当关系中的某个属性或属性组是另一个关系的主码时，则称该属性或属性组为这个关系的外码或外关键字。

（8）分量。元组中的一个属性值。关系中的每个分量必须是不可再分的数据项，也就是表中不能再有表。

（9）关系模式。对关系的描述，一般可表述为：

关系名(属性 1,属性 2,…)

例如，上面"学生信息登记表"中的学生关系可描述为：学生（学号，姓名，性别，出生年月，学院）。

5.1.4　流行的关系数据库

1. SQL Server 数据库

SQL Server 数据库是 Microsoft 公司开发的、面向企业用户的一种关系数据库系统。SQL Server 是一个可扩展的、高性能的、为分布式客户机/服务器计算所设计的数据库管理系统，实现了与 Windows NT 的结合，提供了基于事务的企业级信息管理系统方案，且具有界面友好、运行速度快的特点。可以与微软产品（如 Windows、Office）之间紧密集成，数据交换更加便捷，比较适合中、小型企业作为后台数据库。

其主要特点如下：

（1）高性能设计。

（2）系统管理先进，支持 Windows 图形化管理工具，支持本地和远程系统管理和配置。

（3）强壮的事务处理功能，采用各种方法保证数据的完整性。

（4）支持对称多处理器结构、存储过程、ODBC，并具有自主的 SQL。SQL Server 以其内置的数据复制功能、强大的管理工具、与 Internet 的紧密集成和开放的系统结构为广大用户、开发人员和系统集成商提供了一个出众的数据库平台。

2. Sybase 数据库

Sybase 是一家老牌的数据库厂商，其数据库是 Microsoft SQL Server 的前身。Sybase 提供了一套应用程序编程接口和库，可以与非 Sybase 数据源及服务器集成，允许在多个数据库之间复制数据，适于创建多层应用。系统具有完备的触发器、存储过程、规则以及完整性定义，支持优化查询，具有较好的数据安全性。Sybase 通常与 SybaseSQLAnywhere 用于客户机/服务器环境，前者作为服务器数据库，后者为客户机数据库，采用该公司研制的

PowerBuilder 为开发工具,在我国大中型系统中具有广泛的应用。

3．Oracle 数据库

Oracle 数据库是 Oracle(甲骨文)公司开发,以高级结构化查询语言(SQL)为基础的一种关系数据库管理系统,是目前最流行的客户机/服务器(Client/Server,C/S)体系的数据库之一,它可以支持多种不同的硬件和操作系统平台,从台式机到大型和超级计算机,为各种硬件结构提供高度的可伸缩性,支持对称多处理器、群集多处理器、大规模处理器等,并提供广泛的国际语言支持。Oracle 属于大型数据库系统,主要适用于大、中、小型应用系统,或作为客户机/服务器系统中服务器端的数据库系统。

4．DB2(或 DBⅡ)数据库

IBM 公司的 DB2 数据库是久经考验的大型企业数据库,也是 SQL 的第一个实现者。DB2 主要应用于大型应用系统,具有较好的可伸缩性,可支持从大型机到单用户环境,应用于 OS/2、Windows 等平台下。DB2 提供了高层次的数据利用性、完整性、安全性、可恢复性,以及小规模到大规模应用程序的执行能力,具有与平台无关的基本功能和 SQL 命令。DB2 采用了数据分级技术,能够使大型机数据很方便地下载到局域网数据库服务器,使得客户机/服务器用户和基于局域网的应用程序可以访问大型机数据,并使数据库本地化及远程连接透明化。它以拥有一个非常完备的查询优化器而著称,其外部连接改善了查询性能,并支持多任务并行查询。DB2 具有很好的网络支持能力,每个子系统可以连接十几万个分布式用户,可同时激活上千个活动线程,对大型分布式应用系统尤为适用。DB2 最适合于海量数据的存储,在企业级的应用最为广泛,在全球的 500 家最大的企业中,几乎 85% 以上使用 DB2 数据库。

5．Access 数据库

Access 数据库是微软公司开发的一套桌面数据库,是微软 Office 办公套件的重要组成部分,是一种能对数据库进行维护、管理的系统软件。用户可以通过 Access 提供的各类视图向导访问数据库,或者编写程序形成数据库应用软件,让各类非计算机专业人员也能自如地使用数据库系统。Access 是真正意义上的关系数据管理系统。

Access 数据库的优点如下:
(1) 提供了数据库中最常用的功能,使用便捷。
(2) 系统占用较少的资源,并不需要数据库服务器支持。
(3) 与微软 Office 办公组件紧密集成,交换数据非常方便。
(4) 与 SQL Server 无缝集成,便于将数据库迁移到 SQL Server。

🔑 5.2　Access 2010 数据库基础

5.2.1　Access 2010 简介

Access 是 Microsoft Office 的一部分,是一种关系数据库管理系统。Access 为数据管理提供了简单、实用的操作环境,大量的可视化操作工具及向导,既方便又实用,具有高效的数据处理能力。Access 适用于小型数据管理,被称为桌面关系数据库管理系统。Access 采用了与 Microsoft Office 系列软件统一的用户界面,提供了很多图形化的工具和向导,使用户不用编写代码便可以轻松地创建和管理数据库系统,使初学者易于掌握,也使得 Access 成为一种实用的数据库教学软件。

Access 2010 与之前的版本相比,除了继承和发扬了功能强大、界面友好、操作方便等优点外,在界面的易操作性方面、数据库操作与应用方面也进行了很大改进,最直观的变化是用户界面上的改变,功能区取代了早期版本中的下拉式菜单和工具栏。Access 2010 中新增的 Backstage 视图包含应用于整个数据库的命令,其中许多命令可在早期版本的"文件"菜单中找到。

5.2.2 Access 2010 的组成

Access 2010 数据库以文件形式保存数据,文件扩展名为".accdb"。Access 2010 数据库包括六种不同的对象,分别是表、查询、窗体、报表、宏和模块。不同的数据库对象在数据库中起着不同的作用,数据库可以看成对象的容器。

1. 表

表是由行和列组成的符合一定要求的二维表,是数据库的核心与基础,存放着数据库中的全部数据信息。表是实现数据组织、存储和管理的对象,数据库中的所有数据都是以表为单位进行组织管理的。查询、窗体和报表都是从表中获得数据,来实现相应的数据处理功能。

2. 查询

查询是从一个或多个表中,按照一定的条件筛选出所需要的数据。查询结果也是表的形式显示,因此可以作为查询对象继续进行查询。但查询结果的表不是基本表,可以理解为一个虚拟的数据表,即虚表,是对表数据的加工和再组织。

3. 窗体

窗体是数据库与用户交互的接口,用于数据的输入、显示及应用程序的执行控制。通过它可以直接或间接地调用宏或模块,并执行查询打印、预览、计算等功能。窗体可以看作是一个容器,在其中可以放置标签、文本框、列表框等控件来显示(或查询)表中的数据。Access 2010 窗体还可以在类模块中包含 VBA(Visual Basic for Application)代码,为窗体和窗体上的控件提供事件处理子过程。

4. 报表

报表是一种按指定的样式格式化的数据形式,用于将查询出来的数据以格式化的形式显示或打印。与窗体一样,报表的数据源可以是表或查询。

5. 宏

宏是指一个或多个操作指令的集合,用来完成一些特定的功能。如果将一系列操作设计为一个宏,则在执行这个宏时,其中定义的所有操作就会按照设计的顺序依次执行。在宏中可以执行许多操作,如打开表、SQL 查询等。宏可以单独使用,也可以与窗体和报表配合使用。如在窗体中可以放置一个命令按钮,单击这个按钮就执行这个宏。利用宏可以使大量的重复性操作自动完成,从而使管理和维护 Access 数据库更加简单。

6. 模块

模块是用户用 VBA 语言编写的实现某个功能的程序段,用来完成宏不能完成的任务。模块可以与报表、窗体等对象结合使用,以建立完整、功能强大的数据库应用程序。

5.2.3 Access 2010 基本操作

1. Access 2010 的启动和退出

Access 2010 的系统界面和 Microsoft Office 2010 的其他应用程序系统界面十分相似,同样包括标题栏、功能区、导航窗格、状态栏和编辑区。Access 2010 的启动和退出的方法与 Microsoft Office 的其他应用程序也相同。

1) 启动 Access 2010

(1) 通过"开始"菜单启动。

在 Windows 中选择"开始"→"所有程序"→Microsoft Office →Microsoft Office Access 2010 选项,即可启动 Access 2010。

(2) 通过"快捷方式"启动。

可以将 Access 2010 的运行程序图标创建为一个快捷方式放在 Windows 的桌面上,创建方法是选择"开始"→"所有程序"→Microsoft Office 2010 选项,将鼠标放在 Microsoft Office Access 2010 上,按住 Ctrl 键同时用鼠标将其拖曳到桌面,即在桌面上建立快捷方式图标,这样以后启动运行 Access 2010 时只需要双击桌面上的快捷方式图标,就可以启动 Access 2010。

(3) 打开已有的 Access 2010 文件。

双击已有的 Access 2010 数据库文件即启动了 Access 2010。

2) 退出 Access 2010

退出 Access 2010 的方法有以下四种:

(1) 按 Alt+F4 组合键。

(2) 单击 Access 2010 窗口右上角的"关闭"按钮。

(3) 右击标题栏左侧 Access 图标"A",选择"关闭";或双击这个图标直接关闭。

(4) Access 2010 窗口中,选择"文件"→"退出"选项。

2. Backstage 视图

Backstage 视图是 Access 2010 中增加的新功能,它是功能选项卡"文件"上显示的命令集合,包含新建数据库、打开已有数据库、保存并发布等命令。

启动 Access 2010,或者在已经启动的数据库中选择"文件"→"新建"选项,会出现新建空数据库的 Backstage 视图界面,如图 5-1 所示。

图 5-1 Backstage 视图界面

窗口左侧列出的命令中,灰色命令表示在当前状态下不可选。当打开一个已有数据库时,灰色的命令会变成黑色可选状态。

(1)"打开"。用于打开已创建的数据库,其下面的数据库列表是曾打开过的数据库,单击数据库名可直接打开。

(2)"最近所用文件"。用于列出用户最近访问过的数据库文件。

(3)"新建"。用于建立新的数据库,其右侧列出了许多模板,便于用户按照模板快速建立特定类型的数据库。用户也可以单击"空数据库",建立一个新的空数据库。

(4)"帮助"。进入帮助界面获取帮助。

(5)"选项"。用于对 Access 进行设置。

(6)"数据库另存为"。可将当前数据库重新保存到想要保存的位置。

(7)"关闭数据库"。用于关闭当前数据库。

(8)"信息"。显示可对当前数据库进行"压缩并修复""用密码进行加密"的操作。

(9)"打印"。可实现对象的打印输出操作。

(10)"保存并发布"。可进行另存为、保存为模板、通过网络实现共享等多种操作。

3. Access 2010 操作界面

启动 Access 2010,选择新建空数据库,或选择某个模板后,进入 Access 2010 的操作界面。Access 2010 操作界面包括快速访问工具栏、标题栏、功能区、导航窗格、编辑区、状态栏和帮助按钮,如图 5-2 所示。

(1)功能区。功能区代替了 Access 2007 以前版本中的菜单栏和工具栏,是 Access 2010 的主要操作界面。功能区包括主要命令选项卡及各组命令按钮、上下文命令选项卡、

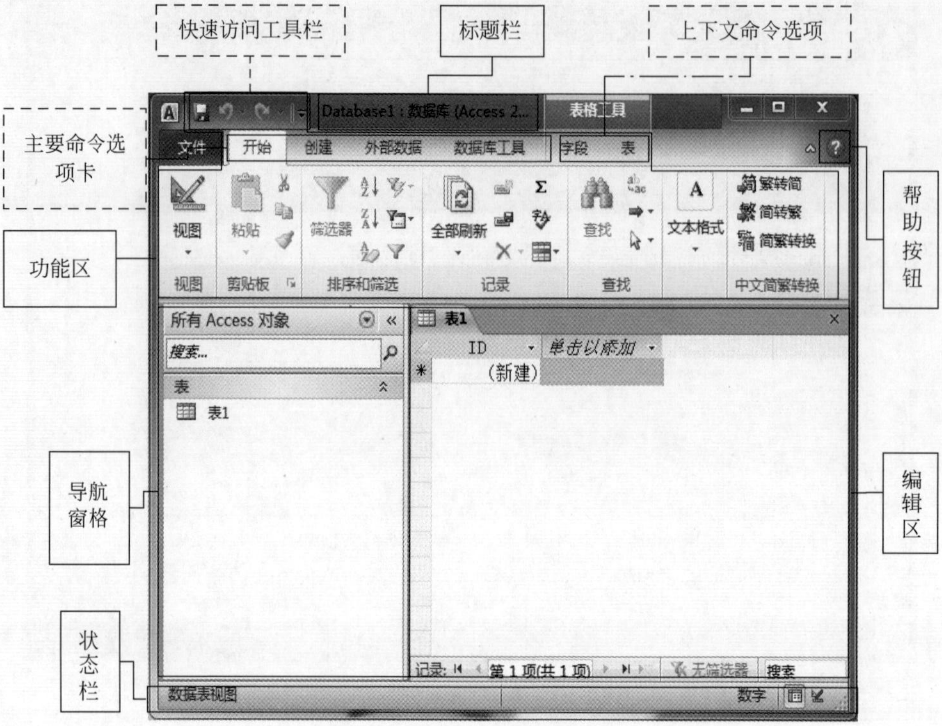

图 5-2 Access 2010 操作界面

快速访问工具栏。

①主要命令选项卡。主要命令选项卡包括"开始""创建""外部数据""数据库工具",每个选项卡都包含多组相关命令按钮。单击其中一个命令选项卡,其下就会随之显示该选项卡包含的命令按钮。如图 5-2 中主要命令选项卡下面的命令按钮就是"开始"选项卡的命令按钮。

②上下文命令选项卡。上下文命令选项卡是根据正在进行操作的对象及正在执行的操作不同而在主要命令选项卡后面出现的选项卡。例如,如果在设计视图中打开一个表,则会出现"表格工具/设计"上下文选项卡,及该选项卡所包含的命令按钮。上下文命令选项卡如图 5-3 所示。

③快速访问工具栏。快速访问工具栏显示了用户常用的命令,如图 5-4 所示。单击快速访问工具栏上的 ▼ 按钮,可以添加或删除快速工具栏中的工具。

(2)标题栏。显示 Access 标题,并可以查看当前处于活动状态的文件名及文件类型。

(3)状态栏。位于程序窗口底部的条形区域,左侧显示状态信息,右侧为视图切换按钮。

(4)导航窗格。位于窗口左侧的区域,显示了数据库对象。该窗格替代了早期版本的 Access 所使用的"数据库"窗口。使用导航窗格来操作表、查询、窗体、报表及其他组件。默认情况下,导航窗格位于数据库界面的左边。

(5)编辑区。编辑区位于 Access 2010 主窗口的右下方、导航窗格的右侧,用来设计、编辑、修改及显示表、查询、窗体和报表等数据库对象的区域。编辑区的最下面是记录定位器,其中显示共有多少条记录及当前编辑的是第几条,可以查看、搜索某条记录信息。

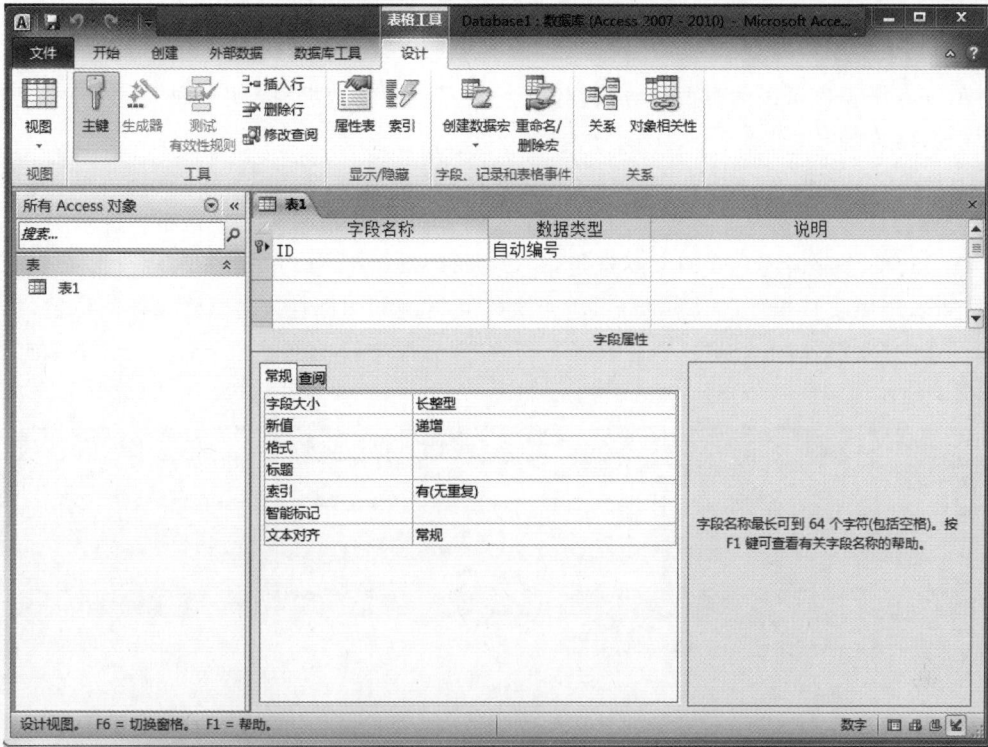

图 5-3 上下文命令选项卡

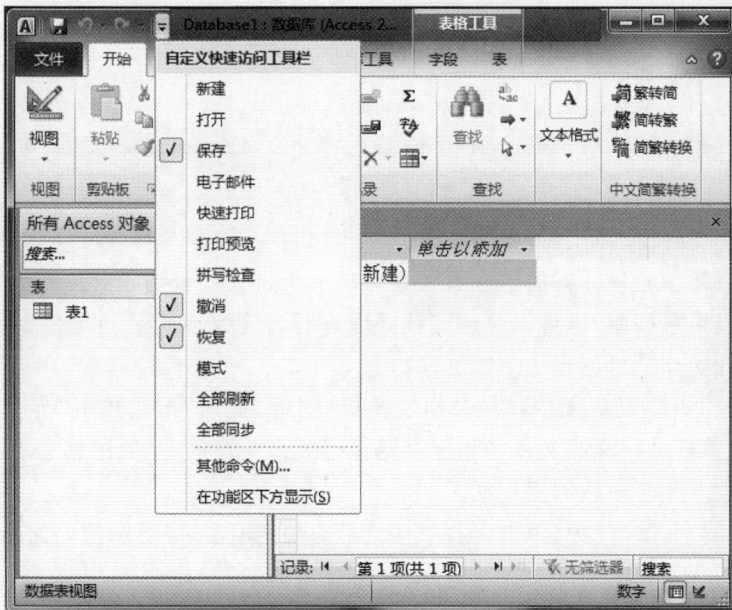

图 5-4 快速访问工具栏

（6）帮助按钮。在使用过程中出现问题和疑问，可以单击功能区右侧的问号（即帮助按钮），来获得帮助。

4. 新建数据库

Access 数据库可以通过两种方式创建：一种是创建空数据库；另一种是通过系统提供的模板创建数据库。

（1）创建空数据库。启动 Access 2010，进入图 5-1 所示的 Backstage 视图界面，或在已打开的数据库中，选择"文件"→"新建"选项，同样可以进入图 5-1 的界面。选择"空数据库"，在右边的"文件名"下方的文本框里，将默认的 Database1 文件名修改成自己需要的文件名，如果想更改数据库的保存路径，单击文件名右侧的图标 ，选择要保存的位置，然后单击下方的"创建"即可新建一个空数据库，并在数据库中自动创建一个名为表 1 的数据表，如图 5-5 所示。

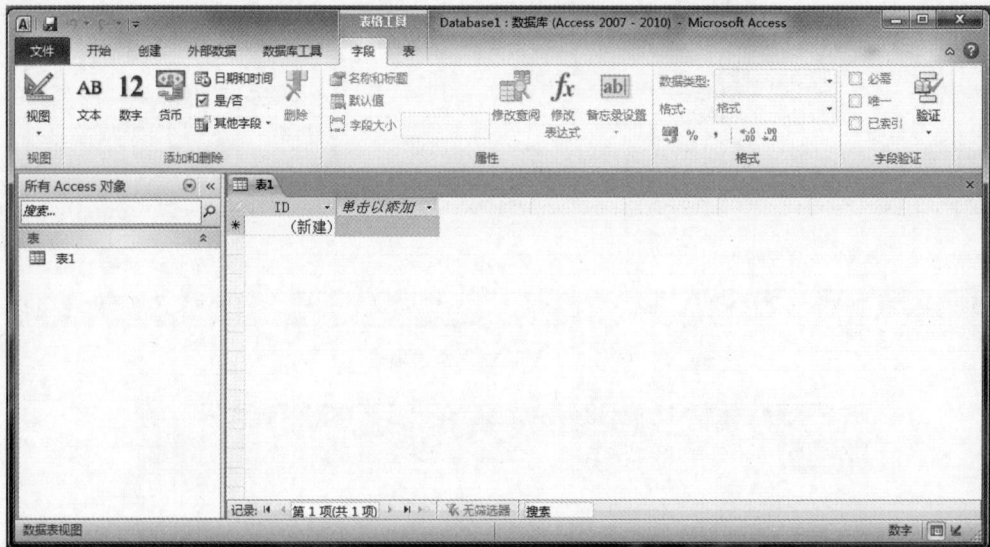

图 5-5　创建空数据库

（2）通过模板创建数据库。Access 2010 提供了多种数据库模板，还可以从 Office.com 下载模板。模板是预先设计好的包含有特定需求的表、窗体、查询等对象的数据库系统。可以按原样使用模板数据库，也可以对这些数据库进行自定义以更好地满足需要。使用模板进行一些简单的操作就可创建一个数据库。

在 Access 2010 启动界面中，单击"样本模板"图标，进入"可用模板"界面，选择想要使用的模板，根据需要进行修改文件名和保存路径，然后单击"创建"后即创建了一个包含数据库表等对象的数据库。模板数据库如图 5-6 所示。

例如，选择"教职员"模板，单击"创建"按键后，进入如图 5-7 所示的界面。

5. 打开和保存数据库文件

无论用哪种方法创建数据库，都可以打开数据库，浏览、查询其中的相关信息或者对数据库进行修改或扩展，用户每次所做的修改都应保存起来。

（1）打开数据库文件。有多种打开数据库文件的方法。

① 找到保存的数据库文件，双击即可启动 Access 并打开该数据库文件。

图 5-6　模板数据库

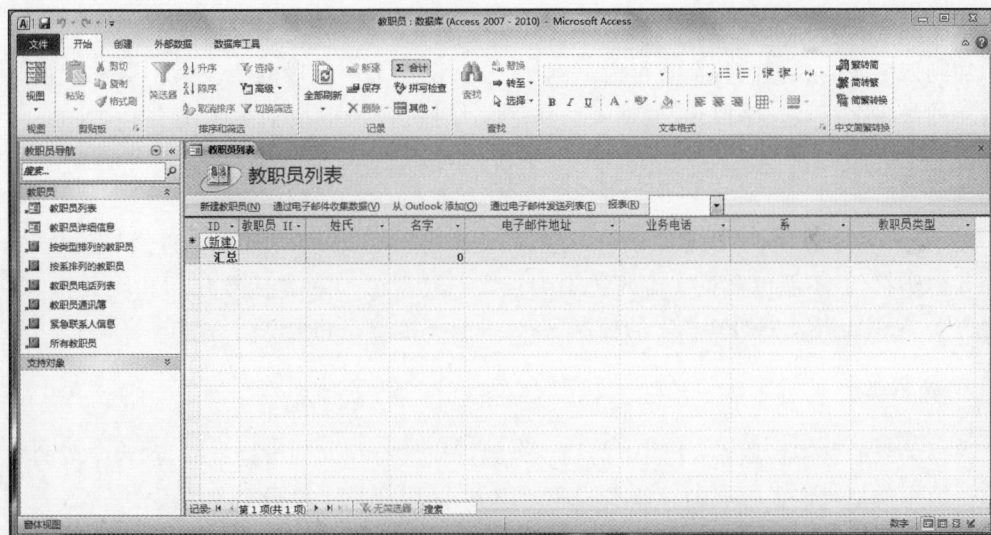

图 5-7　教职员模板数据库

② 启动 Access 2010,选择"文件"→"打开"选项,在弹出的"打开"对话框中找到要打开的数据库文件,选择后单击"打开"按钮即可。

③ 启动 Access 2010,单击"文件",出现文件列表中的数据库名,直接单击数据库名称即可打开,或选择"最近所用文件"命令,进入"最近使用的数据库"列表窗口,单击要打开的数据库文件即可。

(2) 保存数据库。在数据库中进行的操作主要是对其中的表、查询、窗体以及报表等对象进行操作,在其中创建了这些对象后就需要将其保存在该数据库中。当创建一个数据库对象时,单击工具栏上的 ![保存] 按钮,打开"另存为"对话框,在其中输入对象的名称后,单击"确定"按钮,即可将该对象进行保存。或单击"文件"中的"保存"命令进行保存。"另存为"对话框如图 5-8 所示。

图 5-8　"另存为"对话框

5.3　表的创建

数据库创建完毕后,数据库仍不能使用,因为数据库中什么也没有,必须在数据库中创建表。表是 Access 数据库中最基本的对象。表是某一类数据的集合,是由行和列组成的基于主题的列表。创建一个新表是指创建一个表的结构,就是确定这个表包括哪些字段(属性),以及每个字段的字段名、数据类型、字段大小、格式、输入掩码和有效性规则等参数。

5.3.1　字段

表中的一行为一条记录,一列为一个字段,每个字段都有相应的若干属性。字段属性介绍添加到该字段的数据的特征及行为。例如,通过设置文本字段的字段大小属性来控制允许输入的最多字符数。字段名、数据类型和字段大小是字段的最基本参数。

1. 字段名

在 Access 2010 中,字段名最多可以包含 64 个字符,其中可以使用字母、汉字、数字、空格和其他字符,但不能包含英文输入法中的点"."、感叹号"!"、方括号"[]"和重音符"'",还不能包含 ASCII 码表中的 0~31 的控制字符,并且不能以空格开头。

2. 数据类型

根据关系的基本性质,一个表中的同一列数据应具有相同的数据特征,称为字段的数据类型。数据类型决定了数据的存储方式和使用方式,因此是字段最重要的属性。

字段的数据类型是必须定义的字段参数。在设计表结构时,根据字段的性质、取值来确定表中各字段的数据类型。Access 2010 提供了文本、备注、数字、日期/时间、货币、自动编号、是/否、OLE 对象、超链接、附件、计算和查阅向导 12 种不同的数据类型,以满足不同性质的数据定义需要。下面将 Access 2010 中各字段类型的含义与用途逐一进行介绍。

(1)文本型。文本型字段可以保存文本字符信息,可以由任意的字母、数字和其他字符组成。用户可以根据实际需要定义文本的长度,长度以字符为单位,最多为 255 个字符。

(2)备注型。备注型字段可保存较长的文本,最多可存储 65 535 个字符。在备注型字段中可以搜索文本,但搜索速度较在有索引的文本型字段中慢。不能对备注型字段进行排序和索引。

（3）数字型。数字型字段保存的是数值数据，由 0～9、小数点、正/负号等组成，不能有除 E 以外的其他字符。可以通过设置"字段大小"属性定义一个特定的数字型字段，通常按字段大小分为字节、整型、长整型、单精度型、双精度型及小数等，分别占 1、2、4、4、8、8 字节，不同子类型的取值范围和精度有所不同。如单精度的小数位精确到 7 位，双精度的小数位精确到 15 位。

（4）日期/时间型。日期/时间型字段用来保存日期、时间或日期加时间，占 8 字节。显示的格式取决于在日期/时间型的字段属性中"格式"属性里选择了哪种格式。

（5）货币型。货币型是一种特殊的数字型数据，占 8 字节，可精确到小数点左边 15 位和小数点右边 4 位，在计算时禁止四舍五入。向货币型字段输入数据时，不必输入货币符号和千位分隔符，Access 2010 会自动显示这些符号。

（6）自动编号型。自动编号型字段在添加记录时 Access 2010 会自动输入唯一编号的值，并且不能更改。最常见的自动编号方式是每次增加 1 的顺序编号，也可以随机编号。

（7）是/否型。是/否型是针对只包含两种不同取值的字段而设置的，如"婚否"字段。是/否型字段占 1 字节，可以通过字段属性中的"格式"属性选择是/否型字段的显示形式，使其显示为 Yes/No、True/False 或 On/Off。

（8）OLE 对象型。OLE 对象型用于保存多媒体信息，包括文档、图片和电子表格等。OLE 对象型字段最大为 1GB。OLE 对象型字段不能直接在单元格中输入，右击 OLE 对象型字段单元格，在弹出的快捷菜单中选择"插入对象"，弹出 Microsoft Access 对话框。可以选择"新建"单选按钮的"对象类型"，或者单击"由文件创建"单选按钮，选择要插入的文件，单击"确定"按钮，完成对象插入。OLE 对象只能在窗体或报表中用控件显示。OLE 对象型插入对象对话框如图 5-9 所示。

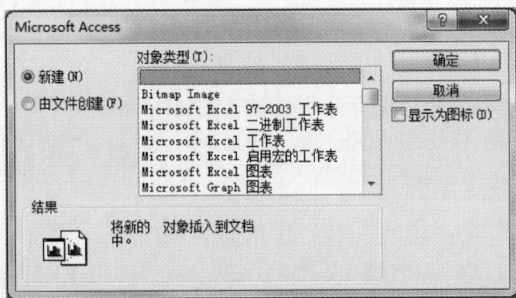

图 5-9　OLE 对象型插入对象对话框

（9）超链接型。超链接型字段用来保存超链接地址。超链接地址的一般格式为：

显示文本 ♯ 地址♯子地址♯屏幕提示

最多可以有 4 部分，各部分之间用"♯"隔开，如果中间的"子地址"省略，但用于子地址的分隔符"♯"不能省略。如"清华大学出版社♯http://www.tup.tsinghua.edu.cn/♯♯网站"，超链接字段中将显示"清华大学出版社"，将鼠标指向该字段时屏幕会提示"网站"，单击会进入 http://www.tup.tsinghua.edu.cn/的网站。

（10）计算型。计算型是 Access 2010 新增的数据类型。计算型字段是指该字段的值是通过一个表达式计算得到的。例如，假设"工资"表中有"基本工资""岗位津贴""总工资"字段,其中"总工资"字段可以定义为计算型,其值是通过"基本工资"和"岗位津贴"两个字段通过计算后得到的。

(11) 查阅向导型。查阅向导型不是一种独立的数据类型,而是应用于"文本""数字""是/否"三种类型字段的辅助工具。在选择了以上三种数据类型后,再选择"查阅向导"类型,会弹出一个向导对话框,按照向导设置查阅列表。

(12) 附件型。附件型是 Access 2010 新增的数据类型。它可以将图像、电子表格文件、文档和图片等任何受操作系统支持的文件类型作为附件存储到数据库记录中,但所添加的单个文件的大小不得超过 256MB,且附件总的大小最大为 2GB。使用附件可以将多个文件存储在单个字段之中,甚至还可以将多种类型的文件存储在单个字段之中。例如在"教师信息"表中,可以将教师的多份代表作及照片等都添加到教师的记录中。

3. 字段大小

通过字段大小属性,可以控制占用使用的存储空间大小。该属性只适用于文本型或数字型的字段,其他类型的字段大小均由系统统一规定。

5.3.2　创建表

在 Access 中有多种创建表的方法,通常是先设置表的结构,然后输入数据,也可以先输入数据,再设置表结构。下面介绍最常用的两种创建表的方法: 使用设计视图创建表,使用数据表视图创建表。

1. 使用设计视图创建表

使用设计视图创建表,用户可以根据需要定义字段名、数据类型及相关属性。基本步骤如下:

(1) 进入 Access 窗口,选择功能区中的"创建"选项卡。

(2) 单击"表设计"按钮,进入表设计视图窗口,如图 5-10 所示。

(3) 在设计视图窗口中定义每个字段的名称、数据类型、字段属性等。

(4) 设置表的属性,定义主键、索引等。

(5) 设置完成后,单击快速访问工具栏中的保存 按钮,或选择"文件"→"保存"选项,打开一个"另存为"对话框,在"表名称"文本框中输入表名,单击"确定"按钮,保存创建的表。

2. 使用数据表视图创建表

在数据表视图中,可以新建一个空表,直接在新表中进行添加字段名称,设置字段类型、字段大小等属性。基本步骤如下。

(1) 新建一个数据库时,会自动创建一个名为"表1"的空表,并进入数据表视图。或在已打开的数据库中,选择"创建"选项卡,单击"表"按钮,同样可以创建一个空表,并进入数据表视图。数据表视图如图 5-11 所示的右侧编辑区。

(2) 在数据表视图中,第一行定义字段,第二行往下为数据输入区域,即输入记录。字段名称、字段数据类型、字段属性等均在功能区的"字段"选项卡中设置。

(3) 选中 ID 字段列,在"字段"选项卡中单击"名称和标题"按钮,弹出一个"输入字段属性"对话框,在"名称"文本框中输入字段名,单击"确定"按钮。或右击,在弹出的快捷菜单中选

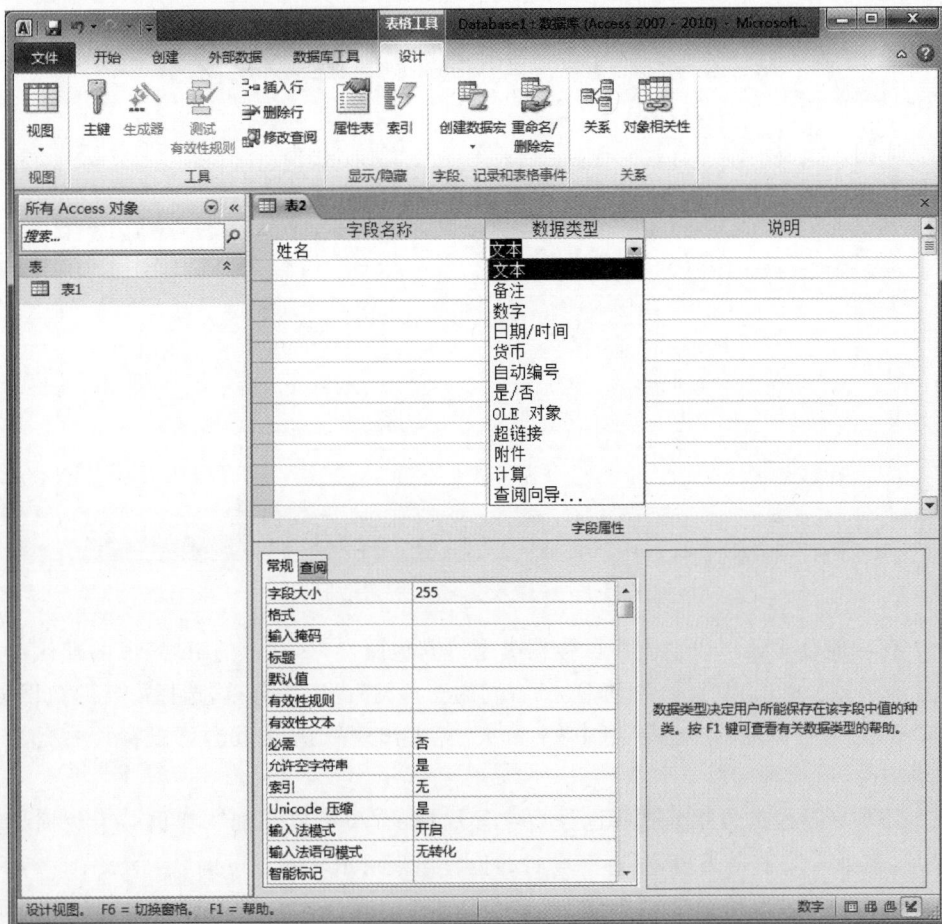

图 5-10　表设计视图窗口

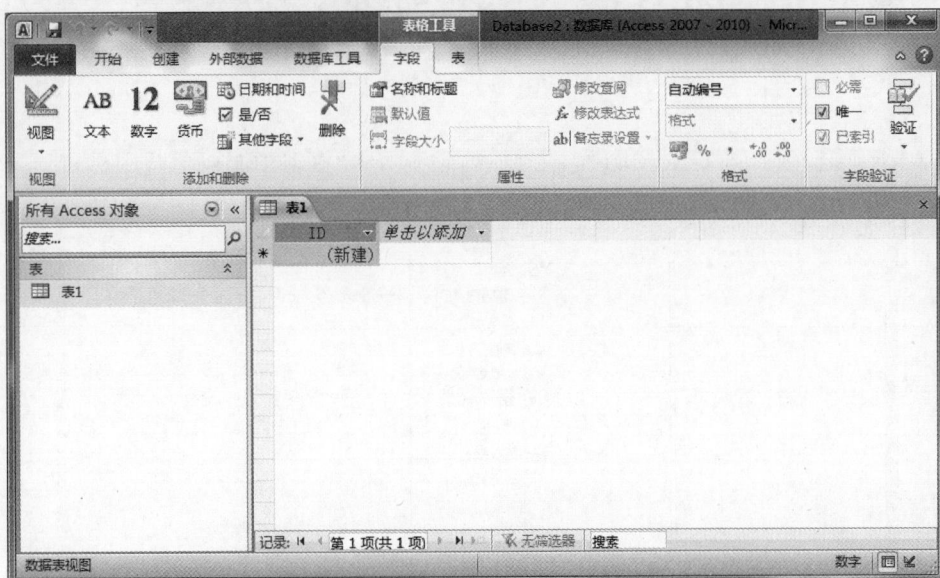

图 5-11　数据表视图

择"重命名字段"。或双击 ID 字段,都可以设置字段名。"输入字段属性"对话框如图 5-12 所示。

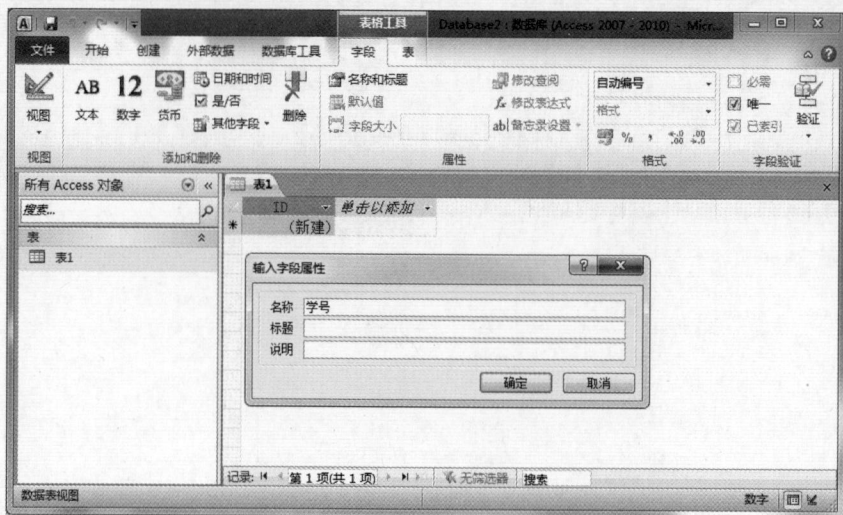

图 5-12 "输入字段属性"对话框

(4) 在功能区里还可以设置字段数据类型等其他属性,如默认的 ID 字段的默认数据类型为"自动编号",单击功能区"自动编号"右侧的三角,弹出下拉菜单,选择需要的数据类型,如选择"文本"后在左侧的"属性"组中"字段大小"即出现默认值 255,可以将其根据需要修改数值大小。

(5) 添加新字段的方法是选择已设置字段后面的"单击以添加",弹出一个数据类型的快捷菜单,选择一个数据类型后,在字段名的位置出现可编辑状态下的"字段 1",将"字段 1"修改成需要的字段名,在功能区中修改该字段的其他属性。数据表视图添加新的字段如图 5-13 所示。

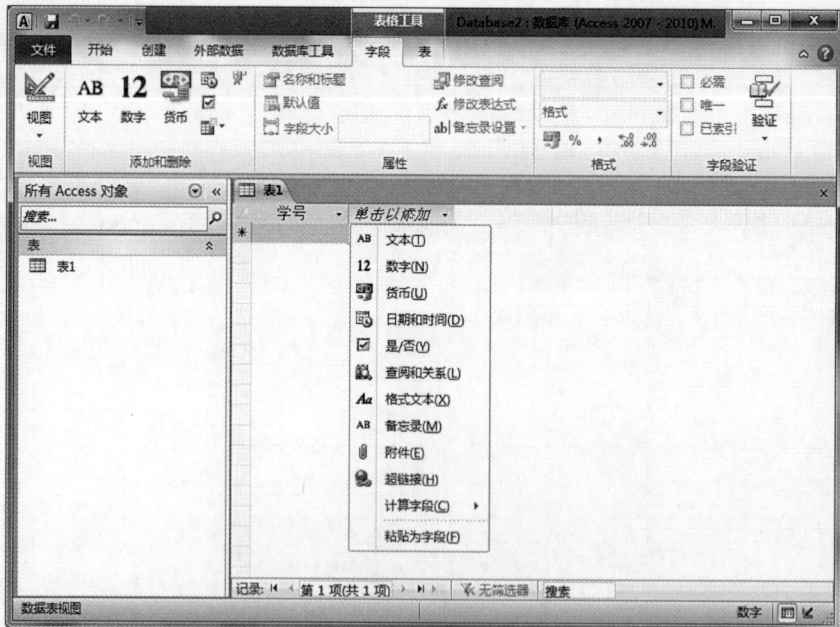

图 5-13 数据表视图添加新的字段

（6）所有字段都设置完成，单击"保存"按钮，在弹出的"另存为"对话框中填上表名即可。

设计视图与数据表视图的切换可以通过功能区"视图"命令下拉菜单选择，或编辑区中，在已打开表的标签上右击，在弹出的快捷菜单中选择视图。功能区中视图切换如图 5-14 所示，编辑区中视图切换如图 5-15 所示。

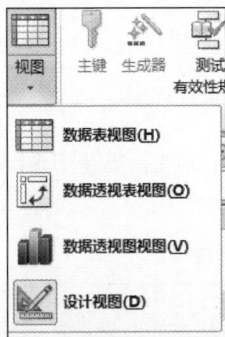

图 5-14　功能区中视图切换　　图 5-15　编辑区中视图切换

5.3.3　字段属性

表中的每个字段除了有字段名、数据类型属性外，还有一系列的属性描述，不同类型的字段有不同的属性，例如"文本"数据类型包括字段大小、格式、输入掩码、标题、默认值和有效性规则等其他属性。

在表设计视图窗口中，编辑区的上半部分设置字段名称、数据类型和说明，下半部分是字段属性，包括"常规"属性和"查阅"属性两个选项卡。当选择某个字段时，就会在下方显示该数据类型的字段属性，可以对各个属性进行设置和修改。字段属性的常规属性如表 5-2 所示。

表 5-2　字段属性的常规属性

属　性	使 用 说 明
字段大小	定义文本型长度、数字型的子类型、自动编号型的子类型
格式	定义数据的显示格式和打印格式
小数位数	指定显示数字时要使用的小数位数
输入掩码	定义数据的输入格式
标题	在数据表视图、窗体和报表中代替字段名显示，若该属性为空，则使用字段名称
默认值	添加新记录时自动向该字段填写的内容
有效性规则	设置该字段输入数据的约束条件，是一个逻辑表达式，该属性与"有效性文本"属性一起使用
有效性文本	当输入的数据违反了"有效性规则"设置的表达式时显示的提示文本信息
必需	该属性取值"是"和"否"，当为"是"时，该字段不能为空，必须填写
允许空字符串	文本、备注、超链接类型的字段，是否允许输入长度为 0 的字符串
索引	指定字段是否具有索引，可选择无索引，可重复索引，不可重复索引
Unicode 压缩	对于文本、备注、超链接类型字段，是否进行 Unicode 压缩
输入法模式	定义焦点移至该字段时，是否开启输入法
文本对齐	指定数据在表中的对齐方式

"查阅"选项卡是只应用于"文本""数字""是/否"三种数据类型的辅助工具,用来定义当有"查阅向导"时作为提示的控件类别,可以从"文本框""组合框""列表框"(是/否型使用"复选框")指定控件。

5.3.4　编辑表中数据

在"选课系统"数据库中创建一个"学生信息"表,对表进行添加记录、删除记录操作。

1. 创建"学生信息"表

首先确定"学生信息"表结构,字段包括:学号、姓名、性别、出生日期、民族、籍贯、专业、班级,每个字段的类型和大小如表 5-3 所示。

表 5-3 "学生信息"表结构

字 段 名 称	字 段 类 型	字 段 大 小	字 段 名 称	字 段 类 型	字 段 大 小
学号	文本	10	姓名	文本	20
性别	文本	1	出生日期	日期/时间	
民族	文本	10	籍贯	文本	20
专业	文本	20	班级	文本	20

在设计视图中设置"学生信息"的字段名称、字段类型、字段大小及其他属性。其中"性别"字段的"默认值"设置为"男","民族"字段的默认值设置为"汉族","日期/时间"的格式为"中日期"。"学生信息"表结构如图 5-16 所示。

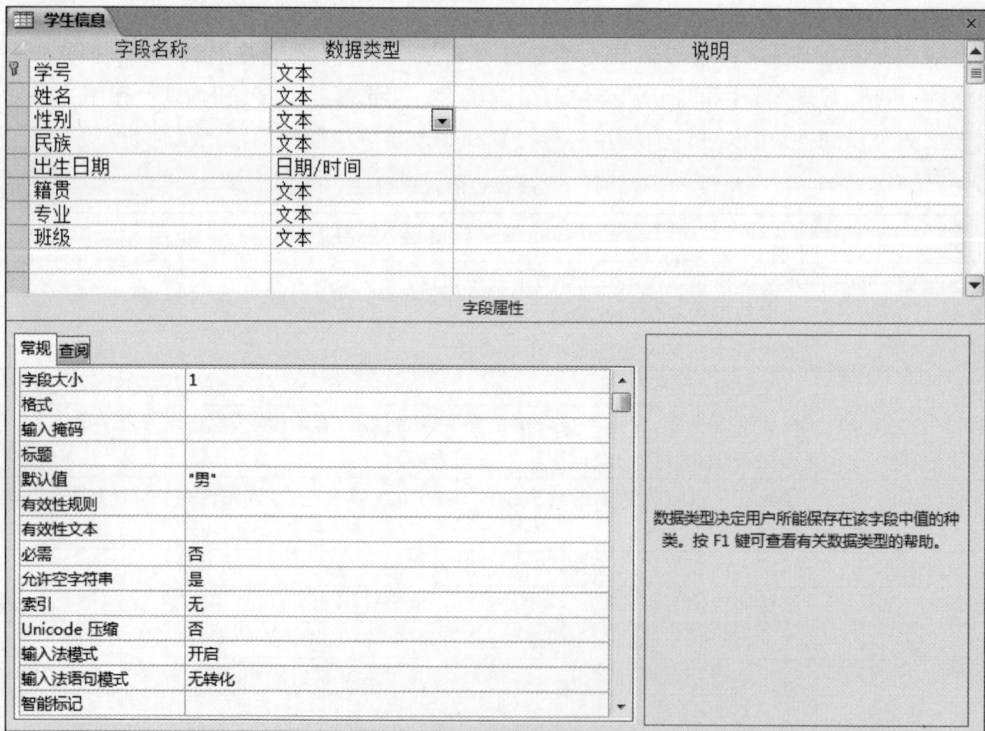

图 5-16 "学生信息"表结构

2．添加记录

对数据表添加记录有两种方式，一种是在数据表视图中逐条添加记录，另一种是通过 Excel 文件批量导入记录。

（1）在数据表视图添加记录。在编辑区中将数据表用"数据表视图"打开，直接按照每个字段的要求逐条输入记录。在"学生信息"表中由于"性别"字段默认值为"男"，"民族"字段默认值为"汉族"，所以这两个字段会自动填充，如果需要更改，直接单击单元格更改即可。数据表视图添加记录如图 5-17 所示。

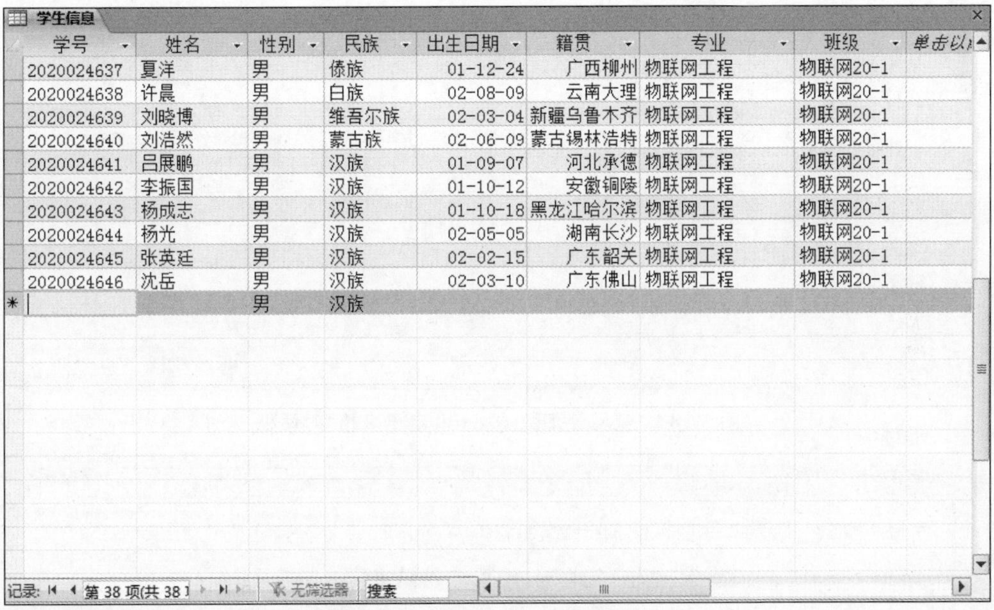

学号	姓名	性别	民族	出生日期	籍贯	专业	班级	单击以
2020024637	夏洋	男	傣族	01-12-24	广西柳州	物联网工程	物联网20-1	
2020024638	许晨	男	白族	02-08-09	云南大理	物联网工程	物联网20-1	
2020024639	刘晓博	男	维吾尔族	02-03-04	新疆乌鲁木齐	物联网工程	物联网20-1	
2020024640	刘浩然	男	蒙古族	02-06-09	蒙古锡林浩特	物联网工程	物联网20-1	
2020024641	吕展鹏	男	汉族	01-09-07	河北承德	物联网工程	物联网20-1	
2020024642	李振国	男	汉族	01-10-12	安徽铜陵	物联网工程	物联网20-1	
2020024643	杨成志	男	汉族	01-10-18	黑龙江哈尔滨	物联网工程	物联网20-1	
2020024644	杨光	男	汉族	02-05-05	湖南长沙	物联网工程	物联网20-1	
2020024645	张英廷	男	汉族	02-02-15	广东韶关	物联网工程	物联网20-1	
2020024646	沈岳	男	汉族	02-03-10	广东佛山	物联网工程	物联网20-1	
*		男	汉族					

记录：Ⅰ◀ 第 38 项(共 38）▶ ▶Ⅰ ▶※ 无筛选器　搜索

图 5-17　数据表视图添加记录

（2）通过 Excel 导入记录。如果记录很多，并且已经保存到 Excel 电子表格中，如"学生信息表．xlsx"的 Sheet1 工作表中存放着多条记录，可以将 Excel 表中的记录直接导入Access 数据库中，不需要逐条添加记录。

在功能区中选择"外部数据"选项卡，在"导入并链接"命令组中，选择 Excel 按钮，弹出一个"获取外部数据-Excel 电子表格"的对话框，如图 5-18 所示。

单击"浏览"按钮，在弹出的"打开"对话框中选择要导入的 Excel 表。下面有三个单选框，若选择第一个单选框，如果数据库中已经存在指定的表，将会把 Excel 中的记录导入这个数据表中，并覆盖原有记录；如果数据库中不存在指定的表，将新建一个表。如果数据库中指定的表已经存在，并且不希望覆盖原有记录，则选择第二个单选框，这样就可以在原有记录末尾进行追加记录。

单击"确定"按钮，弹出"导入数据表向导"对话框，如图 5-19 所示，选择"学生信息表．xlsx"文件中的工作表 Sheet1。

单击"下一步"按钮，确定 Excel 工作表中的第一行是否包含列标题，即是否将其作为Access 数据表中的字段名称，如图 5-20 所示。

单击"下一步"按钮，设置需要导入字段的信息，包括字段名称、数据类型和是否有索引。

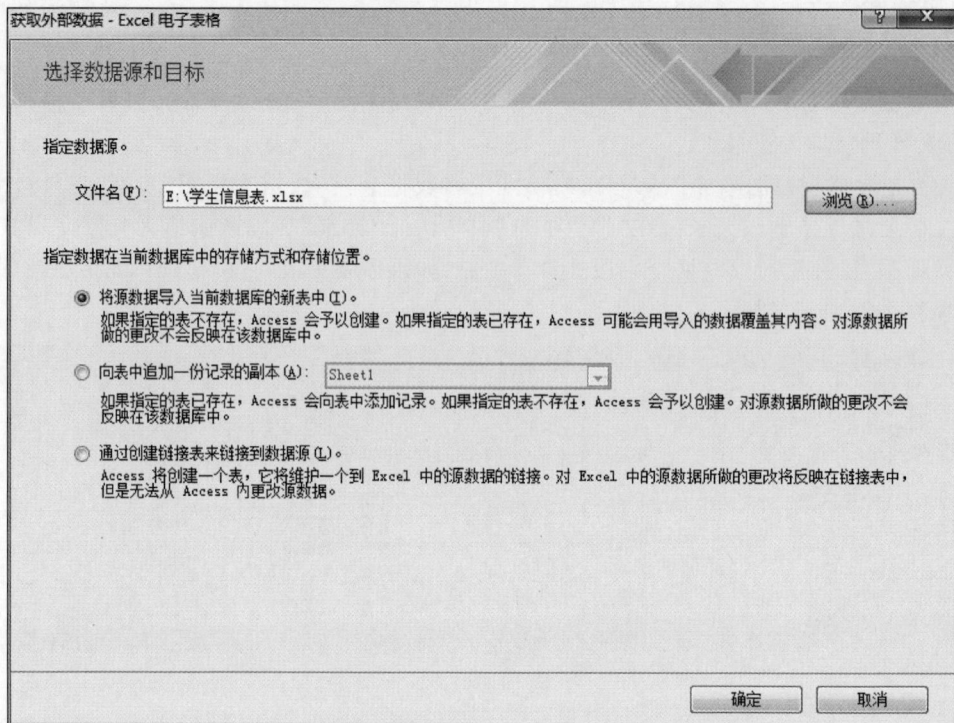

图 5-18   "获取外部数据-Excel 电子表格"对话框

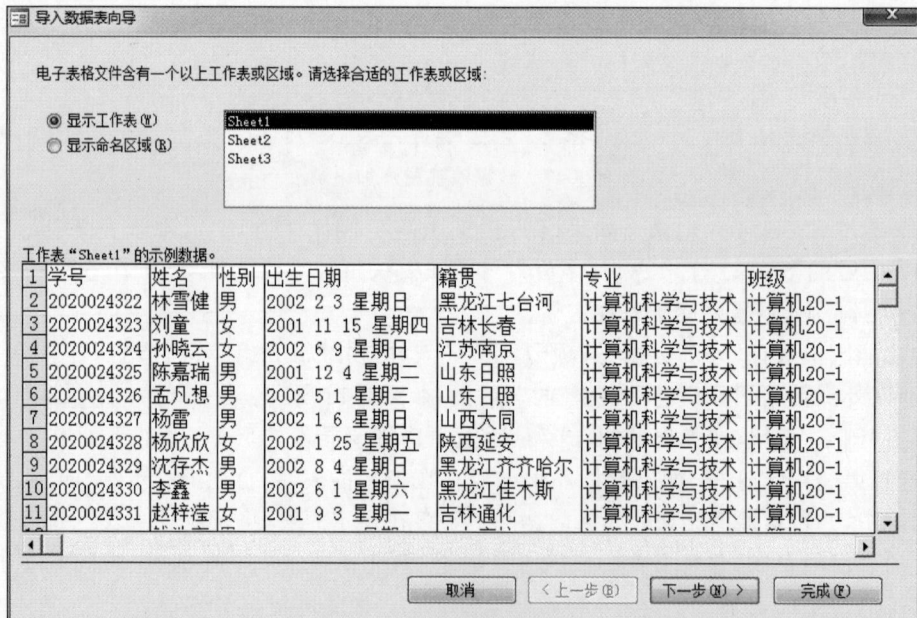

图 5-19   选择需要导入的工作表

如果有某列不导入,选中该列后,选择"不导入字段(跳过)"复选框。设置需要导入字段信息如图 5-21 所示。

单击"下一步"按钮,根据需要选择其中的一个单选框,进行是否添加主键设置,如图 5-22

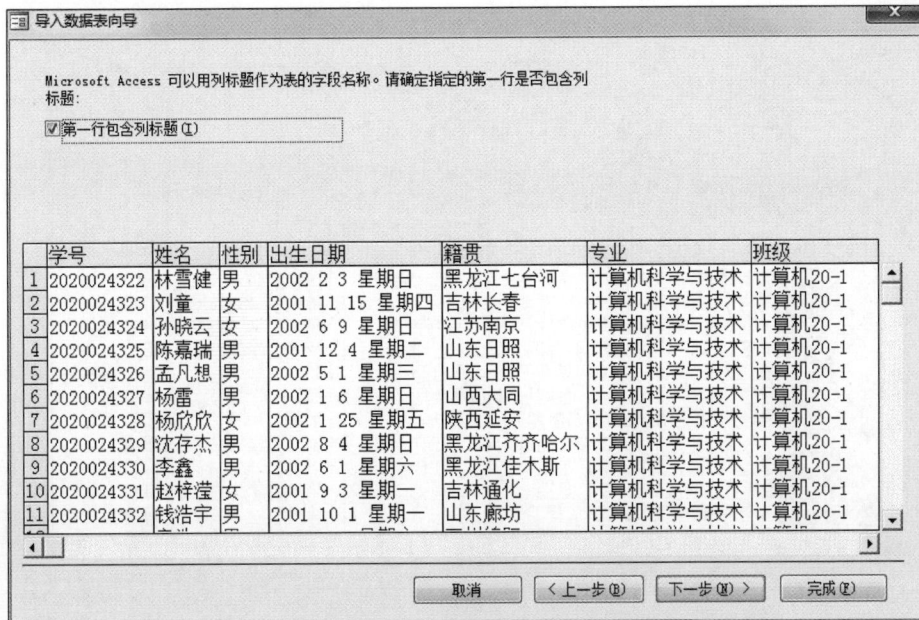

图 5-20　确定 Excel 工作表指定的第一行是否包含列标题

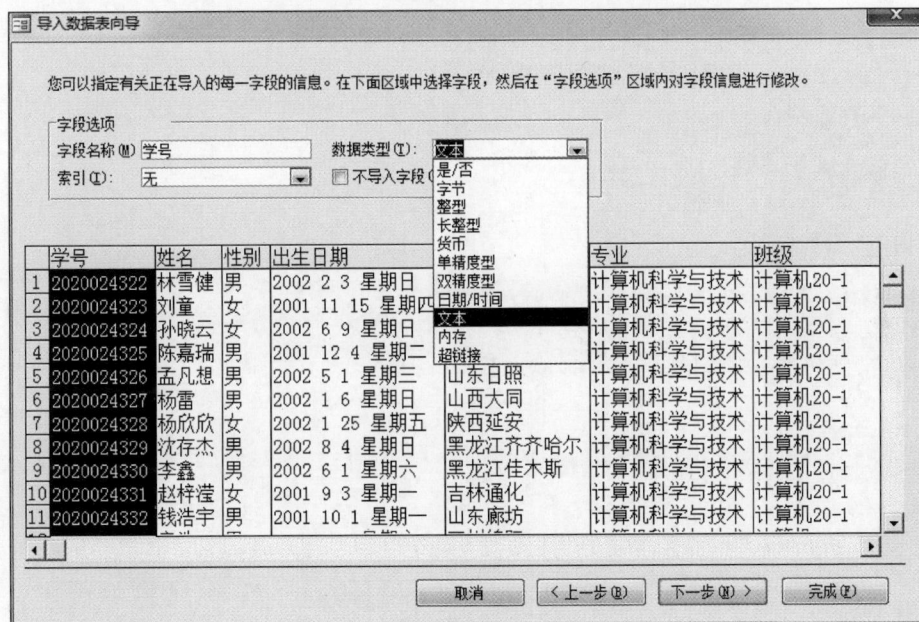

图 5-21　设置需要导入字段信息

所示。

　　单击"下一步"按钮,在"导入表"下方的文本框中输入导入的 Access 数据表名,单击"完成"按钮即可,如图 5-23 所示。

3. 删除记录

若要删除表中的记录,可采用以下几种操作方法。

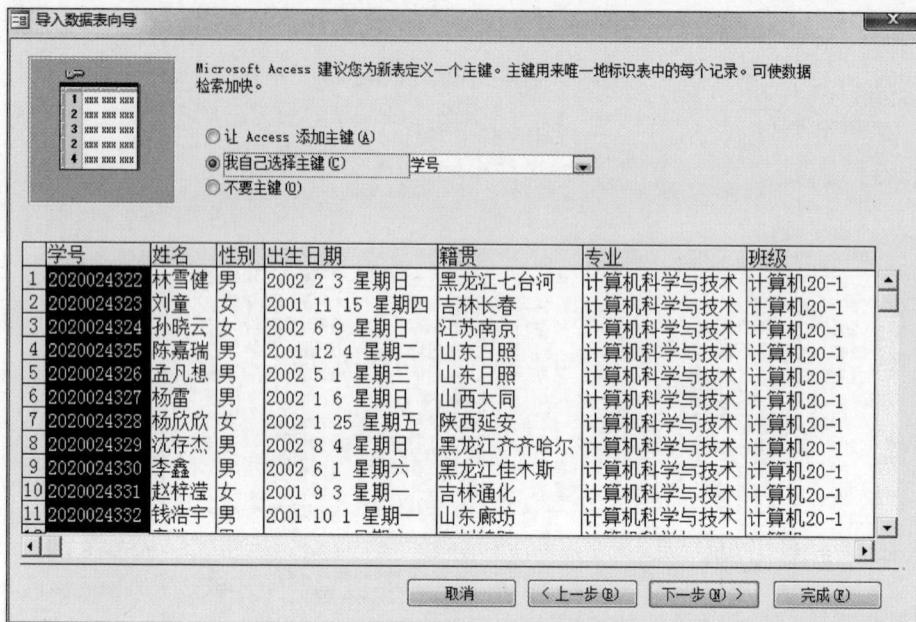

图 5-22　是否添加主键设置

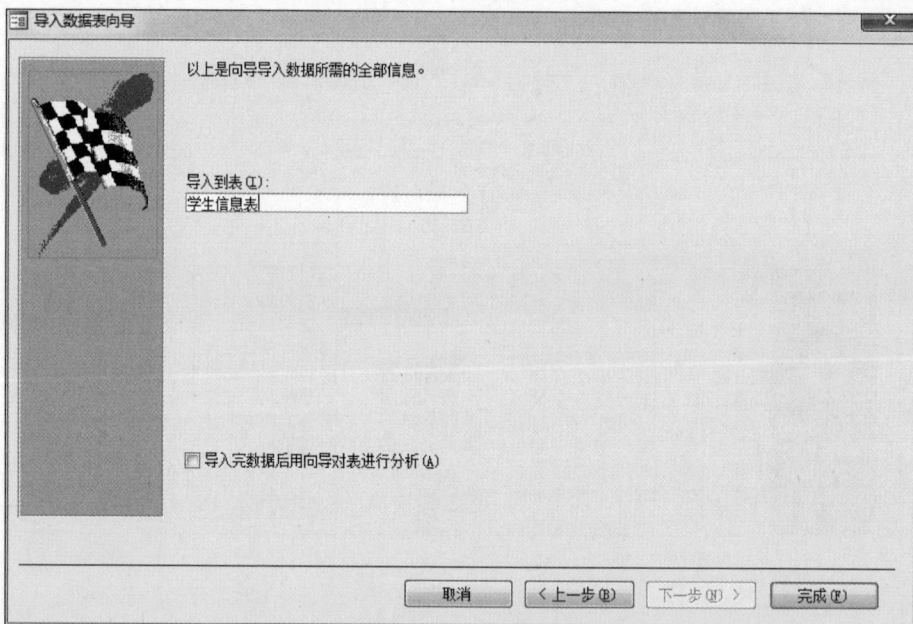

图 5-23　导入表

（1）右击要删除的记录左边的记录选择器，在弹出的快捷菜单中选择"删除记录"。

（2）单击要删除的记录左边的记录选择器，然后按 Delete 键。

（3）单击功能区上的"删除"或"删除记录"按钮。

（4）按 Ctrl＋"－"（Ctrl 键加负号键）。进行上述操作后系统均会询问是否要删除记录，选择"是"则执行删除操作，这种删除法是无法恢复的。

如果要同时删除多个记录，需要利用记录选择器选择一组记录，然后按 Delete 键。这些选定的记录都会用黄色边框突出显示。

🔑 5.4　SQL 介绍

在 Access 中,每个查询都对应着一个 SQL 查询命令。在查询视图中创建查询时,Access 会自动生成对应的 SQL(Structured Query Language,结构化查询语言)命令,可以在 SQL 视图窗口查看和编辑当前查询对应的 SQL 命令,也可以直接输入 SQL 命令创建查询。

5.4.1　SQL 概述

SQL 是通用的关系数据库的标准语言,可以用来进行数据查询、数据定义、数据操纵和数据控制等操作。

SQL 结构简洁,功能强大,简单易学,得到了广泛应用。一般关系数据库管理系统都支持使用 SQL 作为数据库系统语言。如今无论是 Oracle、Sybase、DB2、Informix、SQL Server 这些大型的数据库管理系统,还是 Visual Foxpro、PowerBuilder、Access 这些 PC 上常用的数据库开发系统,都支持 SQL 作为查询语言。

SQL 不仅是一个查询工具,它还可以独立完成数据库的全部操作。按照其实现的功能可以将 SQL 分为四大类: 数据查询语言、数据定义语言、数据操纵语言、数据控制语言。

(1) 数据查询语言(Data Query Language,DQL)。数据查询语言按一定的查询条件从数据库对象检索符合条件的数据,基本结构是由 SELECT 子句、FROM 子句、WHERE 子句组成的查询块。

(2) 数据定义语言(Data Definition Language,DDL)。数据定义语言用于定义数据的逻辑结构及数据项之间的关系,创建数据库中的各种对象:表、视图、索引、同义词、聚簇等。例如: CREATE、DROP、ALTER 等语句。

(3) 数据操纵语言(Data Manipulation Language,DML)。数据操纵语言用来插入、修改、删除和查询,可以修改数据库中的数据。例如: INSERT、UPDATE、DELETE、SELECT。

(4) 数据控制语言(Data Control Language,DCL)。数据控制语言用于设置或更改用户对数据库操作的权限。例如: GRANT、REVOKE、COMMIT、ROLLBACK 等语句。

5.4.2　常用 SQL 语句

在 SQL 中常用的语句有数据查询 SELECT 语句、插入/追加记录 INSERT 语句、更新记录 UPDATE 语句和删除记录 DELETE 语句,下面逐一进行介绍。

1. 数据查询 SELECT 语句

数据查询是 SQL 的核心功能,通过 SELECT 语句实现,用于从数据库中查找满足条件的数据。

SELECT 语句中包含的子句很多,语法很复杂,一般常用语法格式如下:

```
SELECT [ALL|DISTINCT|TOP n] <目标列表达式 1>[,<目标列表达式 2>…]
FROM <表或查询>
[WHERE <条件表达式>]
[GROUP BY <分组字段名> [HAVING<条件表达式>]
[ORDER BY <排序选项 1> [ASC|DESC][,<排序选项 2>[ASC|DESC]]…]
```

　　说明:"<>"中的内容是必选,"[ ]"中的内容是可选,"|"表示多个选项只能选择其中一个。

　　语句的功能:根据 WHERE 子句中的表达式条件,从 FROM 子句中指定的表或查询中找出满足条件的记录,按目标列的设定,选出记录中的字段值形成查询结果。

　　(1) ALL|DISTINCT 表示记录的范围,ALL 表示输出所有记录,包括重复记录,DISTINCT 表示输出无重复结果的记录,TOP n 表示输出前 n 条记录。

　　(2) <目标表达式>表示查询结果中显示的数据,一般为列名或表达式。

　　(3) FROM 子句用于指定要查询的表。

　　(4) WHERE 子句表示查询条件,用于选择满足条件的记录。

　　条件表达式运算符:比较运算符($=,<,<=,>,>=,!<,!>,!=,<>$),逻辑运算符(or,and,not),范围说明运算符(between and,not between and),列表运算符(in,not in),模式匹配(like,not like),是否为空值(is null,is not null)。

　　(5) GROUP BY 子句对查询结果进行分组。

　　(6) HAVING 子句限制分组条件。

　　(7) ORDER BY 子句对查询结果进行排序,ASC 升序,DESC 降序。

　　例如:

```
SELECT 学号,姓名,专业 FROM 学生信息
WHERE 姓名 LIKE "李 * "
ORDER BY 学号 ASC
```

表示从"学生信息"表中找出所有姓李的同学,并按照学号升序显示其学号、姓名和专业。

2. 插入/追加记录 INSERT 语句

　　功能:将一条记录插入指定表中。

　　语法格式:

```
INSERT INTO <表名>[(<字段名 1>[,<字段名 2>…])]
VALUES (<字段值 1>[,<字段值 2>…])
```

　　"表名"指要插入记录的表的名称,"字段名"指要添加字段值的字段名称,"字段值"指具体的字段值。当需要插入表中所有字段的值时,表名后面的字段名可以省略,但插入数据的格式及顺序必须与表的结构完全一致。若只需要插入表中某些字段的值,就需要列出插入数据的字段名,当然相应字段值的数据类型应与之对应。

　　例如:向"学生信息"表中插入一条记录。

```
INSERT INTO 学生信息表
VALUES("2020023003","赵丽","女","汉族","2002 - 6 - 4","黑龙江哈尔滨","大数据","数据 20 - 2")
```

3. 更新记录 UPDATE 语句

功能：修改更新指定表中满足条件的记录，将这些记录相应字段上的值按照条件表达式的值修改。

语法格式：

```
UPDATE <表名> SET <字段名 1> = <表达式 1>[,<字段名 2> = <表达式 2>…]
[WHERE <条件表达式>]
```

如果 WHERE 子句默认，则修改表中的所有记录。

例如：将"学生信息"表中，"软件工程"专业修改为"计算机科学与技术"，则如下所示。

```
UPDATE 学生信息 SET 专业 = "计算机科学与技术" WHERE 专业 = "软件工程 "
```

4. 删除记录 DELETE 语句

功能：从表中删除满足条件的记录。

语法格式：

```
DELETE FROM <表名> [WHERE 条件]
```

如果 WHERE 子句默认，则删除表中所有的记录，但是表的结构没有被删除，仅删除的是表中的数据。

例如：删除"学生信息"表中学号为 2020023002 的记录。

```
DELETE * FROM 学生信息 WHERE 学号 = "2020023002"
```

🔑 5.5　Access 2010 应用

5.5.1　查询

查询是根据既定的条件对表进行检索，筛选出符合条件的记录，从而构成一个新的数据集合。查询是关系数据库中的一个重要概念，以便用户对数据进行查看、更改和分析，也可以用查询作为窗体、报表和数据访问页的记录源。在 Access 2010 中可以通过"查询向导""查询设计"和 SQL 语句来完成查询。

1. 通过"查询向导"创建查询

Access 为方便用户创建查询提供查询向导，用户不必从头开始设计，只需回答问题即可创建查询。

例如，在"选课系统"数据库中，通过"查询向导"查询"学生信息"表，查询学生"姓名""性别""班级"，并在查询结果中筛选出班级是"物联网 20-1"的记录。

（1）在功能区中选择"创建"选项卡，单击查询命令组中的"查询向导"命令，在弹出的"新建查询"对话框中选择"简单查询向导"，单击"确定"按钮。

（2）进入"简单查询向导"对话框，如图 5-24 所示。在"表/查询"下拉列表框中选择"学生信息"表，在"可用字段"列表框中选择要查询的字段"姓名"后单击中间的 ＞ 按钮，进入"选定字段"列表框中，同样方法选择要查询字段"性别"和"班级"，单击"下一步"按钮。

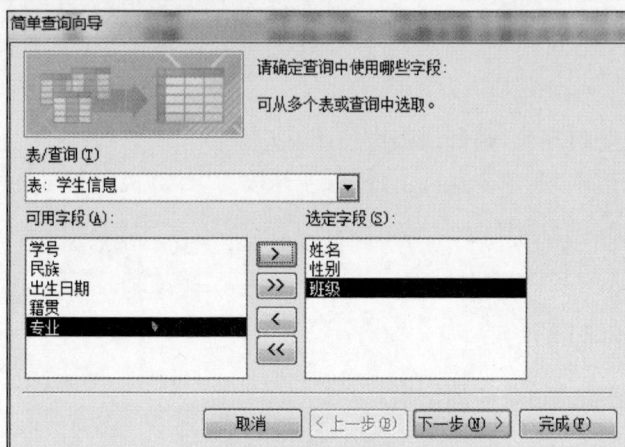

图 5-24   简单查询向导

（3）在弹出的对话框中的"请为查询指定标题"下的文本框中输入一个标题，选择"打开查询查看信息"单选按钮，单击"完成"按钮后得到查询结果。在查询结果中筛选，如图 5-25 所示，单击"班级"选项卡的小三角，弹出快捷菜单，只选择"物联网 20-1"复选框，单击"确定"按钮即可筛选出班级是"物联网 20-1"的所有记录，筛选结果如图 5-26 所示。

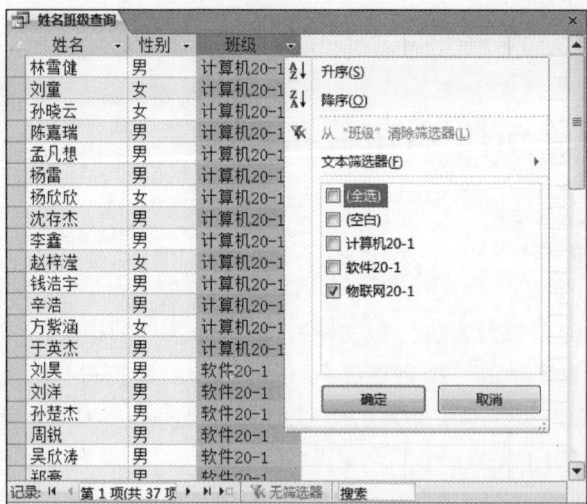

图 5-25   在查询结果中筛选

2. 通过"查询设计"创建查询

使用"查询设计"命令是建立和修改查询的最主要方法。在查询设计视图中，既可以创建不带条件的查询，也可以创建带条件的查询，还可以对已建查询进行修改。

图 5-26　筛选结果

查询设计视图窗口分为上下两部分，如图 5-27 所示。

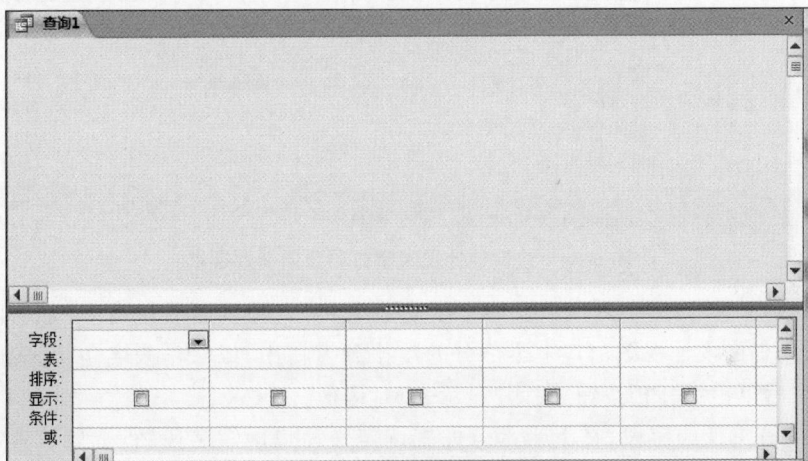

图 5-27　查询设计视图窗口

上半部分是数据源窗口，用于显示查询所使用的数据源，可以是数据表或查询，下半部分是查询定义窗口，用于添加和选择查询需要的字段和表达式，主要包括以下内容。

（1）字段。查询结果中所显示的字段。

（2）表。查询的数据源，即查询结果中字段所在的表或查询名称。

（3）排序。查询结果中相应字段的排序方式。

（4）显示。当相应字段的复选框被选中时，则在结果中显示，否则不显示。

（5）条件。即查询条件，同一行的多个准则之间是逻辑"与"的关系。

（6）或。查询条件，表示多个条件之间是"或"的关系。

例如，在"选课系统"数据库中，使用查询设计视图创建查询，查询结果包括教师姓名、所授课程名称、学生姓名、学生班级及课程成绩。

（1）打开已经建好的"选课系统"数据库，选择"创建"选项卡，单击"查询设计"按钮，打开查询设计视图窗口和显示表对话框，如图 5-28 所示。

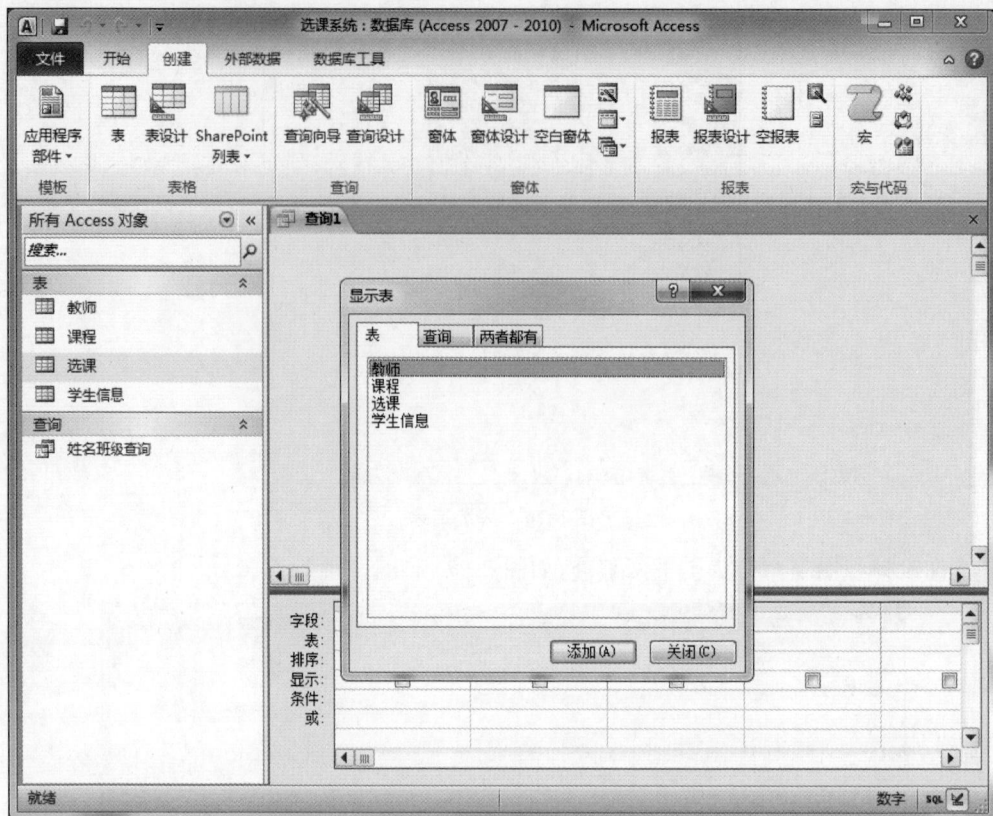

图 5-28   查询设计视图窗口和显示表对话框

（2）"显示表"对话框中列出数据库中所有表名称，选择表名后单击"添加"即把表的字段列表添加到查询设计视图窗口上半部分的数据源窗口中，或双击表名也可添加到数据源窗口，添加完后单击"关闭"按钮，关闭"显示表"对话框。

（3）确定查询所需字段，在下半部分的查询定义窗口中，"字段"行上要放置字段的列，单击右侧的下拉按钮，从下拉列表中选择所需的字段，并将教师.姓名字段升序排序。如图 5-29 所示。

（4）单击功能区中的"运行"按钮 ┇，显示查询结果，如图 5-30 所示。

3. 通过 SQL 语句创建查询

从以上介绍可以看到，Access 的交互查询功能强大，操作简单。实际上，这些交互查询功能都有相应的 SQL 语句与之对应，当在查询设计视图中创建查询时，Access 将在后台生成等效的 SQL 语句。对于某些 SQL 特定查询，如传递查询、联合查询和数据定义查询等，都不能在查询设计视图中创建，必须在 SQL 视图中编写 SQL 语句。

SQL 视图是用于显示和编辑 SQL 查询的窗口，主要用于查看或修改已创建的查询或通过 SQL 语句直接创建查询。打开 SQL 视图窗口的方法有两种。

（1）选择"创建"选项卡，单击"查询设计"按钮，新建一个设计查询，并打开查询设计视图窗口，在功能区中选择"视图"→"SQL 视图"选项，切换到 SQL 视图窗口。

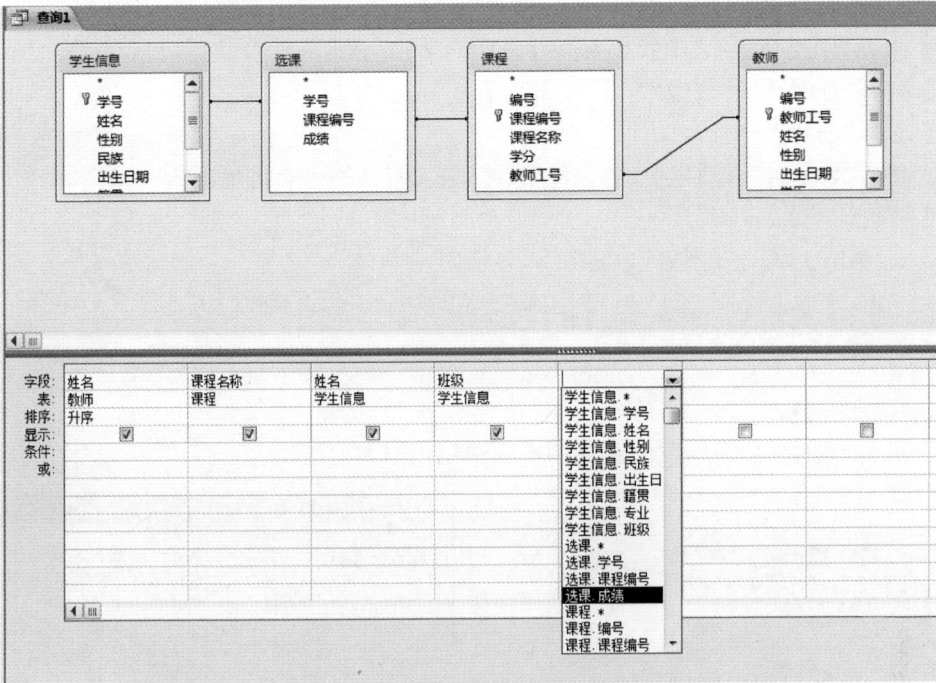

图 5-29　确定查询所需字段

教师.姓名	课程名称	学生信息.姓名	班级	成绩
李晓丹	Java 架构与程序设计	吴欣涛	软件20-1	95
李晓丹	Java 架构与程序设计	杨雷	计算机20-1	85
李晓丹	Java Web开发基础	周锐	软件20-1	73
李晓丹	Java Web开发基础	刘浩然	物联网20-1	71
刘辉	数据仓库与数据挖掘	冯威	软件20-1	86
刘辉	数字图像处理	钱浩宇	计算机20-1	78
刘辉	数据仓库与数据挖掘	李鑫	计算机20-1	76
刘辉	数据仓库与数据挖掘	杨光	物联网20-1	79
刘辉	数字图像处理	沈岳	物联网20-1	75
宋岩峰	Python程序设计	郑豪	软件20-1	80
宋岩峰	Python程序设计	沈存杰	计算机20-1	54
宋岩峰	面向对象分析	王柯	软件20-1	85
宋岩峰	Python程序设计	张若曦	软件20-1	53
宋岩峰	Python程序设计	孙楚杰	软件20-1	75
宋岩峰	Python程序设计	孟凡想	计算机20-1	64
宋岩峰	Python程序设计	朱琦	物联网20-1	87
宋岩峰	Python程序设计	陈嘉瑞	计算机20-1	81
宋岩峰	Python程序设计	许晨	物联网20-1	76
宋岩峰	Python程序设计	刘晓博	物联网20-1	70
宋岩峰	面向对象分析	杨成志	物联网20-1	81
宋岩峰	Python程序设计	吕展鹏	物联网20-1	80
宋岩峰	Python程序设计	王晨嘉	软件20-1	74
孙海涛	网络安全技术	辛浩	计算机20-1	79
孙海涛	单片机项目案例开发	于英杰	计算机20-1	68
孙海涛	单片机项目案例开发	林雪健	计算机20-1	68
孙海涛	网络安全技术	张宇宁	软件20-1	84
王伟	Linux操作系统	刘昊	软件20-1	69
王伟	.Net程序设计	李振国	物联网20-1	89
王伟	.Net程序设计	杨欣欣	计算机20-1	89
王伟	Linux操作系统	夏洋	物联网20-1	92
王伟	Linux操作系统	刘童	计算机20-1	70
赵阳	分布式数据库及应用	赵梓滢	计算机20-1	78
赵阳	分布式数据库及应用	张英廷	物联网20-1	77
赵阳	web前端开发技术	孙晓云	计算机20-1	90
赵阳	web前端开发技术	刘洋	软件20-1	71

图 5-30　查询结果

（2）在查询名称上右击，选择"SQL 视图"切换到 SQL 视图窗口。

例如，从"学生信息"表中找出所有姓张的同学，并显示其学号、姓名和专业。

① 打开"选课系统"数据库，选择"学生信息"表。

② 选择"创建"→"查询设计"选项。

③ 单击"显示表"对话框中的"关闭"按钮，关闭对话框。右键单击"查询 1"，在弹出的快捷菜单中单击"SQL 视图"命令。

④ 在弹出的 SQL 视图窗口，输入 SQL 语句：

```
SELECT 学号,姓名,专业 FROM 学生信息
WHERE 姓名 LIKE "张 * "
```

如图 5-31 所示。

⑤ 单击功能区"运行"按钮，得到的查询结果如图 5-32 所示。

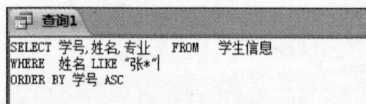

图 5-31　SQL 查询语句

图 5-32　查询结果

5.5.2　窗体

窗体又称表单，是 Access 中一个数据库对象，可用于输入、编辑、显示表或查询中的数据。通过窗体，用户可以查看、修改、增加和删除数据库中的记录，也可以创建对话框来完成数据库操作。

窗体与运行其他程序时所用到的窗口和对话框非常相似，包括标题栏、状态栏、文本框、下拉列表框、命令按钮等，只是在 Access 中窗体主要围绕数据库中的对象而工作。

窗体是数据库提供给用户最直接的人机交互界面。这个界面是数据库应用软件的外在表现，也是沟通用户需求与后台数据的桥梁。可以将窗体视作窗口，人们通过它查看和访问数据库。开发一个应用软件，界面的设计与开发是必不可少的。

在 Access 中，提供了三种创建窗体的方法：自动创建窗体、使用窗体向导创建窗体和使用设计视图创建窗体。自动创建窗体和利用窗体向导创建窗体都是根据系统的引导完成创建窗体的过程，使用设计视图创建窗体则根据用户的需要自行设计窗体，这需要用户掌握面向对象程序设计的相关知识。这里主要介绍自动创建窗体和利用窗体向导创建窗体。

1. 自动创建窗体

自动创建窗体是基于单个表或查询创建窗体。当选定表或查询作为数据源后，创建的窗体将包含来自该数据源的所有字段和记录。自动创建窗体的操作步骤简单，是快速创建窗体的方法。

（1）使用"窗体"命令按钮创建窗体。使用"窗体"命令按钮所创建的窗体，数据源来自某个表或某个查询，窗体的布局结构简单。以这种方法创建的窗体是一种单记录布局的窗

体。窗体对表中的各个字段进行排列和显示,左边是字段名,右边是字段的值,字段排成一列或两列。

例如,在"选课系统"数据库中创建"学生信息"窗体。

① 打开"选课系统"数据库,在"导航"窗格选定"学生信息"表。

② 选择"创建"→"窗体"选项卡,单击"窗体"按钮,系统自动创建学生信息窗体,并以布局视图显示,在这个界面中可以调整文本框的位置和大小等,如图 5-33 所示。

③ 保存窗体,关闭后再打开窗体即可修改原有记录或添加新的记录。

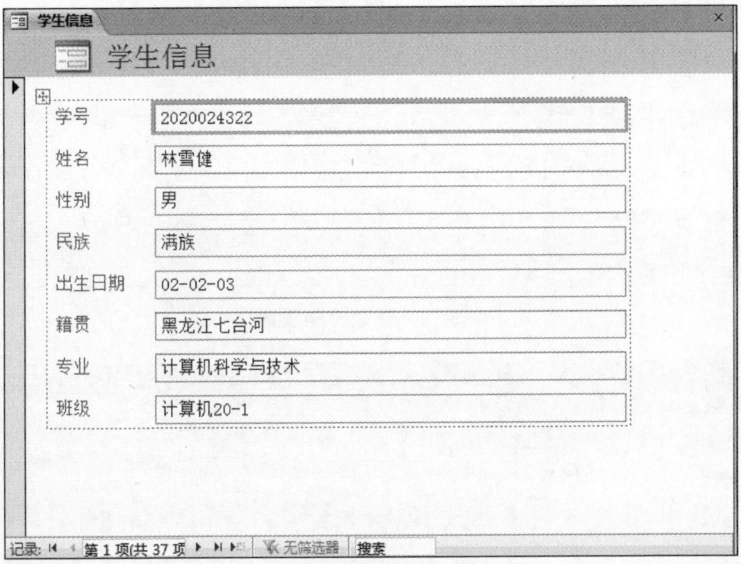

图 5-33　自动创建学生信息窗体

(2) 创建分隔窗体。分隔窗体是窗体分隔成上、下两部分,分别以两种视图方式显示数据。上半区域以单记录方式显示数据,下半区域以数据表方式显示数据。可以快速地定位和浏览记录。两种视图连接到同一数据源,并且始终保持同步,用户可以在任何一部分中对记录进行切换和编辑。

例如,在"选课系统"数据库中创建"教师"窗体。

① 打开"选课系统"数据库,在"导航"窗格选定"教师"表。

② 在"创建"选项卡中单击"其他窗体"按钮,在打开的下拉菜单中选择"分隔窗体"命令,系统将创建分隔窗体,并以布局视图显示此窗体,如图 5-34 所示。

③ 保存窗体,窗体设计完成。

(3) 使用"多个项目"创建窗体。"多个项目"窗体是指在窗体中显示多条记录的窗体布局形式,记录以数据表的形式显示,是一种连续窗体。

例如,在"选课系统"数据库中,使用"多个项目"对"学生信息"表创建窗体。

① 打开"选课系统"数据库,在"导航"窗格选定"学生信息"表。

② 在"创建"选项卡中单击"其他窗体"按钮,并在下拉菜单中选择"多个项目"命令,系统将创建多项目窗体,并以布局视图显示此窗体,如图 5-35 所示。

③ 保存窗体,窗体设计完成。

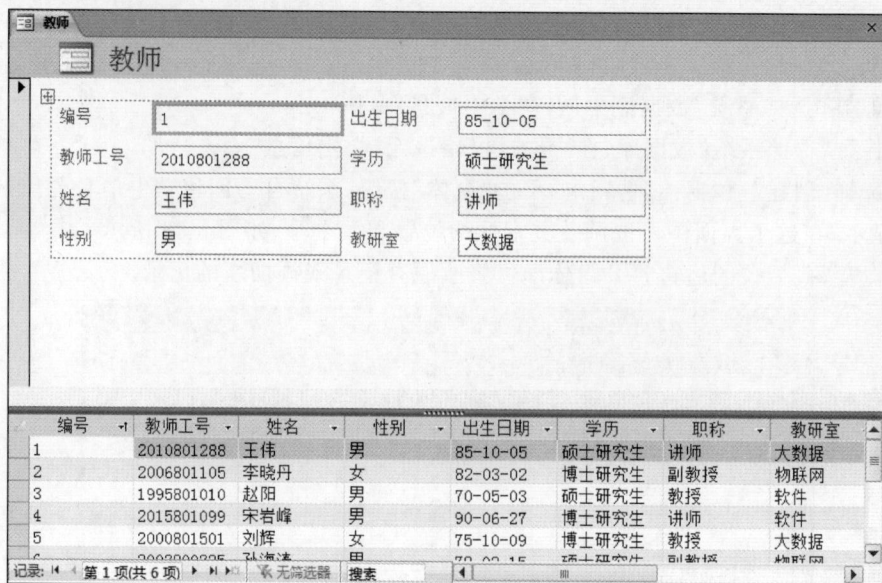

图 5-34　创建分隔窗体

图 5-35　创建多项目窗体

2．使用窗体向导创建窗体

使用向导创建窗体与自动创建窗体有所不同，使用向导创建窗体，需要在创建过程中选择数据源、字段、设置窗体布局等。使用窗体向导可以创建数据浏览和编辑窗体，窗体类型可以是纵栏式、表格式数据表，其创建的过程基本相同。

例如，在"选课系统"数据库中，使用窗体向导创建学生学号、姓名、所选课程及成绩的纵栏式窗体。

（1）打开"选课系统"数据库。

（2）在"创建"选项卡中单击"窗体向导"按钮，打开"窗体向导"对话框，选择窗体中使用的字段，如图 5-36 所示。

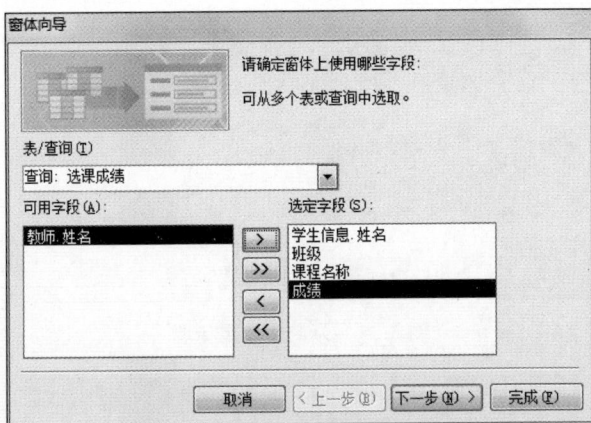

图 5-36 选择窗体中使用的字段

（3）在"表/查询"下拉列表框中选择"查询：选课成绩"，在"可用字段"列表框中选择"学生信息.姓名"后单击中间的 ▶ 按钮，进入"选定字段"列表框中，同样方法选定"班级""课程名称"和"成绩"字段，单击"下一步"按钮，弹出确定窗体使用布局对话框，选择"纵栏表"单选框，如图 5-37 所示。

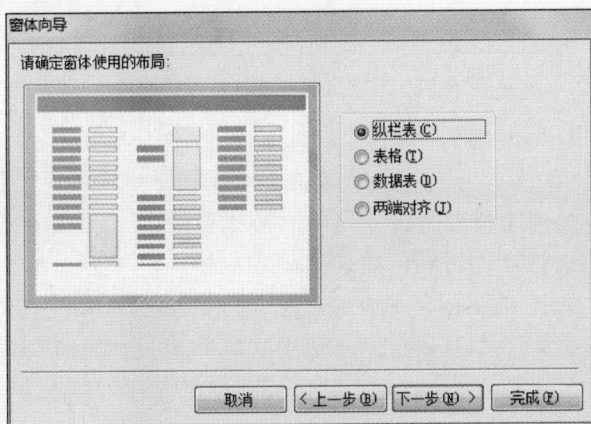

图 5-37 确定窗体使用布局

（4）单击"下一步"按钮，弹出为窗体指定标题的对话框，在文本框中输入"选课成绩"作为窗体标题，如图 5-38 所示。

（5）单击"完成"按钮，系统自动打开选课成绩窗体，如图 5-39 所示。

5.5.3 报表

在 Access 中，报表是数据库的一个对象，用来实现数据打印功能，它根据用户的需求组织数据，并按照特定的格式对其进行显示或打印。报表的数据来源可以是数据表也可以是查询。报表可以对数据进行分组，还可以将数据进行汇总、计算等其他统计。报表格式与数

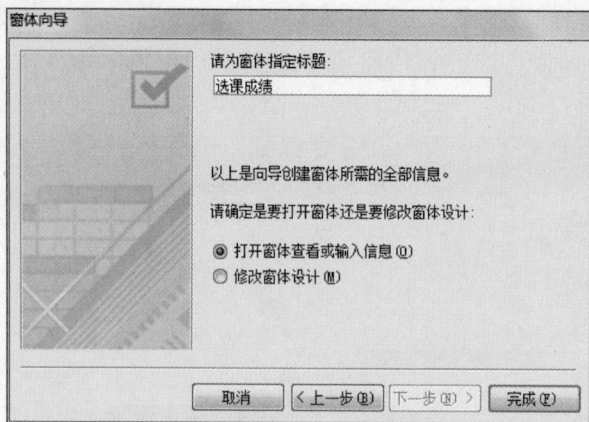

图 5-38　为窗体指定标题

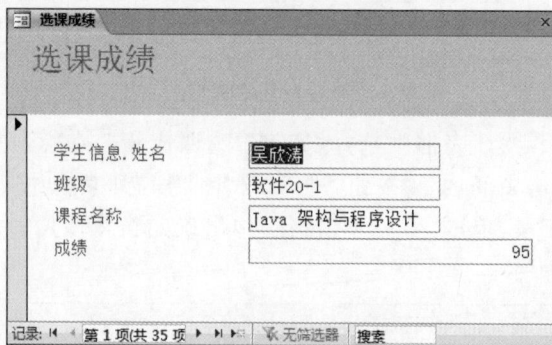

图 5-39　系统自动打开选课成绩窗体

据库的窗体、表十分相似,但它的功能与窗体、表有根本的不同,它的作用只是用来输出数据。

在 Access 2010 中,创建报表的方法与创建窗体类似。Access 中提供了 5 种创建报表的方式:自动报表、报表设计、空报表、报表向导和标签。由于自动报表和报表向导可以为用户完成大部分基本操作,加快创建报表的过程,因此一般首先使用自动报表或报表向导功能快速创建初始报表,然后在"设计视图"环境中对其外观、功能加以完善,这样可以大大提高报表的设计效率。本书主要介绍自动创建报表和使用报表向导创建报表两种方式。

1. 自动创建报表

通过自动报表功能创建报表是一种快速创建报表的方法。在设计时,先选择"表"或"查询"对象作为报表的数据源,再单击"创建"选项卡中的"报表"按钮,会自动生成报表,并显示数据源中的所有字段和记录。

例如,在"选课系统"数据库中使用自动报表功能创建"学生信息"报表。

(1) 打开"选课系统"数据库,在"导航"窗格选定"学生信息"表。

(2) 在"创建"选项卡中单击"报表"按钮,自动生成报表,并进入布局视图显示报表,如图 5-40 所示。

图 5-40　布局视图显示报表

2. 使用报表向导创建报表

使用报表向导创建报表,报表向导会提示用户输入相关的数据源、字段和报表版面格式等信息,根据向导提示可以完成大部分报表设计的基本操作,加快了创建报表的过程。

例如,在"选课系统"数据库中使用报表向导创建"学生信息"报表。

(1) 在"创建"选项卡中单击"报表向导"按钮,弹出"报表向导"对话框,在该对话框中确定数据源。在"表/查询"下拉列表框中选择"学生信息"表,在"可用字段"列表框中选择"学号"后单击中间的 > 按钮,进入"选定字段"列表框中,同样方法选定"姓名""性别""班级"字段,确定报表使用的字段,如图 5-41 所示。

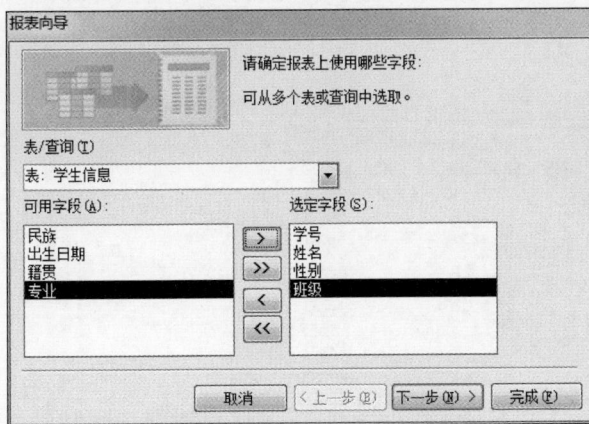

图 5-41　确定报表使用的字段

(2) 单击"下一步"按钮,进入确定"是否添加分组级别"对话框,若想按照某个字段进行分组,可以双击左侧列表中的该字段,在这里没有进行分组,如图 5-42 所示。

图 5-42　是否添加分组级别

（3）单击"下一步"按钮，进入"请确定记录所用的排序次序"对话框，最多可以使用四个字段对记录排序，若按"学号"字段进行升序排序，则在序号 1 中选择"学号"，升序，如图 5-43 所示。

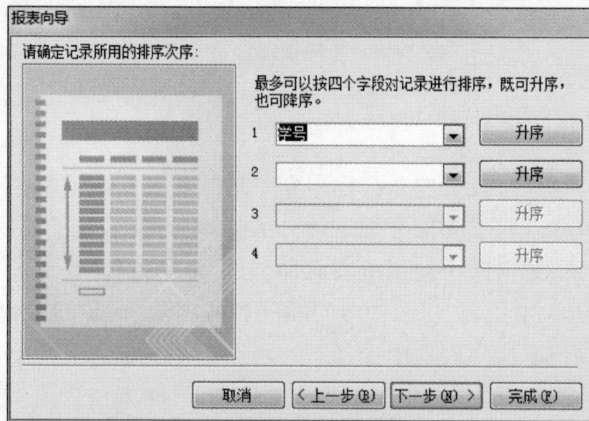

图 5-43　确定记录所用的排序次序

（4）单击"下一步"按钮进入"确定报表的布局方式"对话框，选择布局和方向，如图 5-44 所示。

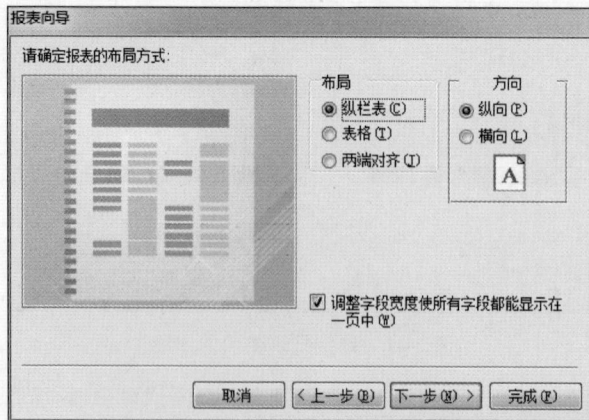

图 5-44　确定报表的布局方式

（5）单击"下一步"按钮进入"请为报表指定标题"对话框，输入"学生信息"作为报表标题，如图 5-45 所示。

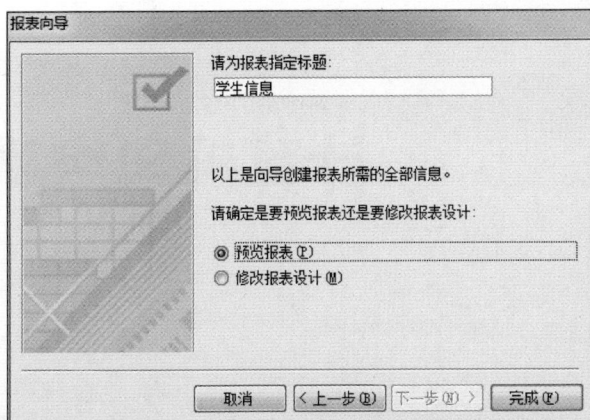

图 5-45 为报表指定标题

（6）单击"完成"按钮，即完成了学生信息报表的创建，如图 5-46 所示。

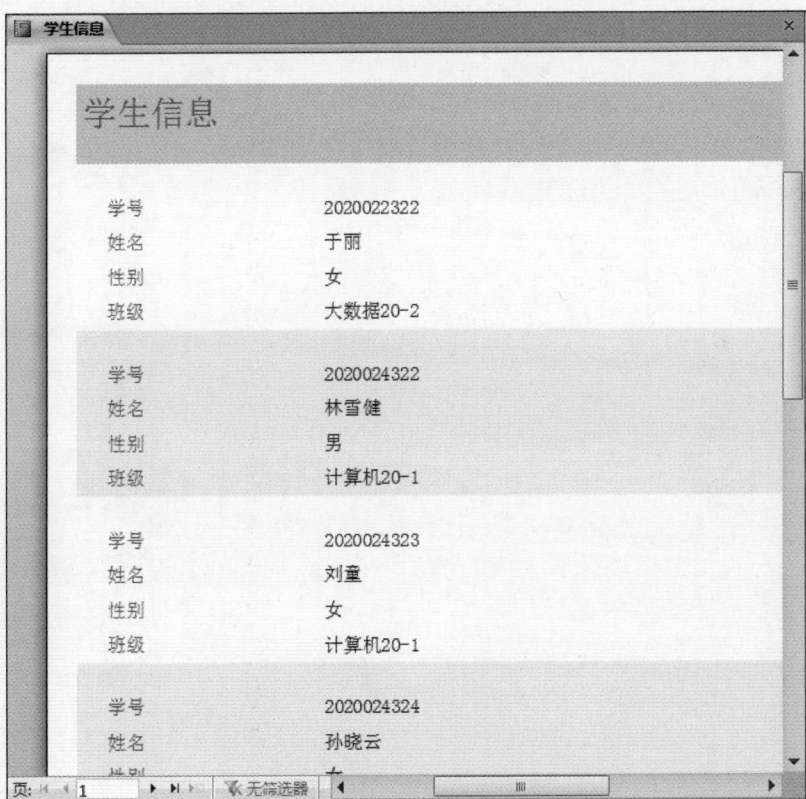

图 5-46 完成学生信息报表创建

第**6**章

CHAPTER **6**

计算机网络基础

计算机网络是通信技术与计算机技术相结合的产物,是把分布在不同地理区域的计算机与专门的外部设备用通信线路互连成一个规模大、功能强的网络系统,从而使众多的计算机可以方便地互相传递信息,共享硬件、软件、数据信息等资源。通俗来说,网络就是通过电缆、电话线或无线通信等互联的计算机的集合。

习题 6

6.1　计算机网络的定义

计算机网络的精确定义并未统一。关于计算机网络最简单的定义是：计算机网络是一些互相连接的、自治的计算机的集合。这里的"互连"意味着连接的两台或两台以上计算机，能够交互信息从而达到资源共享的目的。而"自治"是指计算机地理上分散、独立工作。互联网就是一个大型的计算机网络。计算机网络的这个定义涉及以下两方面的内容。

（1）互连的目的是交互信息和资源共享，这些资源的集合称为计算机网络的资源子网。常见的互联网提供的浏览、文件下载、网络游戏都属于资源子网的范畴。

（2）计算机必须互相连接，并且通信双方需要约定好共同遵循的格式和规范，才能识别对方的计算机语言，实现资源的共享。通信双方约定并且共同遵守的格式和规范就是协议。著名的 TCP/IP 就是互联网的标准协议。为双方提供通信服务的设备和协议的集合称为计算机网络的通信子网。

因此，计算机网络由资源子网和通信子网组成。

6.2　计算机网络的分类

计算机网络的分类方法很多，从不同的角度对计算机网络的分类也不同，通常的分类方法有：按网络覆盖的地理范围分类、按网络拓扑结构分类、按网络应用领域分类、按网络通信方式分类等。

6.2.1　按网络覆盖的地理范围分类

按网络覆盖的地理范围的大小，可将网络分为局域网（Local Area Network，LAN）、城域网（Metropolitan Area Network，MAN）和广域网（Wide Area Network，WAN）。

1. 局域网

局域网是一个高速数据通信系统，它在较小的区域内将若干独立的数据设备连接起来，使用户共享计算机资源。局域网的地域范围一般只有几千米，如校园内、同一栋大楼等。局域网的基本组成包括服务器、客户机、网络设备和通信介质。

2. 城域网

城域网在地域范围和数据传输速率两方面与局域网有所不同：其地域范围从几千米至几百千米，数据传输速率可以从几 Kbit/s 到几 Gbit/s。城域网能向分散的局域网提供服务。对于城域网，最好的传输媒介是光纤，因为光纤能够满足城域网在支持数据、声音、图形和图像业务上的带宽容量和性能要求。

3. 广域网

广域网也称远程网，覆盖范围从几百千米至几千千米，一般跨越城市、地区、国家。由终端设备、节点交换设备和传送设备组成。一个广域网的骨干网络常采用分布式网络网状结构，在本地网和接入网中通常采用的是树状或星状连接。广域网的线路与设备的所有权与管理权一般属于电信服务提供商，而不属于用户。Internet 可以看作世界范围内的最大的广域网。

6.2.2　按网络拓扑结构分类

1. 计算机网络拓扑的定义

网络拓扑结构是指用传输介质互连各种设备的物理布局。网络中的计算机等设备要实现互连，就需要以一定的结构方式进行连接，这种连接方式就叫作"拓扑结构"，通俗地说就是这些计算机与通信设备是如何连接在一起的。拓扑是一种不考虑物体的大小、形状等物理属性，而仅仅使用点或者线描述多个物体实际位置与关系的抽象表示方法。拓扑不关心事物的细节，也不在乎相互的比例关系，而只是以图的形式表示一定范围内多个物体之间的相互关系。

2. 典型的网络拓扑结构

网络中的每台计算机都可以看作是一个节点，通信线路可以看作是一根连线，网络的拓扑结构就是网络中各个节点相互连接形式。常见的拓扑结构有星状结构、树状结构、总线型结构、环状结构和分布式结构等，如图 6-1 所示。

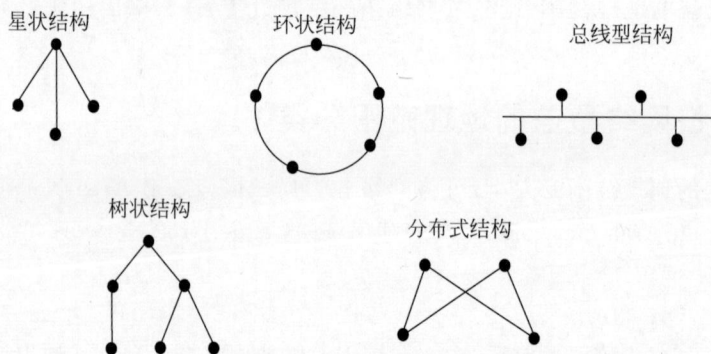

图 6-1　常见的拓扑结构

1）星状结构

星状结构是指各工作站以星状方式连接成网。网络有中央节点，其他节点（工作站、服务器）都与中央节点直接相连，这种结构以中央节点为中心，因此又称为集中式网络。

星状结构的特点：结构简单，便于管理；控制简单，便于建网；网络延迟时间较小，传输误差较低。

星状结构的优点：容易管理维护；重新配置灵活；方便故障检测与隔离。

星状结构的缺点：成本高、可靠性较低、资源共享能力也较差。

2）环状结构

环状结构由网络中若干节点通过点到点的链路首尾相连形成一个闭合的环，环路上任何节点均可以请求发送信息。请求一旦被批准，便可以向环路发送信息。这种结构使公共传输电缆组成环状连接,数据在环路中沿着一个方向在各个节点间传输,信息从一个节点传到另一个节点。

环状结构的特点:信息流在网络中是沿着固定方向流动的,两个节点仅有一条道路,故简化了路径选择的控制;由于信息源在环路中是串行地穿过各个节点,当环中节点过多时,势必影响信息传输速率,使网络的响应时间延长;环路是封闭的,不便于扩充。

环状结构的优点:由于每个节点都同时与两个方向的每个节点相连接,此路不通彼路通,因此环状拓扑具有天然的容错性。

环状结构的缺点:由于存在来自两个方向的数据流,因此必须对这两个方向加以区分,或者进行限制,以避免无法区分的冗余数据流对正常通信的干扰;可靠性低,一个节点故障,将会造成全网瘫痪;维护难,对分支节点故障定位较难,管理和维护比较复杂。

3) 总线型结构

总线型结构是指各工作站和服务器均挂在一条总线上,各工作站地位平等,无中心节点控制,共用总线上的信息,其传递方向总是从发送信息的节点开始向两端扩散,如同广播电台发射的信息一样,因此又称广播式计算机网络。由于所有节点共享同一条公共通道,所以在任何时候只允许一个站点发送数据。当一个节点发送数据,并在总线上传播时,数据可以被总线上的其他所有节点接收。各节点在接收信息时都进行地址检查,看是否与自己的工作站地址相符,相符则接收该数据。

总线型结构的优点:结构简单,可扩充性好。当需要增加节点时,只需要在总线上增加一个分支接口便可与分支节点相连,当总线负载不允许时还可以扩充总线;使用的电缆少,且安装容易;使用的设备相对简单,可靠性高布线容易、电缆用量小。

总线型结构的缺点:维护难,分支节点故障诊断困难。

4) 树状结构

树状结构是分级的集中控制式网络,与星状结构相比,它的通信线路总长度短,成本较低,节点易于扩充,寻找路径比较方便,但除了叶节点及其相连的线路外,任一节点或其相连的线路故障都会使系统受到影响。

树状结构的优点是:易于扩展;易于隔离故障。

树状结构的缺点是:电缆成本高;对根节点的依赖性大,一旦根节点出现故障,将导致全网不能工作。

5) 分布式结构

分布式结构是将分布在不同地点的计算机通过线路互连起来的一种网络形式。

分布式结构的优点:由于采用分散控制,即使整个网络中的某个局部出现故障,也不会影响全网的操作,因而具有很高的可靠性;网络中的路径选择最短路径算法,故网上延迟时间少,传输速率高,但控制复杂;各个节点间均可以直接建立数据链路,信息流程最短;便于全网范围内的资源共享。

分布式结构的缺点:连接线路用的电缆长,造价高;网络管理软件复杂;报文分组交换、路径选择、流向控制复杂;在一般局域网中不采用这种结构。

6.2.3　按网络应用领域分类

计算机网络按照应用领域的不同可以分为公用网和专用网。

（1）公用网。公用网一般由国家机关或行政部门组建,它的应用领域是对全社会公众开放。如邮政部门的 163 网、商业广告、列车时刻表查询等各处公开信息都是通过这类网络发布的。

（2）专用网。专用网一般由某个单位或公司组建,专门为自己服务的网络,这类网络可以只是一个局域网的规模,也可以是一个城域网乃至广域网的规模。它通常不对社会公众开放,即使开放也有很大的限度。如校园网、银行网等。

6.2.4　按网络通信方式分类

根据网络的通信方式,可分为广播式通信网络和点到点通信网络。

（1）广播式通信网络。广播式通信网络中,所有主机连接在一个共享的公共信息通道中,其中任意一个主机的输出,其他主机都可接收。适用于范围较小或保密性要求较低的网络,例如局域网的总线型网络。优点是网络设备简单,布网成本低,维护简单,服务器流量负载低。缺点是由于每个主机设备都接收数据包,会造成带宽浪费,也可能造成网络堵塞,并且数据包容易被网络上的所有设备捕获,存在安全风险。

（2）点对点通信网络。点对点通信网络是指数据以点对点的方式在主机或通信设备中传输,它与广播式通信网络正好相反。在点对点通信网络中,每条物理线路连接一对主机,如星状网和环状网即采用这种传输方式。优点是安全性较高,传输效率高,适合对通信质量和隐私要求较高的网络。缺点是覆盖范围有限,无法同时向多个节点传送信息;由于每个点对点连接可能需要单独的配置和资源,通信规模较大时,可能造成资源浪费。

除了以上的分类方法外,还有其他分类方法,例如按网络的传输介质可以分为有线网和无线网。

🔑 6.3　计算机网络的组成

计算机网络除了用于科学计算与数据处理的计算机系统外,还包括将它们连接起来的传输介质与网络设备,以及数据通信的软件系统——网络协议。

6.3.1　传输介质

网络传输介质是网络中传输数据、连接各网络节点的实体,分为有线和无线两类。电话线、同轴电缆、双绞线、光纤等属于有线传输介质,红外线、激光、微波、卫星等属于无线传输介质。目前使用最广泛的有线传输介质是双绞线和光纤。

（1）双绞线。双绞线(Twisted Pair,TP)由两根具有绝缘保护层的铜导线组成。把两根绝缘的铜导线按一定密度互相绞在一起,每根导线在传输中辐射出来的电波会被另一根线上发出的电波抵消,有效降低信号干扰的程度。如果把一对或多对双绞线放在一个绝缘套管中,便成了双绞线电缆,但日常生活中一般把"双绞线电缆"直接称为"双绞线"。与其他传输介质相比,双绞线在传输距离、信道宽度和数据传输速度等方面均受到一定限制,但价格较为低廉。

按照有无屏蔽层分类,分为屏蔽双绞线(Shielded Twisted Pair,STP)和非屏蔽双绞线

(Unshielded Twisted Pair,UTP)两大类。

① 屏蔽双绞线外面由一层金属材料包裹,以减小辐射,防止信息被窃听,可阻止外部电磁干扰的进入,具有较高的数据传输速率,但价格较高,安装也比较复杂。

② 非屏蔽双绞线无金属屏蔽材料,只有一层绝缘胶皮包裹,虽然抗干扰能力和速度差一些,但是具有直径小、节省空间、成本低、易弯曲、价格相对便宜、易安装等优点。

因此除某些特殊场合(如受电磁辐射严重、对传输质量要求较高等)在布线中使用屏蔽双绞线外,一般情况下都采用非屏蔽双绞线。

按照频率和信噪比进行分类,常见的有三类线、五类线、超五类线、六类线。

① 三类线。传输频率16MHz,用于语音传输及最高传输速率为10Mb/s的数据传输,主要用于10Mb/s以太网(100Base-T)。

② 五类线。传输频率为100MHz,用于语音传输和最高传输速率为10Mb/s的数据传输,主要用于100Base-T和10Base-T网络,是最常用的以太网电缆。

③ 超五类线。具有衰减小、串扰少、更高的衰减与串扰的比值和信噪比、更小的时延误差,主要用于千兆位以太网(1000Base-T)。

④ 六类线。传输频率为1~250MHz,传输性能远远高于超五类标准,适用于传输速率高于1Gb/s的应用,通常综合布线系统中的永久链路最大长度不能超过90m,信道长度不能超过100m。

(2) 光纤。光纤是光导纤维,用来传播光束的、细小而柔韧的传输介质。与其他传输介质相比较,光纤的电磁绝缘性能好,信号衰减小,频带较宽,传输距离较长。光纤主要用在要求传输距离较长,用于主干网的连接。现在有两种光纤:单模光纤和多模光纤。单模光纤的纤芯直径很小,在给定的工作波长上只能以单一模式传输,传输频带宽,传输容量大。多模光纤是在给定的工作波长上能以多个模式同时传输的光纤,与单模光纤相比,多模光纤的传输性能较差。

6.3.2　网络设备

为了实现网络通信,除了计算机设备和传输介质外,还需要特殊的网络服务设备,如网卡、集线器、交换机、路由器等。

(1) 网卡。网卡即网络适配器(Network Interface Card,NIC),又称网络接口卡,是插在计算机总线插槽或某个外部接口上的电路板。目前大多集成在计算机主板上。它是主机和网络的接口,用于协调主机与网络间数据、指令或信息的发送与接收。在发送方,把主机产生的串行数字信号转换成能通过传输媒介传输的比特流;在接收方,把通过传输媒介接收的比特流重组成为本地设备可以处理的数据。每块网卡都有一个唯一的12位十六进制网络节点地址,它是网卡厂家在生产时写入ROM(Read-Only Memory,只读存储器)中的。该地址用于控制主机在网络上的数据通信,被称为MAC(Media Access Control,介质访问控制)地址。根据通信线路的不同,需要采用不同类型端口的网卡,最常见的端口为RJ-45端口网卡,如图6-2所示。

(2) 集线器。集线器(Hub),是局域网的重要设备,用于局域网内部多个工作站之间的连接,提供了多个计算机连接的端口。在工作站集中的地方使用集线器便于网络布线,也便于故障的定位与排除。通过集线器组成的网络,在物理结构上是星状拓扑结构。但实际上集线器内部以总线的形式连接各端口,它的所有端口都共享一条带宽,在同一时刻只能有一个端口发送数据,其他所有端口不能发送,但都能接收到数据。所以它的传输性能低,保密性差,但因价格低廉,曾经在小型网络中使用广泛。集线器如图 6-3 所示。

图 6-2　RJ-45 端口网卡

图 6-3　集线器

(3) 交换机。交换机(Switch)与集线器外形很相似,但工作方式差别很大。交换机在同一时刻可进行多个端口对之间的数据传输。每一端口都可视为独立的物理网段,连接在其上的网络设备独自享有全部的带宽,无须同其他设备竞争使用。节点 A 向节点 B 发送数据时,节点 C 可同时向节点 D 发送数据,而且这两个传输都享有网络的全部带宽,都有着自己的虚拟连接。交换机产品外形如图 6-4 所示。

(4) 路由器。路由器(Router)是连接不同网络和信息传入的硬件设备,可以连接多个网络端口,包括局域网与广域网的网络端口。具有判断网络地址和选择路径、数据转发和数据过滤的功能。通过路由表的数据,路由器会自动按照数据的目的地址发送到相应的端口。路由器的类型有多种划分方式,按照网络类型划分为有线路由器和无线路由器两种。无线路由器如图 6-5 所示。

图 6-4　交换机

图 6-5　无线路由器

6.3.3　网络协议

如同人与人之间相互交流需要遵循一定的语言规范一样,为了实现数据通信,相互通信的计算机之间必须共同遵守一定的规则,这些规则就称为网络协议(Network Protocol)。

计算机网络的协议主要由语义、语法和交换规则三部分组成,即协议三要素。

(1) 语义。规定通信双方彼此"讲什么",即确定协议元素的类型,如规定通信双方要发出什么控制信息、执行的动作和返回的应答。

(2) 语法。规定通信双方彼此"如何讲",即确定协议元素的格式,如数据和控制信息的格式。

(3) 交换规则。规定信息交流的次序。

一台计算机只有在遵守网络协议的前提下,才能在网络上与其他计算机进行正常的通信。典型的协议是国际标准化组织(International Organization for Standardization, ISO)制定的开放系统互连(Open Systems Interconnection, OSI)参考模型。OSI 参考模型保证了各种类型网络技术的兼容性和互操作性,它定义了网络的层次结构、信息在网络中的传输过程和各层的主要功能,描述了信息如何从一台计算机的一个应用程序到达网络中另一台计算机的另一个应用程序。实际上,信息是在同一计算机的相邻层之间进行传递的。每一层都按照规定的协议来实现功能。

OSI 参考模型将整个通信过程划分为 7 个层次,即 7 个较小、易于处理的任务。层次之间的问题相对独立,而且易于分开解决,变更其中某层提供的方案时不会影响其他层。7 个层次自下而上依次是物理层(Physical Layer)、数据链路层(Data Link Layer)、网络层(Network Layer)、传输层(Transport Layer)、会话层(Session Layer)、表示层(Presentation Layer)和应用层(Application Layer)。OSI 参考模型如图 6-6 所示。

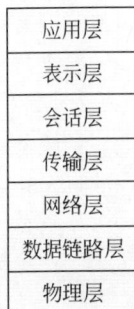

| 应用层 |
| 表示层 |
| 会话层 |
| 传输层 |
| 网络层 |
| 数据链路层 |
| 物理层 |

每一层的主要功能和任务分别如下所述。

图 6-6　OSI 参考模型

(1) 物理层负责传输二进制位流,为上层(数据链路层)提供物理连接。物理层并不是指物理设备,而是有关物理设备通过物理媒介进行连接的描述和规定。

(2) 数据链路层负责在两个相邻节点之间无差错地传送以帧为单位的数据。帧是用来移动数据的结构包,包括原始数据、发送方和接收方的物理地址、网络拓扑、线路规则、纠错和控制信息。

(3) 网络层负责为处在不同网络系统中的两个节点设备通信提供一条逻辑通路。网络层以数据链路层提供的无差错传输为基础,为高层(传输层)两个主机间选择合适的路径传输数据。其主要功能是将网络地址翻译成对应的物理地址,并决定如何将数据从发送方路由到接收方。

(4) 传输层负责向用户提供可靠的端对端的服务,使高层服务用户在相互通信时不用关心下层的实现细节,是计算机通信体系结构中最关键的一层,是唯一负责总体数据传输和控制的一层。

(5) 会话层负责通信双方正式开始通信前的沟通,建立传输时所遵循的规则,使传输更顺畅有效。在正式通信前,节点间需事先协商好所使用的通信协议、通信方式、如何侦错及复原,以及如何结束通信等内容。

(6) 表示层确保一个系统应用层发出的信息能被另一个系统的应用层识别。表示层是应用程序和网络之间的翻译官。本层能用一种通用的数据表示格式在多种数据表示格式之间进行转换。它包括数据格式变换、数据加密与解密、数据压缩与解压缩等功能。数据的加密和压缩可由运行在 OSI 应用层以上的用户来完成。

(7) 应用层是最靠近用户的一层,它为用户提供文件传输、电子邮件、网页浏览等网络服务。应用层提供计算机网络与最终用户的界面,提供完成特定网络服务功能所需的各种应用程序协议。

🔑 6.4　局域网技术

计算机局域网是目前最常使用的网络之一,通过它可充分利用企业或部门现有的硬件资源,提高工作效率,节约上网开支。

局域网具有如下特点:

(1) 范围有限,用户个数有限。

(2) 提高传输速率。

(3) 低误码率,高可靠性。

(4) 传输介质种类较多。

(5) 易于扩大更新。

6.4.1　局域网分类

局域网的类型很多,按网络拓扑结构分类,可分为总线型、星状、环状、树状等;按网络使用的传输介质分类,可分为有线网和无线网;按传输介质所使用的访问控制方法分类,可分为以太网(Ethernet)、令牌环网(Token Ring Network)、FDDI(Fiber Distributed Data Interface,光纤分布式数据接口)网、ATM(Asynchronous Transfer Mode,异步传输模式)网、无线局域网等。其中,以太网是当前应用最普遍的局域网技术。

1. 以太网

以太网(Ethernet)是一种计算机局域网技术。以太网是美国施乐(Xerox)公司的 Palo Alto 研究中心于 1975 年研制成功的,最初是一种基带总线局域网,使用无源电缆作为总线来传送数据帧,并以曾经在历史上表示传播电磁波的以太(Ether)来命名。1980 年 9 月,DEC 公司、Intel 公司和 Xerox 公司联合提出了 10Mb/s 以太网规约的第一个版本 DIX V1。1982 年又修改为第二版规约,即 DIX Ethernet V2,成为世界上第一个局域网产品规约。在此基础上,IEEE 802 委员会的 802.3 工作组于 1983 年制定了第一个 IEEE 的以太网标准 IEEE 802.3,数据传输速率也是 10Mb/s。局域网这两个标准 DIX Ethernet V2 和 IEEE 802.3 只有很小的差别,因此也常把 802.3 局域网简称为"以太网"。

以太网定义了物理层和数据链路层的通信协议。在物理层规定了网络的物理介质(如双绞线、光纤)、传输速率和信号编码方式等内容;数据链路层主要涉及 MAC(介质访问控制)地址,通过 MAC 地址来识别网络中的不同设备,使得数据帧能够准确地从一个设备发送到另一个设备。在网络通信方面,以太网通过 MAC(介质访问控制)地址来识别设备。MAC 地址就像是设备的身份证号码。当数据在以太网上传输时,通过这些 MAC 地址来确定数据的发送端和接收端。

以太网的优点:

(1) 技术成熟易于理解和维护,在网络出现问题时,容易进行故障排查和修复,维护成本较低。

(2) 由于以太网设备的成本相对较低,因此组建以太网络的成本比较低,性价比高。

（3）应用广泛，兼容性强。以太网被大量应用于学校、企业等场所，并能与多种网络设备和通信协议兼容，例如可以与 Wi-Fi 技术共同构建混合网络。

以太网的缺点：

（1）传输距离受限。虽然可以使用中继器等设备来延长传输距离，但与广域网技术相比，其有效传输距离仍然较短。例如，双绞线以太网的传输距离一般约 100m。

（2）安全性较弱。以太网本身的安全机制较弱，容易受到网络攻击，如数据窃听、MAC 地址欺骗等，需要额外的安全措施来保障网络安全。

2. ATM 网

ATM 的中文名为"异步传输模式"，它的开发始于 20 世纪 70 年代后期。ATM 同以太网、令牌环网、FDDI 网络等使用可变长度包技术不同，ATM 使用 53 字节固定长度的单元进行交换。

ATM 是在计算机局域网或广域网上传送声音、视频图像和数据的宽带技术。它是一项信元中继技术，数据分组大小固定。你可将信元想象成一种运输设备，能够把数据块从一个设备经过 ATM 交换设备传送到另一个设备。所有信元具有同样的大小，不像帧中继及局域网系统数据分组大小不定。使用相同大小的信元可以提供一种方法，预计和保证应用所需要的带宽。如同轿车在繁忙交叉路口必须等待长卡车转弯一样，可变长度的数据分组容易在交换设备处引起通信延迟。

ATM 主要具有以下优点：

（1）ATM 使用相同的数据单元，可实现广域网和局域网的无缝连接。

（2）ATM 支持 VLAN（虚拟局域网）功能，可以对网络进行灵活地管理和配置。

（3）ATM 具有不同的速率，分别为 25、51、155、622Mb/s，从而为不同的应用提供不同的速率。

ATM 的缺点：

（1）技术复杂。与以太网等相对简单的网络技术相比，其学习成本和管理成本较高。

（2）传输效率较低。ATM 网络采用固定长度（53 字节）的信元进行传输，信元头部占 5 字节，对于小数据包，头部开销占比相对较大，会浪费一定的传输带宽，导致传输效率降低。

（3）兼容性较差。由于 ATM 网络数据格式和通信协议与传统网络不同，与其他网络互联互通时，融合难度大。

3. 无线局域网

无线局域网络（Wireless Local Area Networks，WLAN）是相当便利的数据传输系统，它利用射频（Radio Frequency，RF）技术，取代旧式的双绞铜线构成的局域网络，使得无线局域网络能利用简单的存取架构，让用户通过它达到"信息随身化、便利走天下"的理想境界。

无线局域网利用电磁波在空气中发送和接收数据，而不需要线缆介质。无线局域网是对有线联网方式的一种补充和扩展，使网上的计算机具有可移动性，能快速方便地解决使用有线方式不易实现的网络联通问题。

无线局域网的优点：

（1）灵活性和移动性。在有线网络中，网络设备的安放位置受网络位置的限制，而无线局域网在无线信号覆盖区域内的任何一个位置都可以接入网络。无线局域网另一个最大的优点在于其移动性,连接到无线局域网的用户可以移动且能同时与网络保持连接。

(2) 安装便捷。无线局域网可以免去或最大限度地减少网络布线的工作量,一般只要安装一个或多个接入点设备,就可建立覆盖整个区域的局域网络。

(3) 易于进行网络规划和调整。对于有线网络来说,办公地点或网络拓扑的改变通常意味着重新建网。重新建网、重新布线是一个昂贵、费时的过程,无线局域网可以避免或减少以上情况的发生。

(4) 故障定位容易。有线网络一旦出现物理故障,尤其是由于线路连接不良而造成的网络中断,往往很难查明,而且检修线路需要付出很大的代价。无线网络则很容易定位故障,只需更换故障设备即可恢复网络连接。

(5) 易于扩展。无线局域网有多种配置方式,可以很快从只有几个用户的小型局域网扩展到上千用户的大型网络,并且能够提供节点间"漫游"等有线网络无法实现的特性。

无线局域网的缺点:

(1) 性能受环境影响。无线局域网是依靠无线电波进行传输的。这些电波通过无线发射装置进行发射,而建筑物、车辆、树木和其他障碍物都可能阻碍电磁波的传输,所以会影响网络的性能。

(2) 速率较低。无线信道的传输速率与有线信道相比要低得多,只适合于个人终端和小规模网络应用。

(3) 安全性差。本质上无线电波不要求建立物理的连接通道,无线信号是发散的。从理论上讲,很容易监听到无线电波广播范围内的任何信号,造成通信信息泄漏。

6.4.2　构建局域网

通过交换机连接的星状结构以太网是最常见的局域网,这种结构性能稳定、成本低、易于维护与扩展。构建局域网,首先要把计算机都连接起来。对于有线网,目前最合适的连接方法就是通过交换机、双绞线和计算机网卡相连。

1. 安装硬件系统

(1) 安装网卡。目前大多数计算机的主板上都集成了网卡,若没有则需添加独立网卡,确定要联网的计算机有连接所需的以太网接口。现在应用最普遍的是 10/100M 自适应网卡,插在计算机主板上的插槽内,网卡上的 RJ-45 接口通过双绞线与其他计算机或交换机相连。

(2) 双绞线。双绞线是一种互联网中最常用的传输介质,目前局域网中常用的双绞线一般都是非屏蔽超五类(UTP Cat 5E)双绞线,采用 4 个绕对和 1 条抗拉线,线对的颜色与五类双绞线完全相同,分别为白橙、橙、白绿、绿、白蓝、蓝、白棕和棕。裸铜线径为 0.51mm(线规为 24AWG),绝缘线径为 0.92mm,非屏蔽电缆直径为 5mm。其传输速率可达到100Mb/s。非屏蔽超五类双绞线外形如图 6-7 所示。

双绞线的最大传输距离为 100m。如果要加大传输距离,在两段双绞线之间可安装中继器,最多可安装 4 个中继器。如安装 4 个中继器连接 5 个网段,则最大传输距离可达 500m。

(3) RJ-45 接头。为了和计算机的网卡相连接,网线需要制作成相应的接头,这就是

RJ-45 接头。RJ-45 接头又称水晶头,用于数据电缆的端接。做好的网线要将 RJ-45 水晶头接入网卡或 HUB 等网络设备的 RJ-45 插座内。RJ-45 水晶头由金属片和塑料构成,制作网线所需要的 RJ-45 水晶接头前端有 8 个凹槽,简称"8P"(Position,位置)。凹槽内的金属触点共有 8 个,简称"8C"(Contact,触点),因此业界对此有"8P8C"的别称。RJ-45 水晶头如图 6-8 所示。

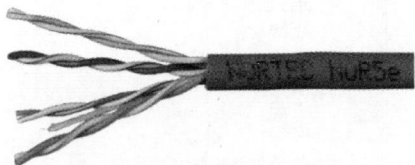

图 6-7　非屏蔽超五类双绞线　　　　　图 6-8　RJ-45 水晶头

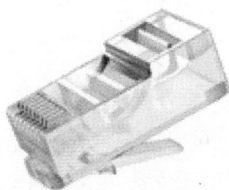

为了保持最佳的兼容性,普遍采用 EIA/TIA568B 标准来制作网线。在整个网络布线中应用一种布线方式,但两端都有 RJ-45 插口的网络连线无论是采用 568A 标准,还是 568B 标准,在网络中都是可行的。双绞线的顺序与 RJ-45 的引脚序号一一对应。

(4) 连接网络。其操作方法很简单,当把网卡安装到计算机上,且制作好网线后,把制作好的网线连接到网卡或交换机上。只要将双绞线的 RJ-45 接头直接插入网卡或交换机的接口即可。

2. 安装设置软件系统

首先安装好网卡,操作系统一般能自动识别并设置网卡。否则,可以打开"控制面板",选择"添加/删除硬件",利用向导将网卡添加到系统中,必要时还要使用网卡附带的驱动盘安装驱动程序。安装设置完成后,打开"设备管理器",若网卡工作正常,则在"网络适配器"中能看到网卡的图标。

在计算机中安装了网络适配器硬件设备以及驱动程序后,用户还需要进行网络创建最重要的设置,即配置网络协议。配置网络协议的具体操作步骤如下。

(1) 选择"控制面板"→"查看网络状态和任务"→"本地连接"→"属性"选项,打开"本地连接属性"对话框,如图 6-9 所示。

(2) 选择"Internet 协议版本 4(TCP/IPv4)"→"属性"选项,打开"Internet 协议版本 4(TCP/IPv4)属性"对话框,如图 6-10 所示。

(3) 由于创建的是对等型局域网,因此没有专用的 DHCP 服务器为客户机分配动态 IP地址,用户必须手动指定一个 IP 地址。例如,用户可以输入一个常用的局域网 IP 地址:192.168.0.1,子网掩码:255.255.255.0。

按照上述步骤对网络中其他计算机进行 TCP/IP 的设置,需要注意的是其余计算机的IP 地址也应设置为 192.168.0.xxx,即所有的 IP 地址必须在一个网段中,xxx 的范围是 1～254,并且最后一位 IP 地址不能重复。完成设置后网络即可连接,用户可以访问网上资源了。

为了使网络上的计算机能够相互访问,必须将这些计算机设置为同一个工作组,并使每台计算机都有一个唯一的名称。在 Windows 7 的桌面上右击"计算机"图标,选择"属性",在弹出的窗口内的"计算机名称、域和工作组设置"区域中单击"更改设置"按钮,打开"系统属性"对话框,如图 6-11 所示。

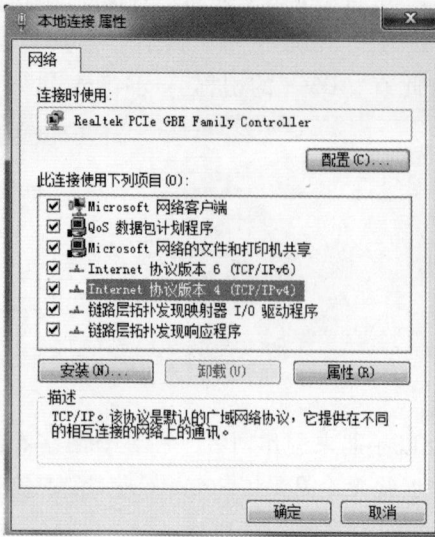

图 6-9 "本地连接属性"对话框

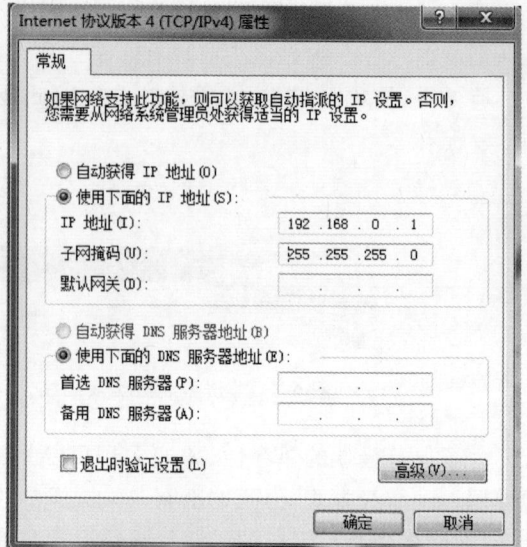

图 6-10 "Internet 协议 4(TCP/IPv4)属性"对话框

在"计算机名"选项卡中单击"更改"按钮,打开"计算机名/域更改"对话框,如图 6-12 所示。在"计算机名"下的文本框中输入一个名字,"工作组"默认名为"WORKGROUP",可以重新设置一个新的名称。

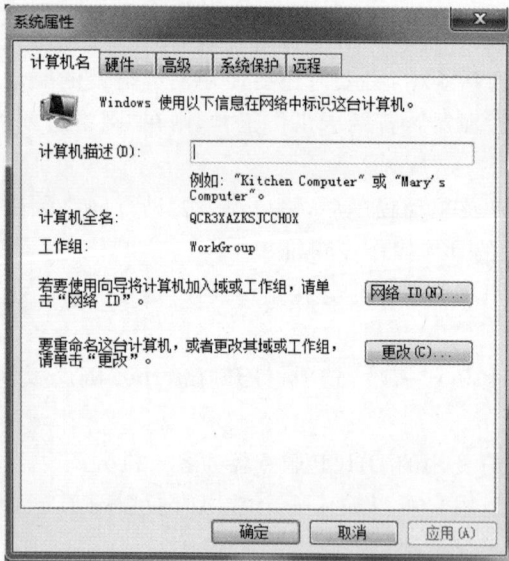

图 6-11 "系统属性"对话框

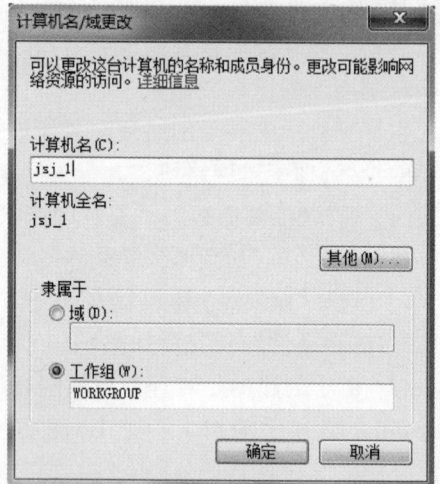

图 6-12 "计算机名/域更改"对话框

6.4.3 局域网资源共享设置

局域网硬件环境安装完成后,就可以通过网络设置实现资源共享和通信的目的了,如文件夹共享、磁盘共享、打印机共享等功能。对等网中各计算机间可直接通信,每个用户可以将本计算机上的文档和资源指定为可被网络上其他用户访问的共享资源。

1. 共享文件夹

设置共享文件夹的步骤如下。

(1) 设置本地安全策略。在 Windows 7 中共享文件需设置本地安全策略,否则局域网中的其他用户不能访问你的计算机。选择"控制面板"→"管理工具"→"本地安全策略"选项,打开"本地安全策略"对话框,如图 6-13 所示。

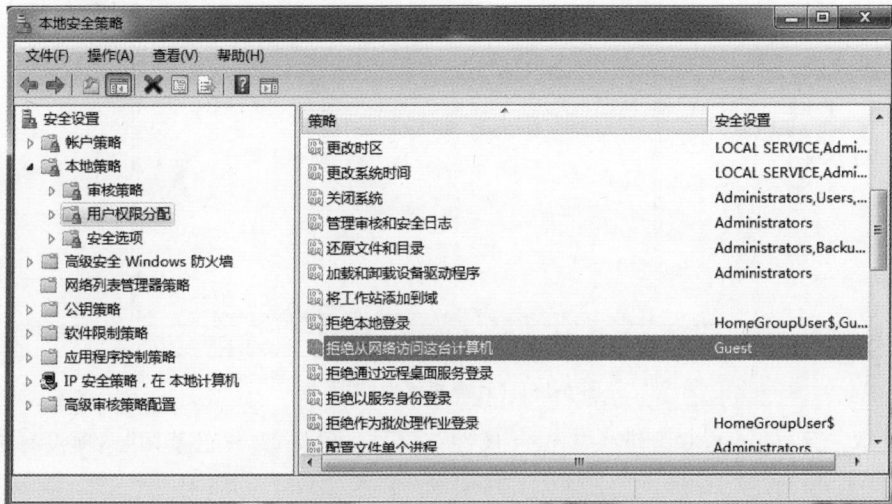

图 6-13 "本地安全策略"对话框

在左侧的属性列表中单击"本地策略"选项,选择"用户权限分配",并在右侧找到"拒绝从网络访问这台计算机"选项,双击后,在弹出的"拒绝从网络访问这台计算机属性"对话框中删除列表中的 Guest 用户,如图 6-14 所示。

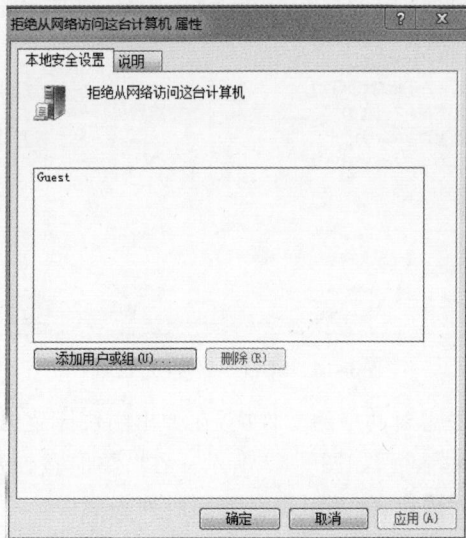

图 6-14 "拒绝从网络访问这台计算机属性"对话框

（2）确认 Guest 的账号没有被禁用。选择"控制面板"→"管理工具"→"计算机管理"→"本地用户和组"→"用户"选项，进入"计算机管理"对话框，如图 6-15 所示。

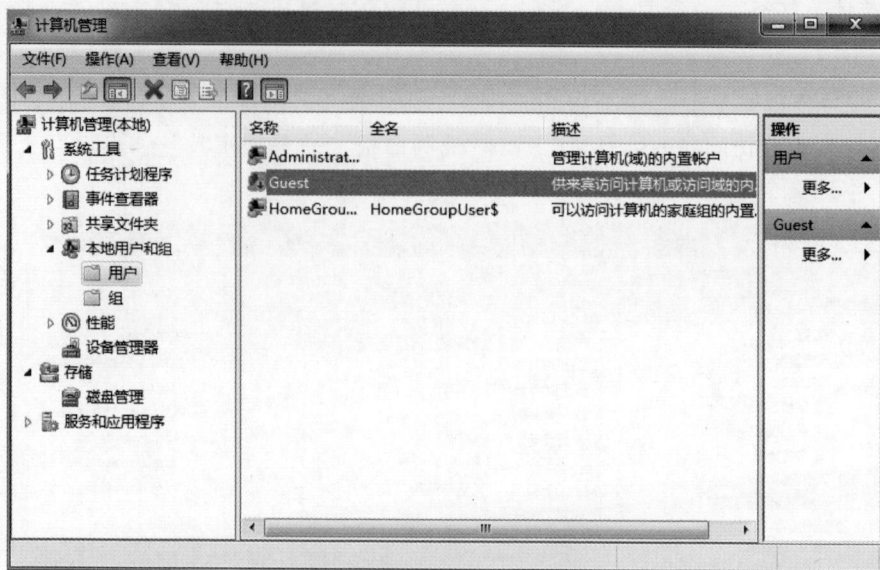

图 6-15　"计算机管理"对话框

在右侧找到 Guest，双击进入"Guest 属性"对话框，确保"账户已禁用"选项没有被选中，如图 6-16 所示。

图 6-16　"Guest 属性"对话框

（3）共享文件夹。右击需要共享的文件夹，在弹出的快捷菜单中选择"共享"→"特定用户"选项，打开"文件共享"对话框，如图 6-17 所示。在"添加"按钮左侧的下拉文本框中选择 Everyone 选项，单击"添加"按钮，使其出现在下面的列表框中。在"权限级别"下设置权限，如"读取/写入"或"读取"。这样局域网中的其他用户就可以共享该文件夹了。

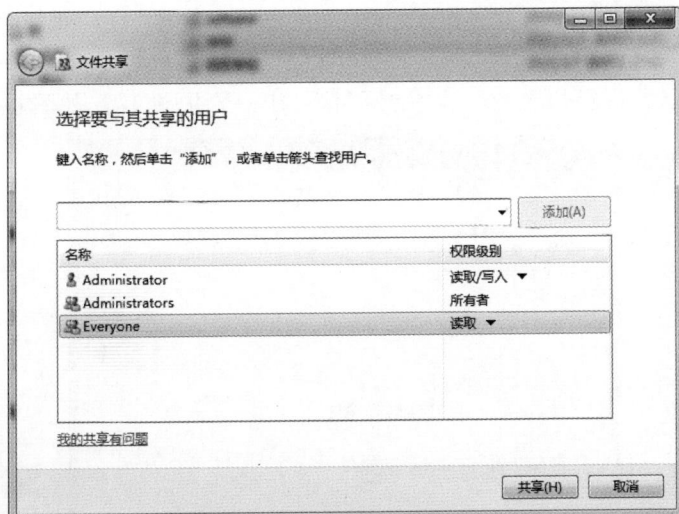

图 6-17　"文件共享"对话框

2. 设置共享打印机

在连接打印机的计算机上,在"控制面板"中打开"设备和打印机"对话框,如图 6-18 所示。

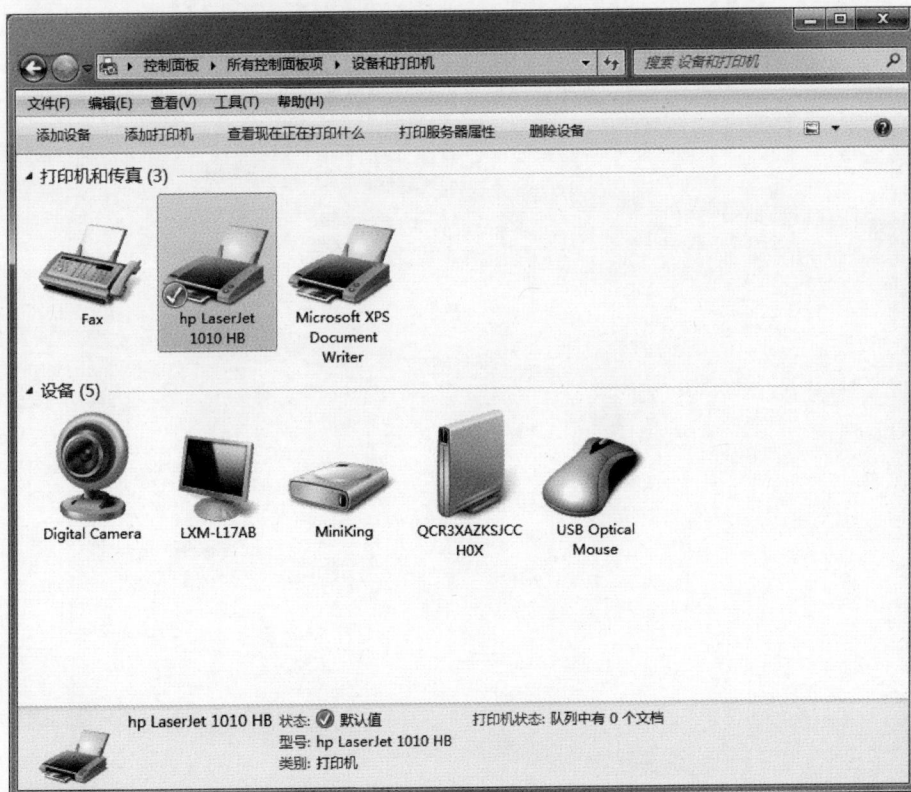

图 6-18　"设备和打印机"对话框

右击准备共享的打印机图标，在弹出的快捷菜单中选择"打印机属性"选项，弹出如图 6-19 的打印机属性对话框，标题栏显示打印机的型号，选择"共享"选项卡，选择"共享这台打印机"复选框，并设置共享名称，即完成了该打印机的共享设置，如图 6-19 所示。

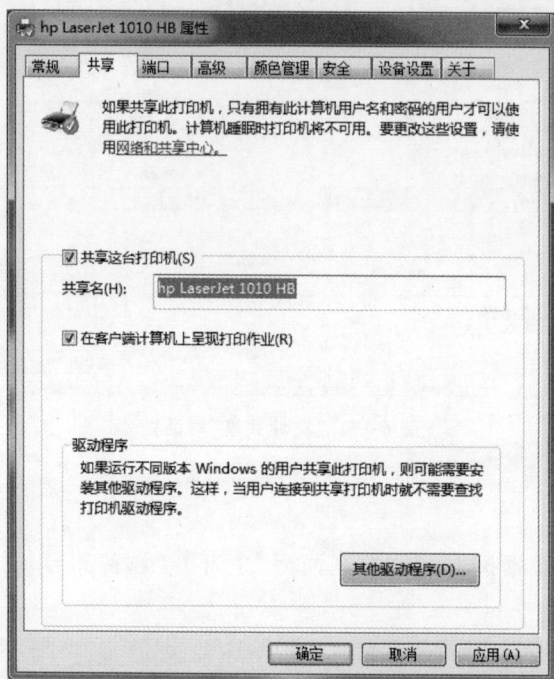

图 6-19   打印机属性对话框

第7章

Internet应用与网络安全

CHAPTER 7

习题7

🔑 7.1　Internet 基础知识

因特网(Internet)又称互联网,是一个全球性的信息系统,以 TCP/IP(传输控制协议/网络协议)进行数据通信,把世界各地的计算机网络连接在一起,进行信息交换和资源共享。简言之,Internet 是一种以 TCP/IP 为基础的、国际性的计算机互连网络,是世界上规模最大的计算机网络系统。

7.1.1　Internet 的功能

Internet 提供了多种多样的服务,信息服务具有动态、多形式的特点。现已形成了以 WWW 为主体、比较完美的服务体系。Internet 提供的服务如下。

1. WWW(World Wide Web,万维网、环球信息网)

WWW 是 Internet 上的一种比较年轻的服务形式,但也是最常被使用的服务之一。WWW 的含义是"环球网""布满世界的蜘蛛网",俗称"万维网"或 3W 或 Web。WWW 是一个基于超文本(Hypertext)方式的信息检索服务工具。WWW 提供友好的信息查询接口,用户仅需要提出查询要求,而到什么地方查询及如何查询则由 WWW 自动完成。因此,WWW 带给用户的是世界范围内的超级文本服务,只要拥有操纵计算机的鼠标,用户就可以通过 Internet 从全世界任何地方调来所希望得到的文本、图像(包括活动影像)和声音等信息。另外,WWW 还可为用户提供传统的 Internet 服务:Telnet、FTP、Gopher 和 Usenet News(Internet 的电子公告牌服务)。通过使用 WWW,一个不熟悉网络使用的人也可以很快成为 Internet 行家。

2. E-mail(电子邮件)

电子邮件是一种通过计算机之间的联网与其他用户进行联系的一种快速、简便、高效、价廉的现代化通信手段。通过在一些特定的通信节点计算机上运行相应的软件使其充当"邮局"的角色,用户可以在这台计算机上租用一个"电子邮箱"。当需要给网上的某一用户发送信件时,发信人只要将要发送的内容与收信人的电子邮箱地址送入自己租用的电子邮箱即可。用户可以将一封信同时发给多个收件人,这时电子邮件系统会自动将用户的信件通过网络一站一站地送到目的地。若给出的收信人的电子邮箱地址有误,系统会将原信退回并通知不能送达的原因。当信件送到目的地后,便存放在收信人的电子邮箱内,用户打开自己的电子邮箱,便可以读取自己的邮件,读取后还将收到的信件再转发给其他用户。

3. FTP(文件传输协议)

FTP 允许 Internet 上的用户将一台计算机上的文件传送到另一台计算机上。这与远程登录有些类似,它是一种实时的联机服务,在进行工作时首先要登录到对方的计算机上。与远程登录不同的是用户在登录后仅可进行与文件搜索和文件传送有关的操作,如改变当前工作目录、列文件目录、设置传输参数、传送文件等。通过 FTP 能够获取远方的文件,同时可将文件从自己的计算机拷贝到其他人的计算机中。提供 FTP 服务的计算机成为 FTP 服务器,用户的本地计算机成为客户机。

4. Gopher(信息查询)

Gopher 服务器以分类目录的形式提供信息服务,供客户访问。Web 的出现快使 Gopher 黯然失色了,现已很少使用这种服务。

5. Usenet(新闻组)

Usenet 就是用户的网络。简而言之,它就是一群有共同爱好的 Internet 用户为了相互传递交换信息组成的一种无形的用户交流网。这些信息实际上就是网络使用者相互交换的新闻(News),这或许可以解释为什么 Usenet 常被称为 Netnews(网络新闻)。通俗地说,Usenet 就是一种遍布世界范围的 BBS 电子公告牌系统,使用者们可在公告牌上发送和读取信息。Usenet 网络新闻可以说是一个动态新闻宝库,也是最丰富的信息交流及储存媒介之一,相当多的新闻选择 Usenet 作为其传播方式,如由 Usenet 读取即时期货成交价、各报社新闻、各地气象等。除了新闻信息以外,Usenet 同时也是最佳技术支援或交流的媒体之一。

6. Telnet(远程登录)

远程登录是指在网络通信协议 Telnet 的支持下,用户的计算机通过 Internet 暂时成为远程计算机终端的过程。当然,要在远程计算机上登录,必须首先成为该系统的合法用户并拥有相应的账户和口令。一旦登录成功,用户便可以使用远程计算机提供的共享资源。在世界上的许多大学图书馆都通过 Telnet 对外提供联机检索服务。一些研究机构也将他们的数据库对外开放,并提供各种菜单驱动的用户接口和全文检索接口,供用户通过 Telnet 查阅。用户可以从自己的计算机上发出命令运行其他计算机上的软件。

7.1.2　TCP/IP

计算机网络是由许多计算机组成的,要实现网络内的计算机之间相互传输数据,必须做两件事,数据传输的目的地址和保证数据迅速可靠传输的措施,这是因为数据在传输过程中很容易丢失或传错,Internet 使用一种专门的计算机语言(协议),以保证数据安全、可靠地到达指定的目的地,这种语言分两部分,即 TCP(Transmission Control Protocol,传输控制协议)和 IP(Internet Protocol,网际协议)。

TCP/IP 是一个普遍使用的网络互连标准协议,它可完成异构环境下不同节点之间的彼此通信,是连入 Internet 的所有计算机在网络上进行各种交换和传输所必须采用的协议。

TCP/IP 是以套件的形式推出的,它包括一组互相补充、互相配合的协议,TCP/IP 套件包括 TCP、IP 和其他的协议(用户数据报协议 UDP 等),它们相互配合,实现网络上的信息通信。

1. TCP

TCP 把数据分成数据单元,用到达目的地的信息进行包装,接收端则将这些数据单元进行重组。TCP 建立一条虚拟通信回路,以在源节点与目标节点之间形成一条临时的通信路径,将数据包(已包含了封装的源、目的端口号的报头)的流动限制在建立好的路径内,从而确保信息的可靠传输。

2. IP

IP 处于 TCP/IP 的网络层,要完成数据从一个节点向另一个节点的移动。IP 传输的数据包不含错误检测或错误恢复的编码,属不可靠协议,但位于传输层的 TCP 提供了错误检测和恢复机制。而且传输的数据包都是独立的,不分前后顺序,可见其主要功能是为数据的发送寻找一条通向目的地的路径。

7.1.3　IP 地址

IP 地址(Internet Protocol Address)指互联网协议地址,是 IP 提供的一种互联网统一的地址格式,它为互联网上的每个网络和每台主机分配一个逻辑地址,用于标识主机或其他互联网设备到网络的连接。在 Internet 网络中,每台主机的 IP 地址都是唯一的。有这种唯一的地址,才能保证用户在 Internet 网络中高效方便地选出自己所需的对象来。IP 地址就像电话号码,知道了想与之通话人的电话号码,就能与其通话了;同样,有了某台主机的 IP 地址,就能与这台主机通信了。

IPv4(Internet Protocol Version 4,网际协议版本 4),又称互联网通信协议第四版,是网际协议开发过程中的第四个修订版本,也是使用最广泛的网际协议版本,后继版本为 IPv6(Internet Protocol Version 6,网际协议版本 6)。IPv4 开发于 20 世纪 70 年代,是一种网络层无连接协议。1981 年 9 月,IETF(The Internet Engineering Task Force,国际互联网工程任务组)发布 RFC 791 中描述了 IPv4,代替了 1980 年 1 月发布的 RFC 760。

IPv4 版本规定 IP 地址的长度为 32 位,最多有 2^{32}(即 43 亿)个 IP 地址。2019 年全球所有 43 亿个 IPv4 地址已分配完毕,这是早有预料的,所以从 1996 年开始,一系列用于定义 IPv6 的 RFC 发表出来。IPv6 的地址长度为 128 位,是 IPv4 地址长度的 4 倍;最多可以表示 2^{128} 个地址,地址数量是 IPv4 的 2^{96} 倍。IPv6 地址数量之多甚至可以为每粒沙子编上地址。

1. IPv4 地址格式

IPv4 地址是一个 32 位的二进制数,也就是 4 字节,分为 4 个 8 位二进制数,如一个二进制地址为 11000000、10101000、00000001、00100000。为了便于使用和掌握,IPv4 地址通常用"点分十进制"表示,即每 8 位二进制数用一个十进制数表示,并以小数点分隔。例如,上例用十进制表示为: 192.168.1.32。

2. IPv4 地址分类

IPv4 地址是 Internet 主机的一种数字型标识,由网络标识和主机标识两部分组成。按照网络规模大小,IP 协议把 IPv4 地址分成 A、B、C、D 和 E 五类。每类地址都定义了网络标识和主机标识各占的位数,网络标识决定了整个互联网容纳多少个网络,主机标识则决定了每个网络容纳多少台主机。

（1）A 类地址。凡是以"0"开始的 IPv4 地址均属于 A 类网络地址。A 类地址用第一字节标识网络类型和网络标识号，后三字节标识主机标识号。其中第一字节的最高位设为"0"，即以 0 开头，其余 7 位标识网络地址，第一字节值范围是 1～126，最多可有 126 个网络标识号，3 字节 24 位标识主机，每个网络最多可提供大约 1678 万个主机地址。第一字节值为 1～126 的地址一定属于 A 类地址。国家级网络和大型组织用 A 类地址，现 A 类地址早已分配完。A 类 IPv4 地址组成如图 7-1 所示。

图 7-1　A 类 IPv4 地址组成

（2）B 类地址。以"10"开始的 IPv4 地址都属于 B 类网络。B 类地址用前两字节标识网络类型和网络标识号，后两字节标识主机标识号。其中第一个字节的两个最高位设为"10"，其余 6 位和第二字节标识网络地址，最多可提供 16 384 个网络标识号，后两字节标识主机，每个网络最多可提供大约 65 534 个主机地址。第一字节值为 128～191 的地址一定属于 B 类地址。B 类地址适用于主机数量较大的中型网络。B 类 IPv4 地址组成如图 7-2 所示。

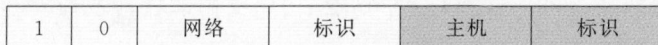

图 7-2　B 类 IPv4 地址组成

（3）C 类地址。凡是以"110"开始的 IPv4 地址都属于 C 类网络。C 类地址用前三字节标识网络类型和网络标识号，后一字节标识主机标识号。其中第一字节的三个最高位设为"110"，其余 5 位和后面两字节标识网络地址，最多可提供约 200 万个网络标识号，最后一字节标识主机，每个网络最多可提供 254 个主机地址。第一字节值为 192～223 的地址一定属于 C 类地址，适用于小型网络。C 类 IPv4 地址组成如图 7-3 所示。

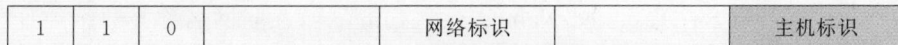

图 7-3　C 类 IPv4 地址组成

（4）D 类地址。D 类地址最高位是"1110"，用于多目的地址发送，支持组播通信，就是能同时把数据发送给一组主机，只有那些已经登记可以接收组播地址的主机才能接收组播的数据包。它是一类专门用途的地址，并不指向特定网络。D 类地址的范围是 224.0.0.1～239.255.255.254。

（5）E 类地址。E 类的网络地址最高位必须是"11110"，不分配给单一主机使用，系统保留为科学研究或将来使用。E 类地址的范围是 240.0.0.1～255.255.255.254。

网络标识号 127 用来循环测试，不能作其他用途；主机地址全为 0 代表一个网络或子网，全为 1 代表一个网络或子网的广播地址。因此，主机地址中全为 0 或 1 的地址不可用。

3. IPv6 地址格式

IPv6 的地址长度为 128 位，是 IPv4 地址长度的 4 倍，因此"点分十进制"格式不再适用，IPv6 地址采用十六进制表示。IPv6 地址表示方式有三种。

（1）冒分十六进制表示法。格式为 X:X:X:X:X:X:X:X，其中每个 X 是十六进制数，表示 2 字节即 16 位的二进制数，例如，1234:5678:9ABC:DEF0:1234:5678:9ABC:DEF0。

这种表示法中，每个 X 的前导 0 是可以省略的，例如：1234:0000:0045:0678:9ABC:

DEFO:0123:0456 可以写成 1234:0:45:678:9ABC:DEF0:123:456。

（2）0 位压缩表示法。在某些情况下，一个 IPv6 地址中间可能包含很长的一段 0，可以把连续的一段 0 压缩为"::"。但为保证地址解析的唯一性，地址中"::"只能出现一次。

例如，ABCD:0:0:0:0:0:0:EF01，可以写成 ABCD::EF01。

（3）内嵌 IPv4 地址表示法。为了实现 IPv4～IPv6 互通，IPv4 地址会嵌入 IPv6 地址中，此时地址常表示为 X:X:X:X:X:X:d.d.d.d，前 96 位二进制地址采用冒分十六进制表示，而最后 32 位二进制地址则使用 IPv4 的点分十进制表示，例如::192.168.0.1 与::FFFF:192.168.0.1 就是两个典型的例子，注意在前 96 位中，压缩 0 位的方法依旧适用。

4. 域名

由于使用数字表示的 IP 地址不容易记忆与理解，Internet 专为网站的服务器提供了用文字表示的域名，如 www.baidu.com，www.sina.com.cn 等。

域名指的是用字母、数字形式来表示的 IP 地址。通过 DNS(Domain Name System，域名系统)实现域名与 IP 地址的转换。把域名翻译成 IP 地址的软件称为域名系统。域名服务器是装有域名系统的主机。当输入一个域名时，域名服务器就会搜索其对应的 IP 地址，然后访问到该地址所表示的站点。

（1）域名结构。域名采用层次结构，用点号"."将各级子域名分隔开，从右向左域名级别由高到低，分别是顶级域名，二级域名、三级域名等。

典型的域名结构：主机名.网络名.机构类域名.顶级域名。

例如，域名 cs.tsinghua.edu.cn 中 cn 是顶级域名中国，edu 是教育机构，tsinghua 是网络名清华大学，cs 是清华大学域名下的一台主机。

（2）顶级域名。顶级域名也就是一级域名，由一个非营利性的国际组织 ICANN(Internet Corporation for Assigned Names and Numbers，互联网名称与数字地址分配机构)来分配和管理。顶级域名分为三类：一是国家和地区顶级域名，用两个字母表示世界各个国家和地区，例如，cn 表示中国，us 表示美国，uk 表示英国等；二是国际通用顶级域名，例如，com 表示工商机构，net 表示网络提供商，org 表示非营利组织，int 表示国际组织，edu 表示教育机构，gov 表示政府部门，mil 表示军事部门等；三是新顶级域名，例如，xyz 表示通用，top 表示高端，red 表示红色等。

（3）国家顶级域名及二级域名。国家顶级域名是由各个国家的互联网络信息中心管理，例如中国互联网络信息中心(CNNIC)负责我国国家顶级域名的运营管理。

在国家顶级域名下注册的二级域名由该国家自行确定。例如，顶级域名为 jp 的日本，将教育和企业机构的二级域名定为 ac 和 co，而不用 edu 和 com。我国把二级域名分为类别域名和行政区域名两大类。类别域名共有 7 个，分别为 ac 表示科研机构，com 表示工、商、金融等企业，edu 表示中国教育机构，gov 表示中国政府机构，mil 表示中国国防机构，net 表示提供互联网络服务的机构，org 表示非营利组织。

7.1.4　URL 地址和 HTTP

1. URL 地址

在 WWW 系统中，使用 URL(Uniform Resource Locator，统一资源定位器)这种特殊

地址,URL 就像 Internet 的门牌号码。

无论以何种方式存在于何种服务器上,每个文件都有一个唯一的 URL 地址。因此可以把 URL 看作是一个文件在 Internet 网上的标准通信地址。

只要用户正确地给出一个文件的 URL 地址,WWW 服务器就能准确无误地将它找到并且传送到发出检索请求的 WWW 客户机上去。

URL 的一般格式:

<通信协议>: //<主机>[∶端口]/<路径>/<文件名>

其中:

<通信协议>。指提供该文件的服务器所使用的通信协议,换句话说,就是指出 WWW 客户程序用来操作的工具。例如 WWW 使用的 HTTP,即"http://"表示 WWW 服务器; gopher 协议,即"gopher://"表示 Gopher 服务器; ftp 协议,即"ftp://"表示 ftp 服务器等。

<主机>。指上述服务器所在主机的 IPv4 地址或域名。

[∶端口]。有时(并非总是这样)对某些资源的访问,需给出相应的服务器提供端口号。

<路径>。该文件在上述主机上的路径,指明服务器上某资源的位置(其格式与 DOS 系统中的格式一样,通常由目录/子目录/文件名这种结构组成)。与端口一样,路径并非总是需要的。

<文件名>。该文件的名称,可以指定任意格式的文件,例如图像文件、可执行文件、文本文件、文字处理文档、电子表格等。但 Web 浏览器能显示的文档类型是有限的,当浏览器不能显示文件时,用户可以启动一个应用程序来显示它,或者把它存放到硬盘。

例如,http://www.vkegy.org/pub/page1 就是一个典型的 URL 地址。客户程序首先看到 HTTP(超文本传送协议),便知道处理的是 HTML 链接;接下来的 www.vkegy.org 是站点地址;最后是目录 pub/page1。

而 ftp://ftp.vkegy.org/pub/page1/cm9612a.zip,WWW 客户程序需要用 FTP 进行文件传送,站点是 ftp.vkegy.org,然后去目录 pub/page1 下,下载文件 cm9612a.zip。

如果上面的 URL 是 ftp://ftp.vkegy.org:8001/pub/page1/9612a.zip,则 FTP 客户程序将从站点 ftp.vkegy.org 的 8001 端口连入。

2. HTTP(HyperText Transmission Protocol)

众所周知,Internet 的基本协议是 TCP/IP,目前广泛采用的 FTP、Telnet、DNS、SMTP、POP3 等是建立在 TCP/IP 之上的应用层协议,不同的协议对应着不同的应用。

WWW 服务器使用的主要协议是 HTTP,即超文本传输协议。简单来说,就是一个基于应用层的通信规范,双方要进行通信,就需要遵守一个规范,这个规范就是 HTTP。

由于 HTTP 支持的服务不限于 WWW,还可以是其他服务,因而 HTTP 允许用户在统一的界面下,采用不同的协议访问不同的服务,如 FTP、Telnet、SMTP 等。

HTTP 是一个属于应用层的面向对象的协议,由于其简洁、快速的方式,适用于分布式超媒体信息系统。它于 1990 年提出,经过几年的使用与发展,不断得到完善和扩展。HTTP 的主要特点可概括如下。

（1）支持客户/服务器模式。

（2）简单快速。客户向服务器请求服务时，只需传送请求方法和路径。请求方法常用的有 GET、HEAD、POST。每种方法规定了客户与服务器联系的类型不同，由于 HTTP 简单，使得 HTTP 服务器的程序规模小，因而通信速度很快。

（3）灵活。HTTP 允许传输任意类型的数据对象；正在传输类型由 Content-Type 加以标记。

（4）无连接。无连接的含义是限制每次连接只处理一个请求。服务器处理完客户的请求，并收到客户的应答后，即断开连接。采用这种方式可以节省传输时间。

（5）无状态。HTTP 是无状态协议。无状态是指协议对于事务处理没有记忆能力。缺少状态意味着如果后续处理需要前面的信息，则它必须重传，这样可能导致每次连接传送的数据量增大，另外，在服务器不需要先前信息时它的应答就较快。

🔑 7.2　网络安全

计算机网络提供了资源的共享性，提高了工作效率，并具有可扩充性，使得计算机网络深入经济、文化、科技、军事等各个领域，人们对计算机网络的依赖越来越强。但这些特点也增加了网络安全的脆弱性和复杂性。为了保证网络信息的安全，采用的安全技术包括防火墙技术、病毒防护技术、加密技术、虚拟网技术等。

7.2.1　网络安全内涵

计算机网络安全是指："保护计算机网络系统中的硬件、软件和数据资源，不因偶然或恶意的原因遭到破坏、更改、泄露，使网络系统连续可靠地正常运行，网络服务正常有序。"网络安全是计算机网络技术发展中一个至关重要的问题，也是 Internet 的一个薄弱环节。其根本目的就是防止有人非法使用通过计算机网络传输的信息。

计算机网络安全包括两方面，即物理安全和逻辑安全。物理安全指系统设备及相关设施受到物理保护，免于破坏、丢失等。逻辑安全包括信息的完整性、保密性和可用性。

7.2.2　网络安全的威胁

网络安全与保密所面临的威胁可能来自很多方面，并且是随着时间的变化而变化的。对网络安全的威胁既可以来自内部网又可以来自外部网，一般而言，主要的威胁有以下几种。

（1）人为的无意失误。是指操作人员使用不当、系统安全配置不规范、用户安全意识不强、选择用户口令不慎、将自己的账号随意转告他人或与别人共享等等情况，都会对网络安全构成威胁。

（2）人为的恶意攻击。此类攻击可以分为两类：一类是主动攻击，它的目的在于篡改系统中所含的信息，或者改变系统的状态和操作，它以各种方式有选择地破坏信息的有效性、完整性和真实性；另一类是被动攻击，它在不影响网络正常工作的情况下，进行信息的截获和窃取，对信息流量进行分析，并通过信息的破译以获得重要的机密信息。它不会导致系统中信息的任何改动,而且系统的操作和状态也不被改变,因此,被动攻击主要威胁信息的保密性。这两种攻击均可对网络安全造成极大的危害,并导致机密数据的泄露。

(3) 网络软件的漏洞。网络软件不可能百分之百地没有缺陷和漏洞,例如,TCP/IP 网络协议的安全问题。这些漏洞和缺陷恰恰是黑客对系统进行攻击的首选目标,导致黑客频频侵入网络内部的主要原因就是相应系统和应用软件本身的脆弱性和安全措施不完备。另外,许多软件中的"后门"往往都是软件编程人员为了自己方便而设置的,一般不为外人知晓,可是一旦"后门"被侵入,将使黑客对网络系统资源的非法攻击成为可能。

(4) 环境。自然灾害威胁,如地震、风暴、泥石流、洪水、闪电雷击、虫鼠害及高温及各种污染等构成的威胁。

7.2.3 网络安全的基本要求

网络信息系统的安全性是很脆弱的,需要采取措施加以保护。网络信息系统安全的内容包括系统安全和信息安全两部分。系统安全主要指网络设备的硬件、操作系统和应用软件的安全;信息安全主要指各种信息的存储、传输的安全。网络安全通常依赖于两种技术:一是传统意义上的存取控制和授权,例如访问控制表技术、口令验证技术等;二是利用密码技术实现对信息的加密、身份鉴别等。

一般认为网络信息系统安全需要满足以下几方面的需求。

1. 保密性

保密性是指信息不泄露给非授权用户、实体和过程,不被非法利用。上文提到的被动攻击中的监听、流量分析就是对系统的保密性进行攻击。

数据的存储保密性也可通过访问控制的方法来实现,由于系统无法确认是否有未授权的用户窃听网络上的数据,这就需要使用一种手段来对数据进行保密处理。通常采用各种加密技术来实现对数据的加密,加密后的数据能够保证在传输、使用和转换过程中不被第三方非法获取。数据经过加密变换后,明文转换成密文,只有经过授权的合法用户,使用被授予的正确密钥,通过解密算法才能将密文还原成明文。反之,未经授权的用户因不掌握解密算法或解密密钥,无法获取原文的信息,从而限制了其对加密数据的访问,维护了数据的保密性。

2. 完整性

完整性是指数据未经授权不能进行改变的特性,即信息在存储或传输过程中保持不被非法修改、破坏和丢失,并且能够判别出数据是否已被改变。其目的就是保证信息系统上的数据处于一种完整和未受损的状态,不会因有意或无意的事件而被改变或丢失。常用散列函数来保护数据的完整性。

3. 可用性

可用性是指可被授权实体访问并按需求使用的特性,即当需要时授权者总能够存取所需的信息,攻击者不能占用所有的资源而妨碍授权者的使用。可通过鉴别技术来实现按需使用,即每个实体都的确是其所宣称的那个实体。但要保证系统和网络能够提供正常的服务,除了备份和冗余配置外,目前没有特别有效的方法。网络环境下拒绝服务、破坏网络和有关系统的正常运行等都属于对可用性的攻击。

4. 可控性

可控性是指可以控制授权范围内的信息流向及行为方式,对信息的传播及内容具有控制能力。通常通过访问控制列表等方法保证信息的访问权限。同时,通过握手协议和鉴别进行身份验证实现对网络上的用户进行验证。最后要将用户的所有活动记录下来便于查询审计。

5. 不可否认性

不可否认性是指信息的行为人要对自己的信息行为负责,不能抵赖自己曾有过的行为,也不能否认曾经接到对方的信息。这在交易系统中十分重要。

7.2.4　网络安全管理策略

安全管理策略是指在一个特定的环境里,为保证提供一定级别的安全保护所必须遵守的规则。该安全管理策略模型包括了建立安全环境的三个重要组成部分,即威严的法律、先进的技术及严格的管理。而网络安全是一个综合性课题,涉及立法、技术、管理及使用等许多方面,包括信息系统本身的安全问题以及数据信息的安全问题。

网络安全管理策略是指在一个网络中关于安全问题而采取的原则,对安全使用的要求,以及如何保护网络的安全运行。制定网络安全管理策略,首先要确定网络安全管理要保护什么,其具体的描述原则是"没有明确表述为允许的都被认为是被禁止的"。具体安全策略如下所述。

(1) 恰当的安全保障体系。设计网络系统时,需要根据关键业务各方面的实际需要,在安全性和效率上进行权衡。对于不同的网络具体需求不同。

(2) 网络资源的职责划分。根据网络资源的职责确定哪些人允许使用某一设备,例如用户如何授权访问、允许哪些用户使用、允许何时使用以及分别允许哪些操作;采用什么样的登录方法(远程和本地登录),授权(或禁止)哪些用户访问哪些系统程序和应用程序,授权(或禁止)访问哪些数据,并确定授权方式和程序。网络安全策略要根据网络资源的职责确定哪些人允许使用某一设备,对每台网络设备要确定哪些人能够修改它的配置;更进一步要明确的是,授权给某人使用某网络设备和某些资源的目的是什么,他可以在什么范围内使用;并确定对每一设备或资源,谁拥有它的管理权(即他可以为其他人授权),使之能够正常使用该设备或资源,并制定授权程序。

(3) 制定使用规则。包括用户口令的设置规则;备份信息的提供者是用户自身还是由网络服务提供者等;在确定对每个资源管理授权者的同时,还要确定他们可以对用户授予什么级别的权限。如果没有资源管理授权者的信息,就无法掌握究竟哪些人在使用网络。对于主干网络中的关键通信资源,对其可授权范围应尽可能小,范围越小就越容易管理,相对也就越安全。同时,还要制定对用户授权的过程设计,以防止对授权职责的滥用。如何在保护用户的隐私与网络管理人员为诊断、处理问题而收集用户信息之间进行均衡。另外,在网络安全策略中要包含对特殊权限进行监测统计的部分,如果对授予用户的特殊权限不可统计,就难以保证整个网络不被侵害。

(4)制定日常规程。包括如何配置网络系统的安全检测程序,采用什么检测方式、检测手段和检测哪些方面的内容等。

(5)确定应对措施。在检测到安全问题或系统遭到破坏时应采用什么样的措施。例如对发生在本局域网内部的安全问题,是否应逐级过滤、隔离;在系统遭到破坏时是否启动自动恢复等。子网要与主干网形成配合,防止破坏蔓延。对于来自整个网络以外的安全干扰,除了必要的隔离与保护外,还要与对方所在网络进行联系,以进一步确定消除掉安全隐患。每个网络安全问题都要有文档记录,包括对它的处理过程,并将其送至全网各有关部门,以便预防和留作今后进一步完善网络安全策略的资料。

网络安全策略还要包括本网络对其他相连网络的职责,如出现某个网络告知有威胁来自本方网络。在这种情况下,一般不会给予对方权力,让其到本方网络中进行调查,而是在验证对方身份的同时,自己对本方网络进行调查监控,做好相互配合。

7.3　网络安全技术

网络安全技术指用于解决如何有效进行介入控制,以及如何保证数据传输的安全性的技术手段。主要分为以下几类。

1.防火墙技术

网络防火墙技术是一种用来加强网络之间访问控制,防止外部网络用户以非法手段通过外部网络进入内部网络,访问内部网络资源,保护内部网络操作环境的特殊网络互联设备。它对两个或多个网络之间传输的数据包按照一定的安全策略来实施检查,以决定网络之间的通信是否被允许,并监视网络运行状态。

2.病毒防护技术

病毒历来是信息系统安全的主要问题之一。由于网络的广泛互联,病毒的传播途径和速度大大加快。

病毒的防护主要包括以下几方面。

(1)阻止病毒的传播。在防火墙、代理服务器、SMTP 服务器、网络服务器、文件服务器上安装病毒过滤软件。在桌面 PC 安装病毒监控软件。

(2)检查和清除病毒。使用防病毒软件检查和清除病毒。

(3)病毒数据库的升级。病毒数据库应不断更新,并下发到桌面系统。

(4)在防火墙、代理服务器及 PC 上安装 Java 及 ActiveX 控制扫描软件,禁止未经许可的控件下载和安装。

3.数据加密技术

数据加密技术是指将明文信息采取数学方法进行函数转换成密文,只有特定接收方才能将其解密还原成明文的过程。数据加密技术是提高信息系统及数据的安全性和保密性、防止秘密数据被外部破译的主要技术手段之一,也是网络安全的重要技术。

4．入侵检测技术

入侵检测是指"通过对行为、安全日志或审计数据或其他网络上可以获得的信息进行操作，检测到对系统的闯入或闯入的企图"。入侵检测系统目的是提供实时的入侵检测及采取相应的防护手段，利用防火墙技术，经过仔细的配置，通常能够在内外网之间提供安全的网络保护，降低了网络安全风险。

5．安全扫描技术

安全扫描技术是网络安全技术中的一类重要技术。安全扫描技术与防火墙、安全监控系统互相配合能够提供安全性很高的网络。

6．认证和数字签名技术

认证技术主要解决网络通信过程中通信双方的身份认可。数字签名是身份认证技术中的一种具体技术，同时数字签名还可用于通信过程中的不可抵赖要求的实现。

7．虚拟网技术

虚拟网技术主要基于局域网交换技术（ATM 和以太网交换）。将传统的基于广播的局域网技术发展为面向连接的技术。因此，有能力限制局域网通信的范围又不用通过开销很大的路由器。

7.3.1　防火墙技术

在网络攻击成倍增长的今天，人们认识到采用安全技术来防止对网络数据的破坏已成为网络应用中的当务之急。其中防火墙就是用来防止外部网络的损坏涉及内部网络，在不安全的网际环境中构建一个相对安全的子网环境。

1．防火墙的概念

防火墙是指一个由软件和硬件设备组合而成、在内部网和外部网之间、专用网和公共网之间的界面上构造的保护屏障，是在两个网络之间执行访问控制策略的一个或一组系统，用来控制两个不同安全策略的网络之间互访，从而防止不同安全域之间的相互危害。

防火墙现在已成为将内部网接入外部网时所必需的安全措施。防火墙可能在一台计算机上运行，也可能在计算机群上运行。防火墙将网络分隔为不同的物理子网，限制威胁从一个子网扩散到另一个子网。防火墙逻辑位置如图 7-4 所示。

2．防火墙的主要功能

防火墙作为内部网与外部网之间的一个保护层，必须满足两个需求：首先保证内部网的安全性；同时保证内部网同外部网间的连通性。这两者缺一不可，不能互相取代，既不能因为安全性的考虑而牺牲连通性，也不能为了保证连通而舍弃安全性。基于这样两个需求，一个性能良好的防火墙主要应具有以下功能。

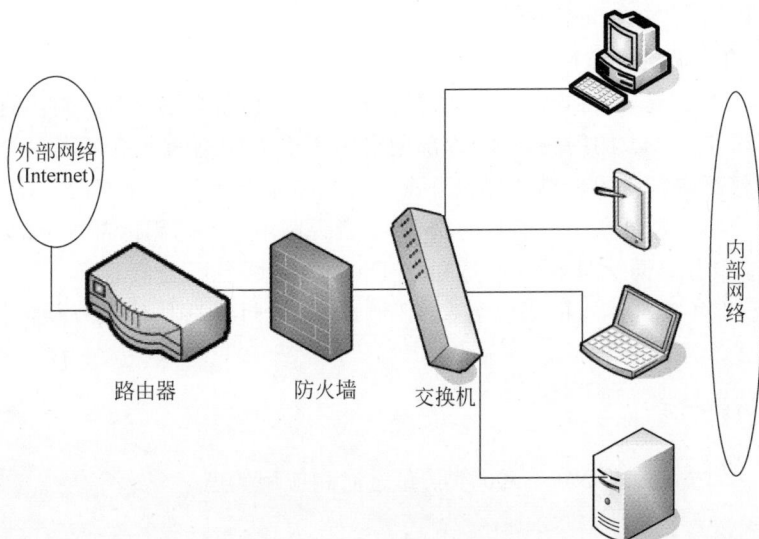

图 7-4　防火墙逻辑位置

1) 防火墙是网络安全的屏障

防火墙可以控制不安全的服务。在没有安装防火墙的环境,子网系统往往会暴露在一些不安全的服务面前,受到来自网络上其他主系统的试探和攻击,网络的安全性完全依赖于系统的安全性。防火墙可以通过过滤不安全服务来降低子网受到非法攻击的风险,只有经过授权的协议和服务才能通过防火墙访问子网,因此大大提高了网络安全程度。防火墙可以保护和禁止易受攻击的服务,防火墙还可以防止和保护基于路由器选择的攻击,防火墙还会排斥这种攻击的试探,然后将情况通知系统管理员。防火墙还可以提供对站点的访问控制,例如从外部网络可以访问某些主机系统,而其他需要保护的系统则能有效地封闭起来,拒绝认为是不安全的访问。一般在大部分内部网中除 E-mail 服务器、FTP 服务器和WWW 信息浏览服务器等能被外部网络访问外,防火墙可以防止外部对主机系统的其他一切访问。

2) 防火墙可以强化网络安全策略

通过以防火墙为重点的安全方案配置,能将所有的安全软件(如口令、加密、身份认证和审计等)配置在防火墙上。对于一个部门或机构来说,购置和安装防火墙有可能会更经济一些,因为使用了防火墙,所有或大多数需要修改的软件和附加的安全性软件就都可以放在防火墙上,而不必将所有软件分散在各个多主机系统上,尤其对于一次性密码口令系统或其他身份验证的软件,放在防火墙上往往比放在 Internet 上能访问的主机系统上更好一些,可实现集中式安全保护。

3) 记录、报警、统计与监控审计

在配备了防火墙的内部网系统,如果将防火墙的系统配置设为凡是内部网与 Internet 的连接都需经过安全系统时,防火墙就会对每次往返访问做出日志记录。网管人员可以随时通过这些日志记录对一些可能的攻击进行分析,同时提供网络使用情况的统计数据。当发生可疑动作时,防火墙能进行适当的报警并提供网络是否受到监测和攻击的详细信息。网络使用统计资料也可作为网络需求研究和风险分析活动的依据之一。监控通信行为,分析日志情况,进而查出安全漏洞和错误配置,完善安全策略。

4) 增强私有资源的保密性

私有资源并不单指个人私有,还包括部门、机构和团体私有的资源。对于这些私有信息资源是内部网络非常关心的问题,一个内部网络中不引人注意的细节可能包含了有关安全的线索而引起外部攻击者的兴趣,因而,增强保密性是十分重要和必要的。使用防火墙后,站点可以封锁控制某些显示用户信息的服务,或者说隐蔽这些透露内部细节的各种服务,如Finger、DNS 等服务。防火墙还可通过封锁 DNS 防止域名服务信息私有属性的泄露,使Internet 无法获取所访问站点的系统名和 IP 地址,通过封锁这种信息,便将对于攻击者有用的信息隐藏了起来。

3. 防火墙种类

从技术上讲,防火墙主要分为两大类:包过滤和应用代理。

1) 包过滤

包过滤作用于网络层和传输层,位于内部网络和外部网络的连接处,根据 IP 和 TCP/UDP 的首部进行 IP 包的过滤。属于 IP 级防火墙。IP 包过滤将外界对内部网络的访问或反方向向上的访问限制在设定范围之内,只能限于某些主机和某些应用。

包过滤的优点是性能高效,处理速度快;对用户和应用程序透明,不用修改现有网络架构和应用程序;配置简单;灵活性高。缺点是无法检查数据包内容,不能识别具有非法内容的数据包,具有安全隐患;规则复杂,编写和维护难度大。

2) 应用代理(也称应用网关)

应用代理工作在网络的应用层,通过应用代理服务程序对应用层数据进行安全控制和信息过滤,以及用户级的认证、日志和计费等功能。其特点是完全"阻隔"了网络的通信流,通过对每种应用服务编制专门的代理程序,实现监视和控制应用层通信流的作用。代理会使从外部网络篡改一个内部系统更加困难,且只要对于代理有良好的设置,即使内部系统出现问题也不一定会造成安全上的漏洞。

应用代理的优点是对数据包内容进行深度检查,有效抵御潜在威胁;能够隐藏内部网络的真实 IP 地址和网络拓扑结构;能够限制用户访问特定网站和服务,提高网络安全性;能针对特定应用协议进行过滤,避免内部网络信息泄露。缺点是需要接收和处理所有流量,可能导致网络性能受到影响;配置和管理相对复杂,维护成本和难度较高。

防火墙已向综合技术方向发展,就其处理的数据对象来说,总的可以分为:包过滤、应用网关、代理服务技术、状态监视技术和混合防火墙(也称综合防火墙或规则检查防火墙)等。不同的防火墙采用了不同的工作原理和实现技术,在选择时,应根据内部网络的具体系统情况和现实的服务需求,确定所需防火墙的安全准则并了解相关产品的工作原理。

4. 防火墙体系结构

防火墙体系结构主要分为以下 4 种。

(1) 包过滤防火墙。该防火墙结构采用包过滤路由器,位于内部网络和外部 Internet 的连接处,是数据流的唯一通道,进行包过滤处理,阻断不合法的数据包。

(2) 双穴主机网关防火墙。双穴主机是用一台装有两块网卡的主机(两块网卡分别与内部网络和外部网络连接）。双穴主机运行各种应用网关代理服务程序,通过网络服务代理提供网络安全控制,构成双穴主机网关防火墙。

（3）屏蔽主机网关防火墙。内部网络通过一台包过滤路由器连接到外部网络,内部网络上再设置一台堡垒主机,用来运行应用网关代理服务程序。它只有一块网卡,连接在内部网络上,配置成外部网络唯一的可访问点。

（4）屏蔽子网防火墙。在内部网络和外部网络之间建立一个独立的周边子网,使用内部包过滤路由器和外部包过滤路由器将这一子网分别与内部网络和外部网络连接,周边子网中设有一台堡垒主机。在两个包过滤路由器上都可以设置过滤规则,堡垒主机运行代理服务程序,进行网络服务代理。

7.3.2　计算机病毒的防护

1. 计算机病毒的定义

计算机病毒是指编制者在计算机程序中插入的破坏计算机功能或者破坏数据,影响计算机使用并且能够自我复制的一组计算机指令或者程序代码。与医学上的"病毒"不同,计算机病毒不是天然存在的,而是某些人利用计算机软件和硬件的脆弱性编制的一组指令集或程序代码,但同样具有传染性与破坏性。

2. 计算机病毒的特点

计算机病毒是由人为蓄意制造的一种会不断自我复制及感染的程序。它能在计算机系统中生存,通过自我复制来传播,满足一定条件时被激活,从而给计算机系统造成一定的损害甚至严重破坏。计算机病毒一般具有以下特点。

1）可执行性（程序性）

计算机病毒是一段可执行的程序,但它不是一个完整的程序,而是寄生在其他可执行程序上。病毒运行时,与合法程序争夺系统的控制权。

2）传染性

计算机病毒不但本身具有破坏性,更有害的是具有传染性,一旦病毒被复制或产生变种,其速度之快令人难以预料。是否具有传染性是判别一段程序是否为计算机病毒的最重要条件。

正常的计算机程序一般是不会将自身的代码强行连接到其他程序之上的,而病毒却能够使自身的代码强行传染到一切符合其传染条件的、未受到传染的程序之上。计算机病毒可以通过各种可能的渠道（如优盘、光盘、计算机网络等途径）传染给其他计算机。当一台计算机上发现了病毒时,往往曾经在这台计算机上使用过的外部存储器（如优盘、移动硬盘）也将被感染上病毒,而与这台计算机相联网的其他计算机或许也被该病毒感染了。

3）寄生性（依附性）

病毒程序嵌入宿主程序中,依赖于宿主程序的执行而生存,这就是计算机病毒的寄生性。病毒程序在侵入宿主程序中后,一般对宿主程序进行一定的修改,宿主程序一旦执行,病毒程序就被激活,从而可以进行自我复制和繁衍。

4）隐蔽性

为了隐蔽自己,病毒必须潜伏,少做动作。病毒一般是具有很高编程技巧、短小精悍的一段程序,通常潜入到正常程序或磁盘中。大部分病毒为了隐蔽而将代码设计得非常短小,一般只有几百或几千字节,病毒将这短短的几百字节加入正常程序之中,使人不易察觉。病毒程序与正常程序不容易被区别开来,在没有防护措施的情况下,计算机病毒程序取得系统控制权后,可以在很短的时间内感染大量程序。而且计算机系统在受到感染后通常仍能正常运行,用户不会感到有任何异常。试想,如果病毒在传染到计算机上之后,计算机会马上无法正常运行,那么它本身便无法继续进行传染了。

5）潜伏性

一个编制精巧的计算机病毒程序,进入系统之后一般不会马上发作,可以在几周或者几个月内甚至几年内隐藏在合法文件中,对其他系统进行传染,而不被发现,潜伏性愈好,其在系统中的存在时间就会愈长,病毒的传染范围就会愈大。

6）触发性

计算机病毒一般都有一个触发条件,病毒自身能够判断该条件是否成立。病毒因某个事件或数值的出现,诱使病毒实施感染或进行攻击的特性称为可触发性。病毒具有预定的触发条件,这些条件可能是时间、日期、文件类型或某些特定数据等。如果满足触发条件,则启动感染或破坏动作,使病毒进行感染或攻击;如果不满足,使病毒继续潜伏。

7）破坏性

任何病毒只要侵入系统,都会对系统及应用程序产生不同程度的影响。凡是用软件手段能触及计算机资源的地方均可能受到计算机病毒的破坏。其表现为:占用 CPU 时间和内存开销,从而造成进程堵塞,对数据或文件进行破坏,打乱屏幕的显示等。计算机病毒又可分为良性病毒和恶性病毒。良性病毒可能只显示些画面、无聊的语句或发出点声音,或者根本没有任何破坏动作,只是会占用系统资源。恶性病毒则有明确的目的,破坏数据、删除文件,或加密磁盘、格式化磁盘,有的甚至对数据造成不可挽回的破坏。

8）衍生性

计算机病毒是一段计算机系统可执行的程序,由若干模块组成。被恶意攻击者模仿、修改病毒的几个模块,可能使原病毒衍生为新的计算机病毒。

3. 计算机病毒的类型

计算机病毒的分类方法有许多种,其数量多达几千种,其分类方法也不尽相同。下面从不同的分类方法对计算机病毒的种类进行归纳和介绍。

1）按病毒存在的媒体

根据病毒存在的媒体,病毒可以划分为网络病毒、文件病毒和引导型病毒。

网络病毒通过计算机网络传播感染网络中的可执行文件;文件病毒感染计算机中的文件,如 COM、EXE、DOC 等;引导型病毒感染启动扇区和硬盘的系统引导扇区。还有这三种情况的混合型,如多型病毒(文件和引导型)感染文件和引导扇区两种目标,这样的病毒通常都具有复杂的算法,它们使用非常规的办法侵入系统,同时使用了加密和变形算法。

2）按链接方式分类

计算机病毒所攻击的对象是计算机系统可执行的文件。按链接方式可将计算机病毒分为以下几类。

（1）源码型病毒。这是一种病毒攻击高级语言编写的程序。该病毒在高级语言所编写的程序编译前插入源程序中，经编译成为合法程序的一部分。

（2）嵌入型病毒。这种病毒是将自身嵌入程序中，把计算机病毒的主体程序与其攻击的对象以插入的方式链接。

（3）外客型病毒。这种病毒是将其自身包围在主程序的四周，对原来的程序不作修改。这种病毒最为常见，易于编写，也易于发现，一般测试文件的大小即可知。

（4）操作系统型病毒。这种病毒运行时用它自己的程序取代部分操作系统的合法程序进行工作，具有很强的破坏力，可以导致整个系统的瘫痪。

3）按病毒破坏的能力

（1）无害型。除了传染时减少磁盘的可用空间外，对系统没有其他影响。

（2）无危险型。这类病毒仅仅是减少内存、显示图像、发出声音。

（3）危险型。这类病毒在计算机系统操作中造成严重的错误。

（4）非常危险型。这类病毒删除程序、破坏数据、清除系统内存区和操作系统中重要的信息。

这些病毒对系统造成的危害，并不是本身的算法中存在危险的调用，而是当它们传染时会引起无法预料和灾难性的破坏。由病毒引起其他的程序产生的错误也会破坏文件和扇区。

4. 按传播媒介分类

按计算机病毒的传播媒介可分为单机病毒和网络病毒。

（1）单机病毒。单机病毒的载体是磁盘，常见的是病毒从移动存储设备（如优盘）传入硬盘，感染系统，然后再传染其他移动存储设备，又传染其他系统。

（2）网络病毒。网络病毒的传播媒介不再是移动式载体，而是网络通道，这种病毒的传染速度快，破坏力大。

5. 计算机病毒的防范

计算机病毒防范是指通过建立合理的计算机病毒防范体系和制度，及时发现计算机病毒入侵，并采取有效的手段阻止计算机病毒的传播和破坏，恢复受到影响的计算机系统和数据。

计算机病毒防范是在计算机病毒尚未入侵或刚刚入侵时，就拦截、阻击计算机病毒的入侵或立即报警，以减少计算机病毒对系统的影响和破坏。

1）主要防范技术

（1）计算机系统的启动。保证硬盘无计算机病毒的情况下，尽量使用硬盘引导系统。

（2）重要的计算机系统的安全使用。硬盘分区表、引导扇区等的关键数据应做备份工作，并妥善保管。

（3）单台计算机的安全使用。对重点保护的计算机系统应做到专机、专盘、专人、专用，封闭的使用环境中是不会自然产生计算机病毒的。

（4）新购置的计算机硬软件系统的测试。新购置的计算机是有可能携带计算机病毒的。在条件许可的情况下，要用检测计算机病毒软件检查已知计算机病毒，用人工检测方法检查未知计算机病毒，并经过证实没有计算机病毒感染和破坏迹象后再使用。

（5）宏病毒防范。宏病毒主要依赖于包括如 Word、Excel 等应用程序在内的 Office 套装软件。

（6）不要随意从网上下载文件。不要随便直接运行或直接打开电子函件中夹带的附件文件，不要随意下载软件，尤其是一些可执行文件和 Office 文档。

2）计算机网络的安全使用

以上这些措施不仅可以应用在单机上，也可以应用在作为网络工作站的计算机上。对于网络计算机系统，还应采取下列针对网络的防杀计算机病毒措施。

（1）安装环境和网络操作系统本身没有感染计算机病毒。

（2）在安装网络服务器时，应将文件系统划分成多个文件卷系统，至少划分成操作系统卷、共享的应用程序卷和各个网络用户可以独占的用户数据卷。

（3）为各个卷分配不同的用户权限。

（4）在网络服务器上必须安装真正有效的防杀计算机病毒软件，并经常进行升级。必要的时候还可以在网关、路由器上安装计算机病毒防火墙产品。

3）系统管理员的职责

（1）系统管理员的口令应严格管理，不泄露，不定期地予以更换，保护网络系统不被非法存取，不被感染上计算机病毒或遭受破坏。

（2）由系统管理员安装应用程序软件或由系统管理员临时授权进行。以保护网络用户使用共享资源时总是安全无毒的。

（3）系统管理员对网络内的共享电子函件系统、共享存储区域和用户卷定期进行计算机病毒扫描，发现异常情况及时处理。如果可能，在应用程序卷中安装最新版本的防杀计算机病毒软件供用户使用。

（4）网络系统管理员应做好日常管理事务的同时，还要准备应急措施，及时发现计算机病毒感染迹象。

7.3.3　数据加密技术

数据加密主要包括三要素：信息明文、密钥、信息密文。通常将待加密的源信息称为明文。为了保护明文，通过一系列步骤将它转换成另一种形式，以使局外人难以识别，这种形式实体称为密文。这个转换过程称为加密。其逆过程，即接收方把密文转换为可以识别的明文，这个转换过程称为解密。

一般情况下，加密密钥和解密密钥可以是一样的，也可以是不一样的。按照收发双方密钥是否相同来分类，数据加密技术分为三类：对称密钥加密、非对称密钥加密和不可逆加密。

1. 对称密钥加密

用 $C=E_k(P)$ 表示使用加密算法 $E()$ 和密钥 K 对明文 P 加密得到密文 C，反过来，用 $P=D_k(C)$ 表示使用解密算法 $D()$ 和密钥 K 对密文 C 解密得到密明文 P。此时，密文 C 在公开信道中传输时，可能受到攻击。加密和解密过程都包括一个算法和一个密钥。对称密钥密码体制过程中，解密时使用的解密密钥和加密时使用的加密密钥是通信双方共享的同一密钥，它称为共享密钥。

对称密钥加密的优点是算法公开、计算量小、加密效率高。但不足之处是密钥管理困难，安全性不易保证。

对称密钥密码体制的加密和解密变换过程如图 7-5 所示。

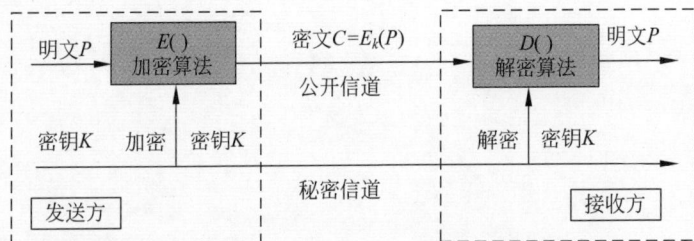

图 7-5　对称密钥加密体制的加密和解密变换过程

2. 非对称密钥加密

非对称密钥加密也称为公开密钥密码体制。1976 年，Stanford 大学的 Diffie 和 Hellman 提出了公开密钥密码体制的概念。与对称密钥密码体制不同的是，公开密钥密码体制使用一对不相同的加密密钥与解密密钥。因此也成为非对称密钥密码体制。其加密密钥使用公开密钥简称公钥（PK），是公开信息；而解密密钥使用秘密密钥，简称为私钥（SK）。SK 由 PK 决定，但是却不能根据 PK 计算出 SK。公开密钥密码体制的算法过程如图 7-6 所示。

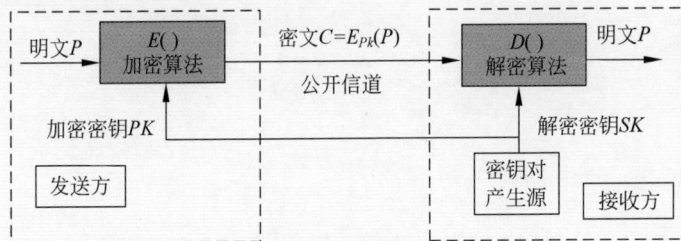

图 7-6　公开密钥密码体制的算法过程

公钥密码的最大优点在于对密钥管理方法的改进。在公钥密码系统中，加密密钥是公开的，任何人都可以采用这些公开的加密密钥对自己准备传输的消息进行加密。同时，只有正确的接收方才能够用自己所保管的解密密钥对密文进行解密。这些解密密钥需要妥善保存。与对称密钥密码体制相比，公钥密码中的密钥在处理和发送上更为方便而且安全。

3. 不可逆加密

不可逆加密的特征是加密过程不需要密钥,并且经过加密的数据无法被解密,只有同样的输入数据经过同样的不可逆加密算法才能得到相同的加密数据。不可逆加密算法不存在密钥保管和分发问题,适合于在分布式网络系统上使用。但因其加密计算机工作量相当可观,所以通常用于数据量有限的情形下的加密,如计算机系统中的口令就是利用不可逆算法加密的。

第 *8* 章

人工智能与算法

科幻文学大师阿瑟·克拉克（Arthur Charles Clarke）在他享誉世界的作品《2010：太空漫游》中写道："不管我们是碳基人类还是硅基机器人，都没有本质的区别。我们中的每一员都应获得应有的尊重。"从情感上说，人类多么渴望科技奔涌向前，多么希望有智能化平台甚至智能机器人帮助人类解决各种问题，同时，人类能和机器和平共处。从本章开始，将会逐一介绍人工智能的概念、发展、研究方法、研究目标、研究内容、应用领域等相关内容。

习题 8

🔑 8.1　人工智能

要了解什么是"人工智能",首先需要了解什么是"智能"。关于智能,有两种被广泛接受的解释:一种是,智能是人们处理事务、解决问题时表现出来的智慧和能力;另一种是,智能是知识和智力的总和,知识是一切智能行为的基础,智力是获取知识并应用知识求解问题的能力。"人工智能"指用计算机模拟或实现的智能。作为一门学科,人工智能研究的是如何使计算机具有智能,特别是智能如何在计算机上实现或再现。

1955年8月,美国达特茅斯学院数学系的助理教师约翰·麦卡锡(John McCarthy)、哈佛大学数学系和神经学系的马文·明斯基(Marvin Minsky)、信息论之父香农(Claude Shannon)和IBM第一代通用计算机701的总设计师罗切斯特(Nathaniel Rochester)共同给洛克菲勒私人基金会写了一个提案来申请一笔科研资金。在这份提案中,人工智能这一提法在人类学科历史上首次出现。1956年8月,麦卡锡又邀请了一批认知学家和计算机学家,在达特茅斯学院组织了一次关于机器智能的研究会,这些对机器智能感兴趣的专家学者聚集在一起进行了两个月的研讨,主要讨论了机器智能的可行性和实现方法。在会议上,约翰·麦卡锡对人工智能做了如下定义:"人工智能就是让机器的行为看起来像人所表现出的智能行为一样。"从那时起,这个领域被正式命名为人工智能(Artificial Intelligence,AI),为以后的人工智能研究奠定了基础。

人工智能是一门正在发展中的综合性交叉学科,它由计算机科学、控制论、信息论、神经生理学、心理学、哲学及语言学等多种学科相互渗透而发展起来,是一门新思想、新观念、新理论、新技术和新应用不断涌现的新兴前沿学科。进入21世纪以来,随着大数据、云计算和移动互联网等新一代信息技术与智能制造技术相互融合步伐的加快,人类社会对人工智能表现出更多的认同,寄予了更大的希望,人工智能不仅改变了人们的日常生活,同时也改造着生产和管理模式,它已渗入现代社会的方方面面。

人工智能主要研究用人工的方法和技术模仿、延伸和扩展人的智能,实现机器智能。人工智能的长期目标是实现人类水平的人工智能。人工智能自诞生以来,取得了许多令人兴奋的成果,在很多领域得到了广泛的应用。

🔑 8.2　人工智能的发展

1950年,"人工智能之父"艾伦·图灵(Alan. M Turing)提出了"图灵测试"(Turing Test),人工智能正式起源。所谓图灵测试,是指如果一台计算机能够与人类开展对话而不被辨别出计算机身份,那么这台计算机就具有智能。

人工智能的概念虽然只有短短几十年历史,但其理论与技术的发展却经历了漫长的岁月,现在人工智能领域的飞速发展离不开各学科共同发展及科学界数代的积累。

1.孕育期(1956年以前)

公元前4世纪,著名的古希腊哲学家、科学家亚里士多德(Aristotle)提出了形式逻辑,他在《工具论》书籍中提出的三段论演绎法,至今仍是演绎推理不可或缺的重要基础,也是人工智能最早的理论基础。17 世纪,德国数学家莱布尼茨(Gottfried Wilhelm Leibniz)提出了万能符号和推理计算的思想,其为日后人工智能符号主义学派提供了重要的理论基础。19 世纪,英国数学家乔治·布尔(George Boole)提出了布尔代数,布尔代数是当今计算机的基本运算方式,为现代计算机软硬件中逻辑运算奠定了基础。英国发明家查尔斯·巴贝奇(Charles Babbage)设计的差分机是第一台能计算二次多项式的计算机,在人类历史上减轻了大脑的计算负担,机械从此开始具有"计算智能"。1943 年,美国心理学家沃伦·麦卡洛克(W. S. McCulloch)建立了第一个神经网络模型,被认作是人工智能领域的开山之作。

1946 年,世界上第一台通用电子计算机 ENIAC 的诞生,为人工智能打下了坚实的物质基础。

1948 年,信息论之父克劳德·香农发表了《通信的数学理论》,提出"信息熵"的概念,这一概念的产生为非确定性推理、机器学习等领域作出了重要的贡献。

2. 起步期(1956—1974 年)

1956 年,人工智能的定义由麦卡锡在达特茅斯会议上正式提出,这标志着人工智能正式诞生。此次会议后,美国形成了多个人工智能研究组织,在之后的近二十年间,人工智能在各个领域得到快速发展。

1) 机器学习

1956 年,IBM 公司的塞缪尔(A. M. Samuel)编写出了具有学习能力的跳棋程序,该程序可以通过棋盘状态自己学习,然后指导下一步走棋,并从中总结经验,通过一定时间的学习后棋艺可以达到很高的水平。通过此程序,塞缪尔定义了一个新词——机器学习。

2) 模式识别

1957 年,周绍康提出用统计决策理论方法求解模式识别问题,为模式识别的应用奠定了基础。弗兰克·罗森布拉特(Frank Rosenblatt)提出了一种基于模拟人的思维进行识别的数学模型——感知器(Perceptron),初步实现了通过给定样本对识别系统进行训练,使系统在给定样本上学习完毕后具有对其他未知类别的模式进行正确分类的能力。

3) 模式匹配

1966 年,第一个聊天程序 ELIZA 在麻省理工学院人工智能学院诞生。它能够根据用户的提问和已设定的规则进行模式匹配,从事先准备好的答案库中选择合适的回答。ELIZA 曾模拟心理治疗医生和病人交谈,许多人未能识别出它是计算机程序。从此,计算机自然语言对话的模式匹配开启了。

与此同时,麦卡锡开发了 LISP 语言,该语言是人工智能程序设计语言的重要里程碑。明斯基发现了简单神经网络的缺点,对神经网络进行了更深入的研究。同时,多层神经网络、反向传播(Back Propagation,BP)算法也开始出现。专家系统开始萌芽,通用汽车的生产线上出现了第一台工业机器人。

在此时期,人工智能成为一门独立学科,在各个领域的研究成果不断出现,迎来了发展的第一个高峰。

3. 低迷期(1974—1980 年)

科学的发展总是充满坎坷与曲折,人工智能也如此。由于许多人工智能的理论与方法未能通用化,在推广和应用方面存在这么多问题,从而引发了全世界对人工智能技术的怀疑。

1969 年,明斯基提出了著名的 XOR 问题,论证了感知器在类似 XOR 问题的线性不可分数据下的无力,使得感知器遭遇了重大打击。XOR 问题也成了人工智能几乎不可逾越的鸿沟。1973 年,许多科学家认为之前人工智能的研究过于乐观,有些目标根本无法实现,研究无法继续进行,使得人工智能遭遇科学界的重大拷问。例如,20 世纪 60 年代已经开始研究的机器视觉,虽然由美国科学家劳伦斯·罗伯茨提出的轮廓线构成、边缘检测等方法十分经典,且还在被广泛使用,但是,只有理论基础无实际应用。此外,人工智能发展的基础是庞大的数据量,而在当时计算机和互联网尚未普及,根本无法取得大规模数据。因此,人工智能的发展速度放缓,各国政府和机构也停止或减少了资金投入,人工智能在 20 世纪 70 年代进入了暗淡期。

4. 发展期(1980—1987 年)

专家系统是人工智能领域的重要研究成果。1980 年,卡内基梅隆大学研发的 XCON 专家系统正式投入使用,带动人工智能技术进入了一个新的阶段。该系统包含了预先设定好的上千条规则,在后续几年处理了上万条订单,准确率超过 95%。这成为人工智能发展的一个新的里程碑。由于 XCON 取得的巨大商业成功,因此在 20 世纪 80 年代,60% 的世界 500 强公司开始开发和部署各自领域的专家系统。据统计,1980—1985 年,有超过 10 亿美元投入人工智能领域,在这一时期涌现出了许多人工智能相关公司。

1986 年,第一辆真正意义上的自动驾驶汽车出现了,它被称为 VaMoRs,是一辆奔驰面包车,由慕尼黑联邦国防军大学在车上安装了各种传感器和计算机,实现了自动控制方向盘、油门和刹车。

5. 二次低迷期(1987—1993 年)

在此时期,苹果公司和 IBM 公司生产的台式机不断提升,其性能已超过了昂贵的 LISP 机,致使 LISP 机器硬件销售市场严重崩溃,人工智能领域再一次进入暗淡期。另外,人工智能技术虽然逐步与计算机技术相融合,但人工智能的算法理论进展较慢,无法取得进一步的突破。

6. 稳步发展期(1993—2011 年)

1993 年,肖哈姆(Y. Shoham)提出面向智能体的程序设计。1995 年,理查德·华莱士(Richard S. Wallace)在 ELIZA 的基础上,开发了新的聊天机器人程序 Alice,它能够优化内容,并利用互联网不断增大自身的数据集。1996 年,IBM 公司研制的计算机深蓝与国际象棋冠军卡斯帕罗夫对弈,最终战胜了卡斯帕罗夫,是机器学习的重大进步。2006 年,多伦多大学教授杰弗里·辛顿(Geoffrey Hinton)提出了深度学习,对工业界产生了巨大影响。

7. 繁荣期(2011 年至今)

2011 年至今,伴随着大数据、物联网、云计算等相关技术的快速发展,使得人工智能技术在各个领域已经超越了人类水平。

2011 年,IBM 公司的沃森系统在综艺竞答类节目中,与真人一起抢答竞猜,它凭借其强大的知识库和出众的自然语言处理能力战胜了两位人类冠军,这是人工智能领域的重大进步。同年,语义网(Semantic Web)的出现极大地推动了知识表示领域技术的飞速发展。2012 年,谷歌公司首次提出了知识图谱的概念。2016 年,谷歌公司研发的人工智能围棋程序 AlphaGo,连续战胜韩国的李世石和中国的柯洁两位世界围棋冠军,轰动了全世界。

人工智能技术是计算机技术、控制论、神经生理学、语言学、心理学、数学等多个学科的交叉融合。今天,它已经广泛渗透到了人类生活的各方面,无论是智能家居、语音助手、在线翻译,还是自动驾驶、智慧医疗,都是人工智能技术的新一轮变革。未来,人工智能将更多地向强化学习、智能机器人、神经形态硬件、可解释性人工智能等方向发展。

8.3　人工智能的三大学派

自 1956 年人工智能诞生后,由于人工智能学派因研究重点和学术观点的不同,至今没有形成统一的理论体系。因此,人工智能的研究方法也不尽相同。

目前人工智能的主要研究方法有符号主义(Symbolism)研究方法、连接主义(Connectionism)研究方法和行为主义(Actionism)研究方法。

8.3.1　符号主义

符号主义又称为逻辑主义、心理学派或计算机学派,符号主义是人工智能早期的研究方法之一。符号主义学派认为人工智能是以符号为基础,而人的认知过程就是符号操作的过程。

符号主义学派的理论基础是物理符号系统(即符号操作系统)假设和有限合理性原理。符号主义强调对知识的处理,它认为知识是信息的一种形式,是构成智能的基础,人工智能的核心问题是知识表示、知识推理和知识运用,知识可用符号表示,也可用符号进行推理。

符号主义学派的应用成果主要体现在知识工程和专家系统方面,如早期的医疗诊断系统 MYCIN 等。这些系统通过预先设定的规则和逻辑来模拟专家的决策过程,对人工智能走向工程应用和实现理论联系实际具有特别重要的意义。

8.3.2　连接主义

连接主义又称为仿生学派或生理学派,认为人思维的基本单位是神经元,而不是符号,智能行为是通过人脑神经元之间的复杂连接和相互作用产生的,可以通过模拟人类脑神经元网络的基本结构和基本功能来实现智能性。

连接主义学派的理论基础主要来源于生物学和神经科学,其核心理念基于模拟人脑神经元之间的连接与信息传递方式,并注重模型的训练和优化。连接主义学派对物理符号系统假设持反对意见,认为人脑不同于计算机。连接主义主张人工智能应着重于结构模拟,即模拟人的生理神经网络结构。

连接主义学派的应用成果主要体现在人工神经网络(Artificial Neural Networks, ANNs),它是人脑神经元的抽象模拟,从信息处理的角度来建立简单的模型,按照不同的连接方式组成各种各样的"神经网络",包括卷积神经网络、前馈神经网络、循环神经网络等多种形式。这些网络在自然语言处理、语音识别、图像识别等多个领域取得了显著成果。

8.3.3　行为主义

行为主义又称为进化主义或控制论学派,认为人工智能的研究源于控制论,不同的行为对应不同的功能和控制结构,智能取决于感知和行动。行为主义者认为智能既不需要知识,也不需要表示和推理,人工智能可以像人类智能一样逐步进化,认为智能行为是对外界复杂环境的适应。行为主义还认为符号主义和连接主义对客观事物及其智能行为的模式描述太过简化及抽象,是不能真实反映客观存在的。

行为主义学派的应用成果主要体现在自适应系统、机器人控制等领域,如大疆的无人机则采用了基于行为主义的飞行控制系统,使其能够在复杂的环境中稳定飞行。此外,在机器人导航、自动驾驶等实时响应和高度适应性的场景中展现出强大的实用性。

伴随着人工智能多年的发展,三大学派也得到了进一步的发展。在人工智能诞生初期,占据绝对优势的是符号主义。近些年,随着机器学习特别是深度学习的兴起,连接主义又广泛得以应用。人工智能发展至今,其三大研究学派各有其独特的理念及方法,它们在不同领域和场景下都发挥着重要的作用,因此,各个流派互相融合已是大势所趋。随着科技的不断进步和人工智能技术的不断发展,这三大学派将继续推动人工智能领域的研究和应用向更高水平迈进。

8.4　人工智能的研究目标

如今,随着人工智能的技术越来越成熟,其应用范围迅速扩大,吸引了更多的科学家投入人工智能领域的研究。总体来说,人工智能有近期和远期两个研究目标。

1. 近期研究目标

人工智能的近期研究目标是研究大脑的宏观功能(判断、理解和推理、形成概念、适当的反应和适应环境的总体能力),并用现在的计算机尽可能地模拟它。

2. 远期研究目标

人工智能的远期研究目标是研究大脑的微观结构和宏观功能,以期制造出和人脑结构一致的智能机,并能完成人脑的宏观功能。

8.5　人工智能的研究内容

从人工智能的研究目标不难看出,人工智能的研究范围非常广泛。近来受到广泛关注的自动驾驶技术,即依靠车内的以计算机系统为主的智能驾驶仪实现。自动驾驶汽车能够自动控制驾驶以及辨别前方障碍物等。大致来说,人工智能的基本研究内容包括以下几方面:智能感知、智能推理、智能学习、智能行动、计算智能、分布智能、人工心理与人工情感。

下面选取其中四个主要方面进行详细阐述。

1. 智能感知

智能感知就是使计算机具有类似人的感知能力,其中以视觉和听觉为主。机器视觉是让计算机能够识别并理解文字、图像等,机器听觉是让计算机理解语言、声响等。智能感知是计算机获取外部信息的基本途径,是使计算机具有智能的必不可少的研究方向。为此,人工智能领域已经形成了几个成熟的领域:模式识别(Pattern Recognition)、计算机视觉(Computer Vision)和自然语言处理(Nature Language Processing)。

2. 智能推理

智能推理指计算机对通过感知获得的信息进行有目的的加工处理。如同人类的智能来源于大脑的思维活动一样,计算机的智能来自智能推理。因此,智能推理是人工智能研究中最为重要和关键的部分。

相比于智能学习来说,智能推理的行为方式与人类更相似。智能推理与大数据调查密切相关,因此它比智能学习更灵活。然而,智能推理需要启发式和策略,这通常需要由知识渊博的领域专家完成。因为企业难以雇用大量的专家,所以对于企业来说,智能推理的实现是基本不可能的。

智能推理最适合用于确定性场景,即确定某件事是否真实,或者是否会发生。

3. 智能学习

人类具有获取新知识、总结经验并不断自我改进的能力,智能学习即让计算机同样具有此能力,使其能自动获取知识(即直接通过书本学习、通过对环境的观察学习等),并在实践中实现自我完善。智能学习是研究计算机程序如何更有效地随着经验积累自动提高系统性能并自我改进的过程。

具体来说,对于某类任务 T 和性能度量 P,如果一个计算机程序针对某类任务 T 的用 P 衡量的性能根据经验 E 来自我完善,那么称这个计算机程序在从 E 中学习。举例来说,在一个国际象棋对弈比赛中,可以将"玩家自己进行下棋练习"定义为 E,将"参与双人比赛"定义为 T,将"胜率"定义为 P。即玩家可以通过不断进行自我练习,在双人对弈比赛中得到更高的胜率。

智能学习最适合用于结果是概率性的情况,如确定风险级别。

4. 智能行动

智能行动既是智能机器作用于外界环境的主要途径,也是机器智能的重要组成部分。智能行动主要指机器人行为规划,它是智能机器人的核心技术。因为解决问题需要依靠规划功能拟定行动步骤和动作序列,所以规划功能的强弱反映了机器人的智能水平。智能行动主要研究如下两方面。

(1)智能控制。指不需要或只需要尽可能少的人工干预,就能独立地驱动智能机器,实现其目标的控制过程。它是一种把人工智能技术与传统自动控制技术相结合,研制智能控制系统的方法和技术。

（2）智能制造。指以计算机为核心，集成有关技术，以取代、延伸与强化有关专门人才在制造中的相关智能活动所形成、发展乃至创新了的制造。智能制造中所采用的技术称为智能制造技术，它是指在制造系统和制造过程的各个环节中，通过计算机来模拟人类专家的智能制造活动，并与制造环境中人的智能进行柔性集成与交互的各种制造技术的总称。智能制造技术主要包括机器智能的实现技术、人工智能与机器智能的融合技术，以及多智能源的集成技术。

🔑 8.6　人工智能的应用领域

当前，人工智能技术已渗透到各个领域和各个行业之中，并且对社会经济、科技进步、人类生活以及各个行业领域都产生了重大影响。

1．智能家居领域

近年来，人工智能在智能家居方面表现突出。如扫地机器人，通过智能芯片规划清洁路径，可以帮助人类减轻家务负担，为家庭清洁带来了革命性的变化。通过语音识别技术，用户可以控制家中的各类设备，如电视节目的智能播放、冰箱食品存储情况的智能识别、空调温度与湿度的智能调节、电灯光线的智能调控以及音箱的智能播放等，为家庭生活提供了极大的便利。

2．工业制造领域

人工智能首先可以对生产过程进行优化，依据生产环境数据、设备运行的参数、原材料的质量数据等进行分析，从而提高生产率。工业 AI 质检系统可以凭借高分辨率摄像头与图像处理技术，检测出人眼无法观察到的产品缺陷，速度远超人工检测，提高了产品检测的效率与准确性。人工智能在工业制造中还可以根据订单的需求量，依据机器学习算法建立生产模型，优化生产调度和流程，从而自动调整生产计划，确保生产的高效性和有序性。

3．医疗健康领域

手术机器人是人工智能在医疗方面的重要应用，它利用高清晰度三维成像技术和机械臂操作系统，可以辅助医生在手术过程中更加精准和安全地进行操作，从而极大地减少了人为因素的影响。达·芬奇机器人是目前全球较为知名和影响力较大的手术机器人。除此之外，AI 技术在医学影像方面的表现也较为突出，可以利用深度学习算法辅助医生准确并快速对病灶进行分析。

4．教育领域

人工智能在教育领域的应用主要体现在个性化学习和智能教学系统等方面。AI 可以根据学生的学习习惯、对知识点的掌握情况和学习进度，为学生提供个性化的学习内容和教学方法，以达到因材施教的教学目的。如在线学习平台利用人工智能算法分析学生在课程学习过程中的答题数据、学习时长、作业完成情况及测试成绩等信息，为学生推荐最适合他们的学习规划和学习资源，这种个性化的学习方案不仅提高了学习效果，还极大地激发了学生的学习兴趣。同时，人工智能还可以利用自然语言处理和语音识别技术，帮助学生在语言学习方面提供语言发音纠正和口语交流练习，提高学生的语言交流能力。

5. 交通运输领域

自动驾驶汽车是人工智能在交通领域最为引人瞩目的应用之一。自动驾驶技术是通过摄像头、毫米波雷达、激光雷达等传感器来收集相关环境信息，并利用人工智能算法对传感器数据进行融合和处理，进而准确判断交通状况和行驶路径，并做出准确决策，从而降低人为因素造成的交通事故，提高驾驶的安全性。人工智能还可以对交通流量进行实时预测，如对某个路口的高峰时段进行预测，从而提前调整交通信号灯的时长，优化交通的通行效率。或者通过图像识别技术检测闯红灯、超速、违章停车等交通违规行为，系统自动识别车牌号码后，将违规信息发送到交通管理部门，提高交通执法的效率和准确性。

6. 金融领域

在金融投资方面，采用机器学习和深度学习技术的智能投顾系统可以对客户的财务状况、风险偏好和投资目标等进行分析，然后提供个性化的投资组合建议。智能投顾系统与传统的投资顾问相比，成本更低，效率更高。在信贷审批方面，人工智能通过建立复杂的机器学习模型，可以帮助金融机构分析客户的信用数据，并评估客户的信用风险，有助于金融机构作出更精准的信贷决策，从而降低违约率。

未来，随着社会的不断进步和技术的不断创新，人工智能将会在更多领域发挥极其重要的作用，为人类社会的发展和进步作出更大的贡献。

8.7　算法的概念

程序是用计算机完成特定任务的指令集合。算法用来描述程序的实现步骤，是程序的核心。那么什么是程序？这里所说的程序是指计算机程序，对于计算机程序的定义，《计算机软件保护条例》第三条规定：计算机程序，是指为了得到某种结果而可以由计算机等具有信息处理能力的装置执行的代码化指令序列，或者可以被自动转换成代码化指令序列的符号化指令序列或者符号化语句序列。

计算机程序就是用某种程序设计语言编写的一系列指令序列，来告诉计算机要做什么，以及如何做。程序可以用这样一个公式来表示：

程序 = 数据结构 + 算法

这是著名计算机科学家沃思（Nikiklaus Wirth）提出的经典公式。其中数据结构为程序中要指定数据的类型和数据的组织形式。那么什么是算法呢？

8.7.1　什么是算法

算法就是解决问题的方法和步骤。程序是指令的集合，那么需要什么指令，指令又以什么样的顺序来写，就是算法决定的。

算法是计算机问题求解的灵魂，是计算机科学的核心。

8.7.2　算法的特征

一个算法应该具有以下 5 个重要的特征。

（1）有穷性。有穷性是指算法必须能在执行有限个步骤之后结束，不能是无限的。如一个死循环就不满足有穷性的要求。

（2）确切性。算法的每个步骤都必须是确定的，不能有歧义。

（3）输入。算法有零个或多个输入，零个输入是指算法本身有确定的初始条件。

（4）输出。算法有一个或多个输出，以反映对输入数据加工后的结果。没有输出的算法是毫无意义的。

（5）可行性。算法中执行的任何计算步骤都可以被分解为基本的可执行的操作步骤，即每个计算步骤都可以在有限时间内完成（也称为有效性）。

8.7.3　算法的评价

同一问题可用不同算法解决，评价一个算法的优劣主要从以下几方面考虑。

（1）时间复杂度。时间复杂度指的是算法消耗时间的多少。一个算法花费的时间与算法中语句的执行次数成正比，算法中语句执行次数越多，它花费的时间就越多。

（2）空间复杂度。空间复杂度是指算法需要消耗的内存空间的多少。

（3）正确性。是否能正确地实现预定的功能，得到预想的结果。

（4）可读性。算法的可读性是指一个算法是否易于阅读、理解和交流，便于调试、修改和扩充，是否能让别人看明白算法的逻辑。

（5）健壮性。健壮性是指一个算法对不合理数据输入的反应能力和处理能力，也称为容错性。输入非法数据，算法也能适当地做出反应后进行处理，不会产生预料不到的运行结果。

🔑 8.8　算法的表示

算法的表示方法有很多，常用的有自然语言、流程图、伪代码等。

8.8.1　自然语言

自然语言就是人们日常使用的语言，可以是汉语、英语或其他语言。用自然语言表示通俗易懂，但容易出现歧义。自然语言表示的含义往往不太严格，要根据上下文才能判断其正确含义。此外，用自然语言来描述包含分支和循环的算法很不方便。因此，除了很简单的问题以外，一般不用自然语言描述算法。

8.8.2　流程图

流程图是表示算法的常用工具。使用图框、线条和文字说明，直观形象地描述算法的过程。美国国家标准化协会 ANSI（American National Standard Institute）规定了一些常用的流程图符号,如表 8-1 所示。

表 8-1　流程图常用符号及功能

符 号 名 称	图 形	功 能
起止框		开始、结束
输入输出框		输入、输出
判断框		条件判断
处理框		需要处理的内容
流程线	↓	算法的执行方向
连接点	○	用于将画在不同地方的流程线连接起来

【例 8-1】　求 $1+2+\cdots+100$ 的值,算法流程图如图 8-1 所示。

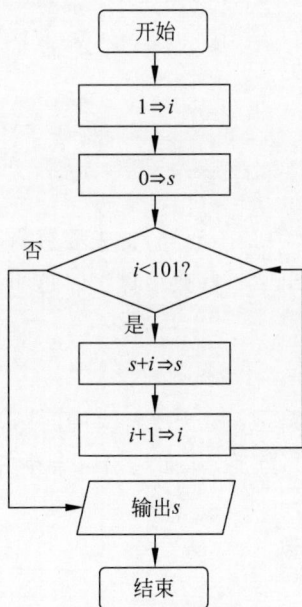

图 8-1　1~100 求和算法流程图

8.8.3　伪代码

伪代码是一种非正式的,类似于英语结构的,用于描述模块结构图的语言。使用伪代码的目的是使被描述的算法可以容易地以任何一种编程语言实现。因此,伪代码必须结构清晰、代码简单、可读性好。

伪代码用介于自然语言和计算机语言之间的文字和符号来描述算法。

伪代码规范:

(1) 每个算法用 Begin 开始,以 End 结束。若仅表示部分实现代码可省略。

(2) 每条指令占一行。

(3) 用缩进表示分支结构,同一模块中的语句具有相同的缩进量,次一级模块的语句相对于其父级模块的语句缩进。多条语句用一对{ }括起来。

(4) "//"表示注释的开始,一直到行尾。

(5) 用"←"表示赋值。

(6) 变量不需要声明。

(7) 数组形式为数组名[下界…上界],数组元素为数组名[序号]。

求 1+2+3+…+100 用伪代码表示如下。

```
Begin
  i ← 1
  s ← 0              // s 为保存和的变量
  while(i < 101)     //循环判断 i 是否小于 101
    { s ← s + i
      i ← i + 1
    }
  print s
End
```

8.9 常用算法

在实际应用中,若想用程序解决某个问题,首先要进行算法设计。算法的表现形式有很多,但经过人们的不断研究,总结出了一些典型算法。这里列举几个简单的常用典型算法。

8.9.1 枚举法

枚举法,也称穷举法,基本思路是:对于要解决的问题,逐一列出该问题所有可能性,并根据问题的条件对每个解逐一进行检验,从而找出符合条件的解。

枚举法求解步骤:

(1) 确定枚举对象和枚举范围。

(2) 设定解的判定条件。

(3) 按照一定顺序一一列举所有可能的解,逐个判定是否有真解。

【例 8-2】 百钱白鸡。我国古代数学家张丘建在《算经》一书中提出的数学问题:鸡翁一值钱五,鸡母一值钱三,鸡雏三值钱一。百钱买百鸡,问鸡翁、鸡母、鸡雏各几何?

(1) 算法分析。可以假设鸡翁个数为 x,鸡母个数为 y,鸡雏个数为 z,根据已知条件,可以列出以下方程:

$$\begin{cases} 5x + 3y + \dfrac{z}{3} = 100 \\ x + y + z = 100 \end{cases}$$

根据提供的已知信息,只能列出以上两个方程式的方程组,但有 3 个未知数,所以无法用数学方法解出 x、y、z 的值。但这个问题并不是无解,可以使用对 3 个未知数逐一代入方程组中比对的方式来找到同时满足两个方程式的 x、y、z。

(2) 求解步骤。

① 枚举对象为鸡翁、鸡母、鸡雏的个数 x、y、z。

由于总钱数是 100 钱,鸡翁一只 5 钱,所以鸡翁最多买 20 只,同理鸡母最多为 33 只,虽然鸡雏 3 只为 1 钱,100 钱最多可以买 300 只,但题中三种鸡加起来最多为 100 只,所以鸡雏最多为 100。

因此 x、y、z 的枚举范围如下:

x:$1\sim20$;

y:$1\sim33$;

z:$1\sim100$;

② 解的判定条件。

按照 x、y、z 的范围逐一代入上面两个方程式,同时满足的 x、y、z 即为解。

(3) 伪代码。

```
Begin
  x ← 1                                                    //鸡翁
  y ← 1                                                    //鸡母
  z ← 1                                                    //鸡雏
  For x = 1 To 20
     For y = 1 To 33
        For z = 1 To 100
           if ((5 * x + 3 * y + z/3 = 100) AND (x + y + z = 100))    //需要同时满足两个条件
              Print x, y, z
End
```

8.9.2　递推法

所谓递推,是指从已知的初始条件出发,依据某种递推关系,逐次推出所要求的各中间结果及最后结果。其中初始条件要么问题本身已经给定,要么通过对问题的分析与化简后确定。

从已知条件出发逐步推到问题结果,此种方法叫顺推。从问题出发逐步推到已知条件,此种方法叫逆推。无论顺推还是逆推,其关键是要找到递推公式。

递推法的求解步骤:

(1) 确定递推的变量。

(2) 建立递推关系式。

(3) 确定递推的初始(边界)条件。

(4) 明确递推终止的条件,控制递推过程,实现问题求解。

【例 8-3】 兔子产仔问题。13 世纪,意大利数学家斐波那契的《算盘书》中记载了典型的兔子产仔问题,其大意如下:如果一对两个月大的兔子以后每个月都可以生一对小兔子,而一对新生的兔子出生两个月后又可以生小兔子。也就是说,1 月出生,3 月可产仔。假定一年内没有产生兔子死亡事件,那么一年后共有多少对兔子呢?

(1) 算法分析。

逐月看兔子对数:

第 1 个月:1 对兔子;

第 2 个月:1 对兔子;

第 3 个月:2 对兔子;

第 4 个月:3 对兔子;

第 5 个月:5 对兔子;

从上面可以看出,从第 3 个月开始,每个月的兔子总对数等于前两个月兔子对数的总和。相应的计算公式为:

第 n 个月兔子总对数: $\qquad F_n = F_{n-1} + F_{n-2}$

初始第一个月的兔子数为 $F_1 = 1$,第二个月的兔子对数为 $F_2 = 1$。

(2) 伪代码。

```
Begin
  F[1] ← 1
  F[2] ← 1
  For i = 3 To 12
    F[i] = F[i - 1] + F[i - 2]
  Print F[12]
End
```

8.9.3 排序

把无序数据整理成有序数据就是排序,排序是计算机程序中常用的基本算法,目前有很多成熟的排序算法,这里主要介绍两个常用排序算法——冒泡排序和选择排序。

1. 冒泡排序

冒泡排序是一种比较简单的排序算法。它的原理是:从头到尾逐个扫描待排序数据,在扫描过程中依次比较相邻两个数据的大小,根据排序要求决定是否将这两个数据交换位置。一直重复这个过程,直到所有数据排序完成。冒泡排序法从序列的末端向前进行排序,即先排出最后一个元素,依次向前,直到排出第 1 个元素。

对于需要排序的 n 个元素,进行 $n-1$ 轮比较才能完成 n 个元素的排序。

【例 8-4】 将 10、15、9、12、8 这 5 个数值按照从小到大的顺序排序。

分析:对于这 5 个数值需要 4 轮排序才能完成。每轮从第 1 个数值开始将待排序的相邻数值进行比较,若前项数值大于后项则将其交换位置,直到将所有待排序数值比较完,最大值就排在了待排序列的最后面。

排序过程如下。

第 1 轮排序：此时整个序列中的 5 个数值都是待排序序列，从第 1 个元素开始依次比较每对相邻的数值，若前项数值大于后项则交换位置。这一轮经过 4 次比较，将最大值排到了最后，也就是第 5 位。

待排序数值：	10	15	9	12	8
第 1 次比较：10<15，不需要交换	10	15	9	12	8
第 2 次比较：15>9，需要交换，交换后	10	9	15	12	8
第 3 次比较：15>12，需要交换，交换后	10	9	12	15	8
第 4 次比较：15>8，需要交换，交换后	10	9	12	8	15

第 2 轮排序：此时待排序元素只有 4 个，接着上一轮排后的次序，依然是从第 1 个数值开始，相邻数值比较，并对顺序不正确的数值交换位置。经过 3 次比较后，将待排序中的最大值排到了第 4 位。

上一轮排序结果：	10	9	12	8	15
第 1 次比较：10>9，需要交换，交换后	9	10	12	8	15
第 2 次比较：10<12，不需要交换	9	10	12	8	15
第 3 次比较：12>18，需要交换	9	10	8	12	15

第 3 轮排序：按照上面的方法再一次从头进行比较，这一轮需要比较 2 次，排出第 3 位的元素。

上一轮排序结果：	9	10	8	12	15
第 1 次比较：9<10，不需要交换	9	10	8	12	15
第 2 次比较：10>8，需要交换，交换后	9	8	10	12	15

第 4 轮排序：只有 2 个元素没有排序，比较一次就可以。

上一轮排序结果：	9	8	10	12	15
1 次比较：9>8，需要交换，交换后	8	9	10	12	15

至此所有数值使用冒泡法按照从小到大排序完成。

2．选择排序

选择排序也是一种简单直观的排序算法。它的原理是：第一次从待排序的数据元素中选出最小（或最大）的一个元素，存放在序列的起始位置，然后再从剩余的未排序元素中寻找到最小（大）元素，然后放到已排序的序列的后面。以此类推，直到最后一个元素。选择法排序是从前向后进行排序，即先排出第 1 个元素，然后依次排出后面的元素，直到排出最后一个元素。

【例 8-5】 将例 8-4 用选择法完成排序。即 10、15、9、12、8 这 5 个数值按照从小到大的顺序排序。

分析：5 个数值需要 4 轮才能完成排序。每轮从待排序的元素中找出最小值，并记录它的位置，然后放在上一轮排好序数值的后面，如果找到的最小值恰好在这个位置，不需要交换，如果不是需要交换数值。

排序过程如下。

第 1 轮排序：找出 5 个元素中最小值，把这个最小值放到第 1 位。

待排序数值：10　15　9　12　8

找出的最小值是第 5 位置的 8，与第 1 个位置的 10 进行交换，这时排完了第 1 个元素。

8　15　　9　12　10

第 2 轮排序：从剩下的 4 个元素中找出最小值，放在第 2 位。

找到的最小值是第 3 位置的 9，应该放在第 2 位置上，所以与第 2 位置的 15 进行交换。

8　9　15　12　10

第 3 轮排序：从剩下的 3 个元素中找出最小值，放在第 3 位。

找出的最小值是第 5 位置的 10，与第 3 位置的 15 进行交换。

8　　9　10　12　15

第 4 轮排序：剩下的 2 个元素最小值放在第 4 位，最小值 12 恰好在第 4 位，所以不用交换。

8　　9　　10　12　15

至此所有数值使用选择法按照从小到大排序完成。

第9章

计算机前沿技术

CHAPTER 9

习题 9

🔑 9.1　第五代移动通信技术

第五代移动通信技术(5th Generation Mobile Communication Technology,5G)是继4G(LTE-A、WiMax)、3G(UMTS、LTE)和2G(GSM)系统之后的最新一代蜂窝移动通信技术。5G的高速度、低延迟和大容量特性为多个行业带来了革命性的变化。在智能家居领域,5G的强大连接能力将使家庭自动化和远程控制更加高效可靠。对于工业自动化而言,5G的低延迟特点使其成为工业自动化和智能制造的理想选择,支持机器人的远程操作、预测性维护和实时数据分析。在自动驾驶汽车领域,5G的高速度和低延迟是关键,它能够实现车辆与车辆、车辆与基础设施以及车辆与行人之间的有效通信。远程医疗也将受益于5G,支持远程诊断、手术和患者监护,打破地理界限,提升医疗服务质量。此外,5G还将助力智慧城市建设,通过支持城市传感器和监控设备,提高城市管理效率,优化交通流量,加强能源管理和提升公共安全及紧急响应能力。5G还可以支持无人机的远程控制和实时数据传输,用于农业监测、物流配送、灾害响应等领域。

1．发展历程

5G的发展历程可以概括为以下几个主要阶段。

1) 早期研究

随着互联网和移动数据的迅猛增长,研究者开始探索新的通信技术以应对未来需求。

2) 标准制定

国际电信联盟(ITU)和第三代合作伙伴计划(3GPP)等组织开始制定5G标准,定义了5G的性能目标和应用场景。

3) 技术突破

关键技术如毫米波通信、大规模MIMO、小基站、网络切片和波束成形等得到突破,为5G商用化奠定了技术基础。

4) 试验与验证

各国开始进行5G技术试验和验证。中国于2016年启动5G技术研发试验,分为关键技术试验、技术方案验证和系统验证三个阶段。

5) 商用化与部署

2019年,5G技术在韩国首次实现商用,随后在全球范围内逐步展开部署,提供高速率、低延迟的通信服务。

6) 扩展应用与生态建设

5G技术不断扩展应用领域,推动人工智能、物联网、云计算、智慧城市、自动驾驶等技术的发展,各国和企业继续推进5G网络建设,提升覆盖范围和网络容量。

2．网络特点

(1) 高数据传输速率。5G网络能够提供比4G网络更高的数据传输速率,峰值下载速度可达到数十Gb/s,这意味着用户可以在几秒内下载高清视频或大型文件。以满足高清视频、虚拟现实等大数据量传输。

（2）低延迟。5G 网络的通信延迟非常低，目标是在 1ms 以下，满足自动驾驶、远程医疗等实时应用。

（3）大规模设备连接。5G 网络能够支持更多的设备同时连接，提供千亿设备的连接能力，满足物联网通信。

（4）高密度网络。5G 网络通过使用小型基站和小小区技术，能够在人口密集区域提供更高的网络密度，从而提高网络容量和覆盖范围。

（5）频谱效率。频谱效率要比 LTE 提升 10 倍以上，能够更好地利用非连续的频谱资源。

3．关键技术

1）超密集异构网络

为确保 5G 网络能支持 1000 倍的流量增长，减小小区半径、增加低功率节点数量成为关键技术，超密集异构网络因此成为提升数据流量的关键。未来无线网络将在宏站覆盖区内部署超过现有站点 10 倍的无线节点，站点间距离保持在 10m 以内，每平方千米服务25 000 个用户，可能出现用户与服务节点一一对应的现象。这种密集部署提升了网络功率和频谱效率，扩大了覆盖范围和系统容量，增强了业务灵活性，但也带来网络拓扑复杂化和干扰问题。5G 中的干扰包括同频干扰、共享频谱资源干扰和不同覆盖层次间的干扰，现有干扰协调算法难以应对多个相近强度的干扰源。在超密集网络中，准确感知相邻节点是实现大规模节点协作的关键，而密集部署导致的小区边界数量剧增和形状不规则，需要新的切换算法和动态部署技术研究，以应对网络拓扑和干扰的大范围动态变化。

2）自组织网络

在传统移动通信网络中，网络部署和运维主要依赖人工操作，这不仅消耗了大量人力资源并增加运营成本，而且网络优化效果不佳。面对未来 5G 网络的部署、运营和维护挑战，考虑到网络包含多种无线接入技术和不同覆盖能力的网络节点，它们之间关系复杂，自组织网络（Self-Organizing Network，SON）的智能化技术成为 5G 网络的关键。SON 技术主要解决两大问题：一是网络部署阶段的自规划和自配置，使得新增网络节点能够即插即用，具备低成本和安装简便的特点；二是网络维护阶段的自配置和自规划，自配置旨在简化业务流程，通过 UE 和 eNB 的测量在本地或网络管理层进行参数自优化以提升网络质量和性能，而自愈合能力则使系统能够自动检测、定位和排除故障，显著降低维护成本并确保网络质量和用户体验不受影响。自规划则旨在动态进行网络规划以满足系统容量扩展、业务监测或优化结果的需求。

3）内容分发网络

在 5G 网络中，随着大规模用户对音频、视频和图像等业务需求的激增，网络流量的爆炸性增长严重影响了用户访问互联网的服务质量。网络运营商和内容提供商面临的主要挑战是，如何高效分发大量业务内容并降低用户获取信息的时延。增加带宽并非唯一解决方案，传输中的路由阻塞、延迟以及网站服务器的处理能力等因素同样关键，这些问题与用户和服务器的距离密切相关。内容分发网络（Content Delivery Network，CDN）在支持未来5G 网络容量和提升用户访问体验方面扮演着重要角色。CDN 通过在传统网络中引入智能虚拟网络层，综合考虑节点连接状态、负载情况和用户距离等因素，将内容分发至靠近用户的代理服务器上,从而缓解网络拥塞,缩短响应时间,提高速度。CDN网络架构通过在用户与源服务器之间部署多个代理服务器,减少了延迟,提升了服务质量。当用户请求内容时,DNS将请求重定向至最近的代理服务器,该服务器负责向用户发送内容,减轻了源服务器的负担,并使用户能够从带宽充足的代理服务器获取内容,提升了用户体验。随着云计算、移动互联网和动态网络内容技术的发展,内容分发技术正逐步专业化、定制化,面临着内容路由、管理、推送和安全性等方面的全新挑战。.

4) D2D通信

在5G网络的发展中,为了进一步提升网络容量和频谱效率,同时丰富通信模式并优化终端用户体验,设备到设备通信(Device-to-Device Communication,D2D)成为关键技术之一。D2D通信有望提升系统性能、增强用户体验、减轻基站负载并提高频谱利用率。作为一种基于蜂窝系统的近距离数据直接传输技术,D2D允许数据在终端之间直接传输,不需要经过基站,而控制信令如会话建立、维持、无线资源分配以及计费、鉴权、识别、移动性管理等仍由蜂窝网络处理。引入D2D通信到蜂窝网络中,不仅减轻了基站负载,降低了端到端传输时延,还提升了频谱效率并减少了终端发射功率。在无线通信基础设施受损或覆盖盲区,D2D通信使得终端能够实现端到端通信或接入蜂窝网络。在5G网络中,D2D通信既可在授权频段部署,也可在非授权频段实施。

5) M2M通信

M2M(Machine to Machine,M2M)通信,作为物联网最普遍的应用形式,已在智能电网、安全监控、城市信息化、环境监测等多个领域实现商业化应用。3GPP针对M2M网络已制定相关标准,并启动了对M2M关键技术的研究。M2M的定义分为广义和狭义两种:广义上,它涉及机器与机器、人与机器以及移动网络与机器之间的通信,包含实现人、机器、系统间通信的所有技术;狭义上,则仅指机器之间的直接通信。

6) 信息中心网络

随着实时音频和高清视频服务等需求的不断增长,传统的基于位置通信的TCP/IP网络已无法满足数据流量分发的需求,网络的发展趋势正逐渐转向以信息为中心。信息中心网络(Information-Centric Networking,ICN)是一种新兴的网络架构理念,它代表了网络通信范式的转变,从传统的以主机为中心的通信模式转向以信息或数据为中心的模式。ICN的核心在于信息的分发、检索和传递,而非传统TCP/IP网络体系结构中维护目标主机的连通性。在ICN中,信息成为通信的焦点,IP地址的作用被边缘化,仅作为传输标识。新的网络协议栈能够解析信息名称、路由和缓存数据以及多播传递信息,有效解决了网络扩展性、实时性和动态性等问题。ICN的信息传递基于发布订阅模型,内容提供者发布内容,网络节点学习如何响应请求,当订阅者请求内容时,节点将请求转发至发布方,发布方再发送内容给订阅者,途中带缓存的节点会存储内容。后续请求可以直接由缓存节点响应,实现了信息的快速匹配和传递。与IP网络的"推"模式不同,ICN采用"拉"模式,由用户的信息请求触发传输,减少垃圾信息的接收,并通过信息缓存快速响应用户需求。在安全性方面,ICN将安全属性绑定到信息本身,与存储位置无关,提供了与传统网络安全机制不同的新模型。相比IP网络,ICN在效率、安全性和支持客户端移动性方面具有明显优势。

⚿ 9.2　量子计算机

量子计算机是一种利用量子力学原理进行信息处理的计算设备。与传统计算机不同，量子计算机使用量子位(qubit)作为信息的基本单位，而不是传统的二进制位(bit)。

1. 发展历程

1) 理论基础的建立

20 世纪 80 年代初，美国理论物理学家理查德·费曼(Richard Feynman)提出了量子计算的概念，他提出可以利用量子系统来模拟其他量子系统，这是量子计算机最早的灵感来源。1982 年，英国物理学家大卫·德意志(David Deutsch)提出了量子图灵机的概念，这是量子计算机的理论模型。

2) 量子算法的发明

1994 年，美国计算机科学家彼得·肖尔(Peter Shor)提出了肖尔算法，它能在量子计算机上以多项式时间解决大数质因数分解问题，这对现代密码学具有重大意义。

3) 实验验证和原型机的发展

1998 年，丹尼尔·劳斯(Daniel Loss)和大卫·迪·文森佐(David DiVincenzo)提出了量子比特(qubit)的实现方案，这些方案后来成为构建量子计算机的基础。2001 年，IBM、斯坦福大学和加州大学伯克利分校等研究机构，分别实现了基于不同物理系统的量子计算机原型，如核磁共振、离子阱、超导电路等。

4) 技术进步和量子比特数量的增加

2012 年，加拿大 D-Wave Systems 公司宣布推出了世界上第一个商用的量子计算机，尽管其量子退火技术存在争议，但它标志着量子计算技术的商业化尝试。2019 年，谷歌宣布实现了量子霸权，其量子计算机在 54 量子比特的规模上，在 3 分 20 秒内完成了一个特定任务的计算，而同样的任务在最先进的传统超级计算机上需要大约 1 万年。

5) 量子纠错和稳定性

随着技术的发展，量子纠错和量子比特的稳定性成为研究的重点。研究人员正在开发各种方法来减少量子比特的错误率，并延长其量子态的寿命。

九章量子计算机是由中国科学技术大学潘建伟院士领导，陆朝阳教授课题组与中国科学院上海微系统所、国家并行计算机工程技术研究中心联合开发的光量子计算设备，其原型机图片如图 9-1 所示。作为九章系列的最新成员，"九章三号"于 2023 年面世，具备操纵 255 个光子的能力。在解决高斯玻色取样问题上，其速度较前一代的"九章二号"快了一百万倍，能够在 $1\mu m$ 内完成当前全球最快超级计算机"前沿"需 200 亿年才能计算出的最复杂样本。九章量子计算机的命名来源于中国古代著名的数学专著《九章算术》，象征着中国在量子计算领域的重要成就和数学传统的结合。

2. 量子计算机特点

(1) 量子位(qubits)。量子位可以同时处于 0 和 1 的状态，这种状态称为量子叠加。此外，量子位之间可以存在一种特殊的相关性，称为量子纠缠，这使得量子计算机在处理某些

图 9-1   九章量子计算原型机

问题时比传统计算机更加高效。

（2）量子叠加。由于量子位的叠加态，量子计算机可以在同一时间处理多个计算路径，从而实现并行计算。

（3）量子纠缠。纠缠的量子位即使相隔很远，它们的状态也会即时相关。这种性质可以用来进行高速的信息传递和复杂的计算。

🔑 9.3   知识图谱

知识图谱（Knowledge Graph）是一种结构化的语义知识库，它通过实体、概念及其之间关系的图模型来组织和表示知识。知识图谱用节点和关系所组成的图谱可以为真实世界中的场景进行建模，运用图结构来展示世界中的各种关系，同时这种呈现方式是直观、直接和高效的。知识图谱构建基本流程包括知识获取、知识融合和知识存储。

1. 知识获取

知识是人类通过观察、学习与思考客观世界现象所积累和总结的一系列事实、概念、规则和原则的总和。它广泛存在于结构化、半结构化和非结构化数据之中。结构化数据遵循统一规则，并含有描述数据结构的元数据，例如数据库信息、XML 文档和表格数据。半结构化数据则是不完全符合固定模板的结构化数据，如网页内容。非结构化数据主要是指纯文本，即自然语言文本，尽管它们遵循自然语法，但缺乏明确的结构化内容描述，例如新闻报道和电子文档。互联网上的大部分信息以非结构化文本形式存在，对这些文本的信息提取可以为知识图谱提供大量高质量的三元组事实。因此，从非结构化数据中提取知识成为构建知识图谱的关键技术。

2. 知识融合

知识融合将来自不同源头、使用不同语言或具有不同结构的知识进行整合，以此来丰富、更新并消除现有知识图谱中的重复信息。知识融合的关键在于计算两个知识图谱中节点或边之间的语义对应关系。根据融合的目标，知识融合可以划分为框架匹配和实体匹配两大类。框架匹配，也称为本体对齐，主要针对概念、属性和关系等知识描述框架的匹配与整合；而实体匹配，又称实体对齐，是通过识别并合并相同的实体来实现知识的融合。通过框架匹配和实体匹配的过程，可以将多个相关的知识图谱进行同步、互联和整合，形成一个统一的整体。

3. 知识存储

知识存储是研究采用何种方式将已有知识图谱进行存储。目前知识图谱大多是基于图的数据结构，它的存储方式主要有两种形式：RDF 格式存储和图数据库（Graph Database）。图数据库的方法比 RDF 数据库更加通用。Neo4j 是一个高性能的 NoSQL 图形数据库，它专门用于存储和管理网络结构的数据。与传统的基于表格的数据库不同，Neo4j 使用图这种数据结构来存储信息，这使得它在处理复杂的关系和模式时非常高效，可以专门用于网络图的存储。Neo4j 使用图数据模型，其中数据以节点（node）、关系（relationship）的形式存储。这种模型非常适合表示现实世界中的复杂网络和数据之间的关联。使用 Neo4j 数据库展示部分网络空间安全知识图谱如图 9-2 所示，其中节点"重放攻击"与节点"主动攻击"之间存在"所属攻击类型"的关系，即表示重放攻击属于主动攻击。

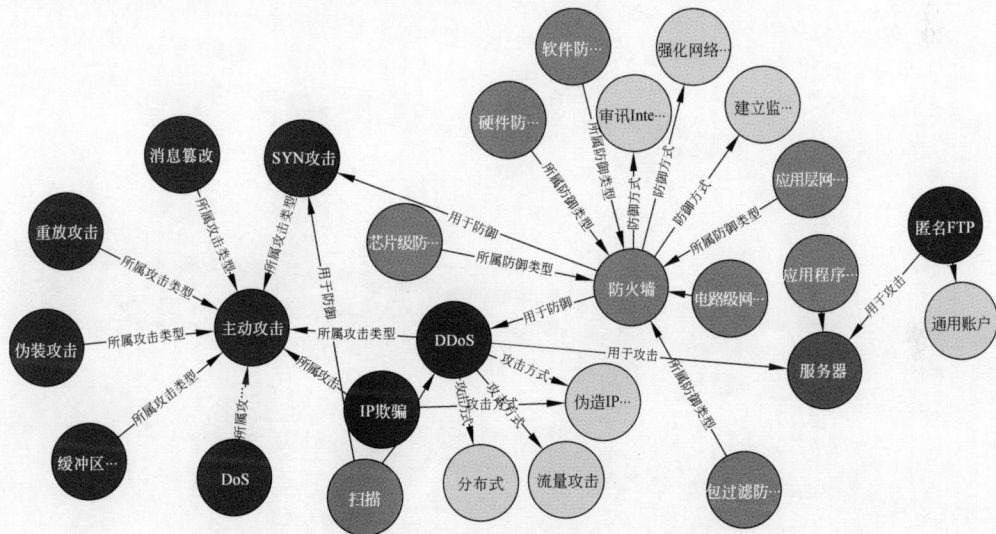

图 9-2　Neo4j 数据库展示网络空间安全知识图谱

参 考 文 献

[1]　刘添华,刘宇阳.大学计算机——计算思维视角[M].北京:清华大学出版社,2020.

[2]　周勇.计算思维与人工智能基础[M].2版.北京:人民邮电出版社,2021.

[3]　罗娟.计算与人工智能概论[M].北京:人民邮电出版社,2022.

[4]　吕云翔,梁泽众,等.人工智能导论[M].北京:人民邮电出版社,2021.

[5]　战德臣,聂兰顺.大学计算机——计算思维导论[M].北京:电子工业出版社,2013.

[6]　龚沛曾,杨志强.大学计算机基础简明教程[M].北京:高等教育出版社,2021.

[7]　肖慎勇.数据库及其应用:Access 及 Excel[M].3版.北京:清华大学出版社,2016.

[8]　温明剑,汤雪琼,梁利英,等.办公自动化教程[M].2版.北京:清华大学出版社,2019.

图书资源支持

感谢您一直以来对清华版图书的支持和爱护。为了配合本书的使用，本书提供配套的资源，有需求的读者请扫描下方的"书圈"微信公众号二维码，在图书专区下载，也可以拨打电话或发送电子邮件咨询。

如果您在使用本书的过程中遇到了什么问题，或者有相关图书出版计划，也请您发邮件告诉我们，以便我们更好地为您服务。

我们的联系方式：

清华大学出版社计算机与信息分社网站：https://www.shuimushuhui.com/

地　　址：北京市海淀区双清路学研大厦 A 座 714

邮　　编：100084

电　　话：010-83470236　　010-83470237

客服邮箱：2301891038@qq.com

QQ：2301891038（请写明您的单位和姓名）

资源下载： 关注公众号"书圈"下载配套资源。

资源下载、样书申请　　　　　图书案例

书圈　　　　　　清华计算机学堂　　　　　观看课程直播